中国轻工业“十三五”规划教材
上海高等学校一流本科课程配套教材
高等学校香料香精技术与工程专业教材

天然香料工艺学

易封萍　贾卫民　主编

中国轻工业出版社

图书在版编目（CIP）数据

天然香料工艺学/易封萍，贾卫民主编．—北京：
中国轻工业出版社，2024.1
高等学校香料香精技术与工程专业教材　中国轻工业
“十三五”规划教材
ISBN 978-7-5184-2764-2

Ⅰ.①天…　Ⅱ.①易…　②贾…　Ⅲ.①天然香料—生
产工艺—高等学校—教材　Ⅳ.①TQ654

中国版本图书馆 CIP 数据核字（2019）第 291857 号

责任编辑：伊双双　　责任终审：白　洁
文字编辑：邹婉羽　　责任校对：晋　洁　　封面设计：锋尚设计
策划编辑：伊双双　　版式设计：砚祥志远　　责任监印：张　可

出版发行：中国轻工业出版社（北京鲁谷东街 5 号，邮编：100040）
印　　刷：河北鑫兆源印刷有限公司
经　　销：各地新华书店
版　　次：2024 年 1 月第 1 版第 1 次印刷
开　　本：787×1092　1/16　印张：13.5
字　　数：323 千字
书　　号：ISBN 978-7-5184-2764-2　定价：42.00 元
邮购电话：010-85119873
发行电话：010-85119832　010-85119912
网　　址：http://www.chlip.com.cn
Email：club@chlip.com.cn

181473J1X201ZBW

本书编委会

主　编　易封萍　贾卫民

参　编　吴　清　张　洁　苏　畅

前言 Foreword

天然香料通常是在复杂的细胞基质中存在的许多具有不同的化学和物理性质的非挥发性和挥发性成分。非挥发性成分主要影响口感，挥发性成分影响口感和香气。大量化合物可能是食品香气的来源，如醇类、醛类、酯类、二羰基、短至中碳链游离脂肪酸、甲基酮类、内酯类、酚类化合物和含硫类化合物。最近的市场调查显示，消费者更喜欢标有“天然”字样的商品。

GB/T 21171—2018《香料香精术语》对天然香料的定义为：以植物、动物或微生物为原料，经物理方法、酶法、微生物法或经传统的食品工艺法加工所得的香料。当然，世界不同国家和地区对于天然香料有许多不同的定义，重要的是要知道香料在市场上销售的区域。通常需要彻底了解所使用的原材料和制造工艺，以确定该物质是否符合当地对天然香料的定义。

很早以前，人们就从植物中提取出单一物质到复杂物质的天然香料化合物，但由于植物原料通常含有较低浓度的目标化合物，使提取成本昂贵。此外，它们的使用取决于难以控制的因素，如天气条件和植物病害。所以最近市场（主要是北美）上出现了用天然物质通过（热）化学转化来制备的天然香料，但往往又导致生产过程的不环保和缺乏底物选择性，这可能导致形成香气不良的外消旋混合物和其他有害杂质，从而降低工艺效率和增加下游成本。这两种方法的缺点和人们对天然产品越来越多的兴趣引导了许多研究，以寻找其他途径来生产天然香料。

天然香料制备的另一种途径是基于微生物的生物合成或生物转化。最流行的方法包括使用微生物培养或酶制剂，也有报道称植物细胞培养是合适的生产系统。

目前，许多高校的食品科学与工程、香料香精技术与工程等专业都开设有“天然香料工艺学”课程，但大家都感到缺少一本系统又全面的教材能够让学生对天然香料有一个相对全面的学习和了解，特别是学习和了解现代生物技术生产天然香料以及分析鉴定“天然香料”所采用的一些新的仪器分析方法。另外，我国天然香精的生产和应用也处于起步阶段，香料香精生产企业人员和食品科技工作者也急需天然香料方面的书籍作为参考。为此，编者根据多年来主讲该课程的讲稿，整理出版了这本《天然香料工艺学》。

本书首先阐述了我国天然香料的发展历史和生产概况，其次介绍了天然香料品种及其制品、从动植物提取天然香料的工艺、方法、品种和制品，并设专章讨论了食品用热加工香料、生物香料以及香料及其原材料的质量控制。本书既可以作为相关专业师生的教学用书，也可供从事生产、科研的科技工作者参考。

考虑到许多高校均设有生物化学等课程，所以本书没有深入介绍生物化学的理论。读者欲了解更多这方面的内容时，可参阅有关教材和参考书。

本书编写人员均来自上海应用技术大学。第一章是由张洁缩编上海工艺美术行业协会香文化专业委员会主任吴清的讲稿而成，第二、三、四章由易封萍编写，第五、七章由贾卫民编写，第六章由苏畅编写。全书由易封萍和贾卫民审定。

由于水平所限，不足和谬误之处难免，衷心欢迎读者指正。

编者

于上海应用技术大学奉贤校区

2022 年 3 月

目录 Contents

第一章　天然香料的发展历史及生产概况

第二章　天然香料的品种及其制品

第三章 精油

第四章　浸膏、油树脂、酊剂、净油及二氧化碳萃取物

第五章　食品用热加工香料

第六章 生物香料

第七章 香料及其原材料的质量控制

第一章
天然香料的发展历史及生产概况

【学习目标】

1. 了解我国古代天然香料的发展历史。
2. 了解我国近现代天然香料的发展历史。

“香”，泛指自然界中一切动物、植物等散发出的让人愉悦的味道。作为四大文明古国之一，中国自古以来就有使用香料的记载。宋代丁谓所著《天香传》中有：“香之为用，从上古矣。”

第一节　天然香料的发展历史

一、上古至战国时期香料的使用

从目前考古发现可知，“香”字最早出现于殷商时期的甲骨卜辞中。甲骨文中“香”字写作“[illegible]”，这样的字形与现今的“香”字相差不大。东汉许慎在《说文解字》中对“香”字的解释是：“香，芳也，从黍从甘。”《春秋传》曰：“黍稷馨香。凡香之属皆从香”。黍是古代的一种主食，现为黄米，可以用来酿酒、做糕点，味道甜美。甲骨文中“香”字周围的小点代表黍子的颗粒。《说文解字》中的“从黍”，说明“香”表示美味。

我国自古以来就极重视祭祀，“国之大事，在祀与戎。”而香料一直是祭祀中必不可少的元素。焚香烟祀是祭祀中的必要程序。在辽宁朝阳红山文化牛河梁女神庙遗址中发现了距今6000—5000年的陶质熏炉祭器，是目前所知最早的焚香祭器。1983年，在上海市青浦福泉山高台墓地74号墓出土的竹节纹带盖陶质熏炉祭器，体现了距今5100—4000年的良渚文化的社会生活和工艺水平，是目前所知最早的完整熏炉。在陶质熏炉的炉盖上有条状缝隙，在竹节纹带盖陶质熏炉炉盖上也有18个小孔。在炉内点燃香料，香气从这些孔隙中散发出来，可以清新空气、驱除蚊虫，甚至治疗疾病。先秦古文诗歌中提到“馨”“香”或“馨香”时，往往与祭祀有关。《试释西周獄簋铭文的“馨”字》一文中提到西周祭祀所用的獄簋上有铭文“亡不鼎，㚇夆馨香，则登于上下。”裘锡圭先生和李家浩先生认为这句话的意思是：器主伯獄早晚用黍稷祭奠百神，然后将黍稷混合蓬蒿一起焚烧，香气就升于上下，使百神歆飨之。

上古时期对天空的祭仪主要是烟火升腾的燎祭。《尚书·舜典》载：“正月上日，受终于文祖。在璇玑玉衡，以齐七政。肆类于上帝，禋于六宗，望于山川，遍于群神。辑五瑞。既月乃日，觐四岳群牧，班瑞于群后。岁二月，东巡守，至于岱宗，柴。望秩于山川，肆觐东后。协时月正日，同律度量衡。”这里的“禋”“望”“柴”，都是上古祭祀的名称，不论祭祀的对象如何变化，都要用烧枝木材，产生香气。按照《说文句读》的解释，“柴者以烧树枝木材祭天神也”亦谓之“燎祭”。安阳殷墟出土的甲骨卜辞中有许多关于燎祭的记载。《诗经·大雅·生民》中有：“载谋载惟，取萧祭脂。”萧，就是香蒿。古时用蒿、茅、艾等香草燎祭，具有特殊的政治含意。现在我国及世界许多国家和地区仍有用焚烧香料来祭祀祖先、神佛、山川等的风俗。无论是我国藏族地区的“煨桑”，还是曲阜孔庙的“祭孔大典”都可以看作千年流传下来的焚香燎祭之礼的影子。

《诗经》是中国最早的一部诗歌总集，是世界最早的诗集之一。《诗经》成书于春秋中叶（公元前600年左右），收集了西周初年至春秋中叶的诗歌，其中包含了大量的上古至先秦的政治、文化、生活等信息。前人考证，《诗经》中记载的植物有178种。

《王风·采葛》

彼采葛兮，一日不见，如三月兮。

彼采萧兮，一日不见，如三秋兮。

彼采艾兮，一日不见，如三岁兮。

萧和艾，都是蒿类草本植物。“艾”中含有侧柏酮、樟脑和龙脑等挥发物质。晒干的艾叶，被广泛用于中药和艾灸，有散寒止痛、温经止血等作用。

《郑风·溱洧》记：“士与女，方秉蕑兮。”《离骚》中又有：“纫秋兰以为佩。”这里的“蕑”和“兰”都是指泽兰，一种唇形科多年生草本植物地瓜儿苗的全草，味辛、苦，性味温，活血祛瘀，利水消肿，含挥发油，有香气。将泽兰的草叶放在衣物或书中，可以趋避蛀虫，保护衣物和书籍。

《小雅·南山有台》记：“南山有台，北山有莱。”“台”就是莎草，现在称为香附子，是一种莎草科多年生草本植物。这种植物的根茎，含有香附烯等挥发油。中医认为其味辛，微苦，甘，性平，芳香，有理气、解郁、止痛、调经的作用。

《小雅·斯干》记："下莞上簟，乃安斯寝"。"莞"，指葱蒲，也就是现在的白芷。白芷是伞形科多年生草本植物，它的根含有挥发油及多种香豆素等，可用作香料。白芷味辛，性温，有解表、祛风、燥湿、止痛之用，自古常用来合香。

《唐风·椒聊》记："椒聊之实，蕃衍盈升。"这里的"椒"，是秦椒，或称为花椒，是一种芸香科的落叶小乔木，果实的味尤其辛香，是现代家庭厨房常用的调味料，用于药物有温中、散寒、驱虫、止痒的效果。

《诗经》中只记载了先秦时期使用的一部分香料，已经可以看出古人对身边的香料植物已相当熟悉，许多草本植物至今仍深受喜爱。

先秦时，香料已经被用于衣饰、浸酒、烹饪、沐浴。商周以郁金入酒制成鬯酒。春秋时期的文献记载了用肉桂和花椒浸制的芳香酒。《楚辞·九歌·东皇太一》中有"蕙肴蒸兮兰藉，奠桂酒兮椒浆"，意为用兰、蕙烹调肉，用肉桂和花椒浸酒。《楚辞·九歌·云中君》中又有"浴兰汤兮沐芳，华采衣兮若英"就是用芳草的热水沐浴，使身体散发香味。可见香料植物已深入人们的衣食住行之中。

先秦时期人们对芳香动植物的功用已有所了解。中国最早的本草类医药典籍《神农本草经》中记载了大量香料，其中有："菌桂、芝、辛夷等，养神和颜，久服轻身不老。"《神农本草经》对于药物的炮制加工也有专门的说明，其加工炮制之法有阴干、曝干、煮、炼食、桑灰汁煮、酒煮、酒渍、膏煮等，这些工艺是后来各种制药和提取芳香物质工艺的源头。

自上古至春秋战国时期，香料贯穿于2000余年的历史之中。从祭祀到衣食住行处处离不开香料。香料也渐渐上升到"以香喻德"的教化之中。《尚书·周书·君陈》载："至治馨香，感于神明。黍稷非馨，明德惟馨尔。"意思是：用馨香祭祀感应于神明，但黍稷等谷物所散发的香气，不如德政的馨香远播。说明显明的德政才是教化深远的馨香。《孔子家语》中也有："芝兰生于深林，不以无人而不芳。君子修道立德，不谓穷困而改节。为之者，人也；生死者，命也。"又有："与善人居，如入芝兰之室，久而不闻其香，即与之化矣。与不善人居，如入鲍鱼之肆，久而不闻其臭，亦与之化矣。"这是用芝兰比喻君子、善人，后世芝兰也成为贤良高士的代名词。

总之，先秦时期香料的普及使用，使"馨香"从感官享受升华到道德操守。

二、秦汉魏晋南北朝时期香料的使用

1972年，在湖南省长沙市东郊五里牌外马王堆，发掘出考古史上罕见的汉代大墓。马王堆汉墓是西汉初期长沙国轪侯利苍的家族墓地。其中一号汉墓属于轪侯之妻辛追夫人。在大量随葬器物中，包括一些汉代香料植物和香具实物，这是我国医药、香料史上一个重要的发现。这些香料中已经鉴定出的有：茅香、高良姜、桂皮、花椒、辛夷、藁本、姜、杜衡、佩兰等。香具包括香奁、香枕、香囊、熏炉、竹熏罩。香囊和香枕在墓主人身边、手中，香奁、熏炉也有使用痕迹。可见香料是西汉初期贵族生活的重要元素。这些香料有的是单独使用，有的是混合使用，说明当时已经开始尝试配合使用多种香料。西汉初年盛行的品香种类多属南方本土所产，此时尚未见到使用域外引进的香料。汉武帝灭匈奴，通西域，及东汉光武帝伐南越后，随着丝绸之路的开辟和海上交通的发展，域外的香料源源不断地进入中国。例如胡椒就是在汉代传入我国，此外还有苏合香、郁金、鸡舌香、龙脑香、丁香、沉香、乳香、迷迭香等。

在汉代传入我国的香料中，胡椒对人们生活的影响最大。与《诗经》中提到的“椒”不同，胡椒（Piper）属于胡椒科胡椒属，是多年生常绿攀缘藤本植物。在古典文献中常见的胡椒科植物还有蒟酱和荜茇。传入中国的胡椒主要来自南亚、东南亚地区。据美国学者考证，印度是胡椒的原产地。在印度，胡椒的使用可追溯至史前时代。《大唐西域记》记载阿吒厘国：“出胡椒树，树叶若蜀椒也。”西晋嵇含《南方草木状》中写道：“蒟酱，荜茇也。生于番国者，大而紫，谓之荜茇；生于番禺者，小而青，谓之蒟焉；可以为食，故谓之酱焉。”古印度的胡椒不仅传入我国，还远销欧洲，并随着香料贸易传遍世界。国力强盛赋予中国人自信，丝绸之路和海上交通不仅沟通了中外香料贸易，而且将中国的先进文化带到了世界各地。

《太平御览》卷九八二引班固《与弟超书》中记载：“窦侍中令载杂彩七百匹、白素三百匹，欲以市月氏马、苏合香。”《梁书》曰：“中天竺国出苏合，是诸香汁煎之，非自然一物也。”《广志》曰：“苏合出大秦，或云苏合国。人采之，笮其汁，以为香膏，卖滓与贾客。或云合诸香草，煎为苏合，非自然一种也。”当时认为苏合香来自大秦国，是多种香草的混合提取液。之后的文献中，还有记载苏合香出自波斯国，其形态可能是固体、液体或膏油状。而现在的苏合香是金缕梅科植物苏合香树（*Liquidambar orientalis*）的树干渗出的树脂，经加工精制而成，气味芳香、具有通窍辟秽、开郁豁痰的功效，主要产于非洲、印度、叙利亚、索马里、土耳其及波斯湾附近地区。诗中的郁金也是汉代从西域进入中国的外来香料。在不同的历史时期，“郁金”并不是同一种东西。汉代的郁金出产于西班牙、希腊、法国及俄罗斯等国，多由西域传入，尤其多由西藏进口，所以又称作藏红花、番红花，也称作红花、红蓝花，为鸢尾科番红花属植物番红花花柱的上部及柱头，拉丁名 *Crocus sativus* Linn.，英文名 Saffron。藏红花有特异的芳香，具活血化瘀、凉血解毒、解郁安神的功效，植株也可用于布置庭院及盆栽观赏。

鸡舌香能够除口臭，作用类似现代的口香糖。《汉官仪》载：“尚书郎含鸡舌香，伏其下奏事。”按照汉朝的制度，尚书郎上朝与皇帝说话时，须口含鸡舌香，使口气芳香，这与现在的口香糖非常相似。《齐民要术》中记载：“鸡舌香，俗人以其似丁子，故为‘丁子香’。”《太平御览》引《广志》曰：“鸡舌出南海中，及剽国，蔓生，实熟贯之。”宋代赵汝适的《诸蕃志》卷下“丁香”条载：“丁香出大食、阇婆诸国，其状似丁字，因以名之。能辟口气，郎官咀以秦事。其大者谓之丁香母。丁香母即鸡舌香也。”现在的丁香为桃金娘科植物，拉丁名 *Eugenia caryophyllata* Thunb. 英文为 Clove，主要产于非洲西南部、亚洲南洋各地，现我国华南地区也有栽培。其质坚实，富油性，气味芳香浓烈，味辛辣，有麻舌感。

龙脑香的名称最早出自南朝梁时陶弘景的《名医别录》，汉朝先没有这个名称。《史记·货殖列传》载："番禺亦其一都会也。珠玑、犀、玳瑁、果布之凑。""番禺"就是现在的广州市。有学者认为，"果布"即梵语 Karpura 或马来语 Kapur 的音译，就是"龙脑香"。龙脑香是一种芳香树脂，有防腐作用，来自龙脑香科龙脑香属的常绿高大乔木。拉丁名 *Dipterocarpus tubinatus* Gaertn. f.，生长在南洋群岛及南印度，尤其在加里曼丹岛及苏门答腊地区数量较多，我国云南也有生产。龙脑香中最珍稀的是梅花瑙，又称冰片瑙，洁白成片，冰莹而呈梅花状；其次是金脚瑙，再次为米瑙，最下品是苍瑙，又称苍龙瑙，质量更差的统称为聚瑙。

《三辅黄图》是一部介绍汉代都城长安及周边地区的建筑设施的文献。其中记载了汉武帝将蜜香树引种到长安扶荔宫的事。蜜香就是沉香。"沉香"这个名字最早见于《名医别录》。西汉时沉香主要来自南海各国的朝贡。历代评价沉香的品质主要依据是否"沉水"。因此沉香也称作沉水香。《南州异物志》云："沉水香出日南，欲取当先斫坏树，著地，积久外皮朽烂，其心至坚者，置水则沉，名沉香。其次在心白之间，不甚坚精，置之死晷，不沉不浮，与水面平者，名曰栈香。"明代李时珍也在《本草纲目》中记载："香之等凡三，曰沉、曰栈、曰黄熟是也。沉香入水即沉，其品凡四：曰熟结，乃膏脉凝结自朽出者；曰生结，乃刀斧伐仆，膏脉结聚者；曰脱落，乃因水朽而结者；曰虫漏，乃因蠹隙而结者。生结为上，熟脱次之。坚黑为上，黄色次之。角沉黑润，黄沉黄润，蜡沉柔韧，革沉纹横，皆上品也。"这样细致复杂的分类和命名，也反映了古人对沉香的喜爱。现在的沉香主要来自瑞香科沉香属常绿乔木 *Aquilaria sinensis*（Lour.）Spreng 和瑞香科白木香 *Aquilaria sinensis*（Lour.）Gilg，是我国传统的名贵中药和熏香料，产于南亚、东南亚各国及我国广东、广西、云南、海南等地。

乳香，古称"薰陆"。《太平御览》记载《魏略》曰："大秦出薰陆。"《抱朴子》曰："俘焚洲在海中，薰陆香之所出。薰陆香，木胶也，树有伤穿胶因堕，夷人采之以待估客。"《南方草木状》曰："薰陆香出大秦云在海边，自有大树生于沙中。盛夏树胶流出沙上，夷人采取卖于贾人。"《本草衍义》卷一三"薰陆香"条云："木叶类棠梨，南印度界，阿吒厘国出，今谓之西香。南番者更佳，此即今人谓之乳香，为其垂滴如乳，熔塌在地者，谓之塌（亦作榻）香，皆一也。"有文献显示，"乳香"的名称来自阿拉伯语"Luban"，意为乳。"薰陆"是从梵语 Kunda 或 Kunduru 的发音变化而来，意为香。乳香是舶来品，记载中来自现在的也门、阿曼、阿拉伯、印度、索马里、埃塞俄比亚等地。有学者考证认为，唐朝之前的薰陆出自漆树科植物黏胶乳香树（*Pistacia lentisus* L.）。而目前所用乳香来源包括橄榄科乳香树（*Boswellia carterii* Birdw.）、同属植物药胶香树（*Boswellia bhawdajiana* Birdw.）、阿拉伯乳香树（*Boswellia sacra*）等二十余种植物。乳香多用于制作线香，作为熏香料，少量用于硬膏制造。

檀香用于制作各种工艺美术品及宗教用品已有上千年的悠久历史。《三国典略》曰"周师陷江陵。初，梁主以白檀木为梁武之像，每朔望，亲祭之。军人以其香也，剖而分之。”崔豹《古今注》曰：“紫旃木，出扶南、林邑，色紫赤，亦谓紫檀也。”这里所说的白旃檀、紫檀都是檀香。檀香别名旃檀、真檀、浴香等，原产于印度、马来西亚、澳大利亚、印度尼西亚等地，在我国台湾和广东有引种栽培。檀香主要来自檀香科檀香属植物檀香（*Santalum album* Linn.），英文名 Sandalwood。檀香植物全株含精油，植物芯材的精油量最高。檀香精油是名贵香料，用于调配各种高级化妆品、香水、皂用香精，入药有行气温中，开胃止痛之功效。

迷迭香，别名海洋之露、海露。属唇形科迷迭香属，拉丁名 *Rosmarinus officinalis*，英文名 Rosemary，原产于欧洲及北非地中海沿岸，现在世界各地广泛栽培，我国云南、江苏、河南等地有引种栽培。《魏略》曰：“大秦出迷迭。”《广志》曰：“迷迭出西海中。”曹丕、曹植、王粲等都曾写过关于迷迭香的赋文，称赞它的香气。迷迭香是一种应用广泛的天然香料植物，并且有杀菌、辅助解除病痛、振作精神及天然防腐剂的作用，也可以作为庭院观赏植物及盆栽。

汉代至南北朝，大量外来香料由东南亚或西域进入我国。西汉中前期熏炉出土约占墓葬总数的 1/10，到了西汉中期以后至东汉时期，熏炉逐渐普及，出土熏炉数量占到了墓葬总数的 90%左右。说明熏香在人们的生活中越来越普遍。而且由于外来树脂类香料大量输入我国，原有的焚香方式不适合这些新的香料，因此香料的使用方式和香具随之变化。西汉早期多使用本土所产草本类香料，采用直接焚烧的方式，炉形多为楚式的多孔扁圆形豆式熏炉；而西汉中晚期使用的香料中有许多树脂类香料，并用专门制作的香炭来熏烤，炉身较深、造型优美的博山炉逐渐流行。南朝徐陵《玉台新咏》收录的《古诗八百之六》中写道：“请说铜炉器，崔嵬向南山。上枝以（一作‘拟’）松柏，下根据铜盘。雕（一作‘彫’）文各异类，离娄自相联。”其中描写的熏炉已不再是有孔隙的简单陶器，而是工艺精湛的青铜所制的博山炉。

两汉魏晋南北朝时期，皇室贵族、官宦仕人、僧侣、富户，无不热衷于香。香料的种类及使用范围远大于先秦时期，人们对香料的运用方式也有巨大进展：一是用香炭熏烤香料发香，改善了烟气对香味的破坏。二是合香技术有了重大发展。合香就是将多种香料调和在一起，所得的香气比单一香料更复杂多变。南朝范晔曾为《和香方》撰写了一篇序，证明南北朝时期，人们对于香料的合和、香品的性状和产地，已经有了相当的认识。第三，香料除了用于熏焚之外，还大规模用于皇室贵族豪门的沐浴、美容、熏衣等方面。葛洪，字稚川，号抱朴子，丹阳句容人，东晋著名的医学家、炼丹家、道学家，被英国学者李约瑟赞为“最伟大的博物学家和炼金术士”。他的《肘后备急方》中记录了很多用芳香植物调配的美容方。例如，用鸡舌、藿香、青木香、胡粉调配的用于治疗狐臭的“隐居效方”，用青木香、白芷、零陵香、甘松香、泽兰调配的“腊泽饰发方”，用沉香、麝香、苏合香、白胶香、丁香、藿香调配的“六味熏衣香方”等。葛洪于《抱朴子内篇》中写道：“人鼻无不乐香，故流黄郁金，芝兰苏合，玄胆素胶，江离揭车，春蕙秋兰，价同琼瑶，而海上之女，逐酷臭之夫，随之不止。”说明香料在当时备受欢迎。

三、隋唐五代时期香料的使用

公元581年，杨坚建立隋朝。公元589年，隋统一全国，结束了300年的分裂局面。但是隋朝只存在了38年，所以关于隋朝用香的资料极少。在《太平广记》中有一段描写隋炀帝杨广除夕夜用香的记录，是一段唐太宗与萧后的对话。在贞观初年，天下太平，人民的生活逐渐富裕，唐太宗在除夕之夜把宫里装饰一新，大摆筵席，又在台阶下点起一堆篝火，亮如白昼。嫔妃与唐太宗一起宴饮。席间，唐太宗问萧后“朕施设孰与隋主?”一开始，萧后笑而不答。唐太宗再三追问，萧后只好回答：“隋主每当除夜，至及岁夜。殿前诸院设火山数十，尽沉香木根也。每一山，焚沉香数车。火光暗则以甲煎沃之，焰起数丈，沉香甲煎之香，旁闻数十里。一夜之中，则用沉香二百余乘，甲煎二百石。又殿内房中，不燃膏火，悬大珠一百二十以照之，光比白日。又有明月宝夜光珠，大者六七寸，小者犹三寸。一珠之价，直数千万。妾观陛下所施，都无此物。殿前所焚，尽是柴木。殿内所烛，皆是膏油。但乍觉烟气薰人，实未见其华丽。然亡国之事，意愿陛下远之。”从此，可以看出隋朝宫廷的奢侈。

继隋之后的唐朝，政治、经济、文化都得到了空前发展，成就了中国史上著名的盛世皇朝。从史料记载可以看出唐人用香的奢侈情况。不仅皇室用香量极大，贵族、官贵、富户平时用香量也很惊人。在《开元天宝遗事·下》中记载了杨国忠“用沉香为阁，檀香为栏，以麝香、乳香筛土和为泥饰壁”建了一座四香阁。还记载了天宝年间长安富户王元宝，以金银叠为屋，以沉香和檀香木为栏杆，晚上睡觉时也要用七宝博山炉彻夜焚香，直到天明。

唐代用香之盛与唐代国家财力雄厚、“丝绸之路”畅通及西域诸国贸易量大有关。《吐鲁番出土文物》提到，在吐鲁番曾经创造了单次香药销售量达1482kg的纪录。来自印度的郁金香、龙脑香，来自波斯的乳香、没药、沉香、木香、砂仁、诃黎勒、芦荟、琥珀、荜茇、苏合香等，来自越南的丁香、詹糖香、诃黎勒、白茅香、榈木、白花、沉香、槟榔等这些西域海外的香料源源不断输入我国，又经我国输往其他国家。

隋唐时期也是我国学术高度繁荣的时期，经学、史学、文学、宗教等都有发展。

唐高宗显庆二年（657年），长孙无忌、李勣、苏敬等20余人受命编撰《新修本草》，颁行全国。这是我国历史上第一部官方颁布的药典，也是世界上最早的药典。《新修本草》在陶弘景《本草集注》的基础上增加了新药，收录药品850种，其中香药部分比《本草集注》增加阿魏、安息香、龙脑、茴香、胡椒等外来香料。唐开元年间，四明（今宁波）人陈藏器，又在《新修本草》基础上撰成《本草拾遗》10卷。《本草拾遗》收载《新修本草》遗漏的药物达692种，其中香药部分又增加了瓶香、肉豆蔻、零陵香、甘松香、兜木香、陈思岌、藒车香、迷迭香、丁香、必栗香、无患子等。丁香、甘松香、迷迭香等至今仍然深受人们喜欢。李时珍对《本草拾遗》大为推崇，称其“博极群书，精核物类，订绳谬误，搜罗幽隐，自本草以来，一人而已。”孙思邈编著的《千金翼方》中也收录了许多与香药相关的药方合剂。

隋唐年间佛教空前繁荣。大量佛教经书传入中国。其中《耆婆所述仙人命论方》《龙树菩萨和香法》二卷就有关于香的论述。高僧玄奘前往印度求法，回国之后，将途中的见闻记录撰写《大唐西域记》，其中提到许多印度的香料，例如龙脑香、乳香等。鉴真大和尚（688—763 年）东渡日本弘法时也带去大量香药。至今日本的各香道流派均认为鉴真大和尚是日本香道的鼻祖。奈良东大寺正仓院御物帐中记录了 60 种古代药物，其中就有鉴真大和尚自中国带入日本的桂心、沉香、青木、荜茇、诃黎勒等香药。

唐天祐四年（907 年），梁王朱晃接受唐哀帝禅让，建立后梁，开启五代十国的分裂局面。尽管群雄割据，争斗不断，但皇室贵族用香的奢侈不亚于唐代。宋《清异录》记载了后唐皇宫之中用香料打造了一处假山水，“铺沉香为山阜，蔷薇水苏合油为江池，灵藿丁香为林树，薰陆为城郭，黄紫檀为屋宇，白檀为人物。方围一丈三尺，城门小牌曰灵芳国”。这里提到了五代时出现的一种新型香品，称为“蔷薇水”，类似今天的香水，又称为“大食国花露”，是蒸馏处理蔷薇花得到的香水。五代时的蔷薇水是由西域传入我国。《册府元龟》中记载：“五年九月，占城国王释利因德漫遣其臣萧诃散等来贡方物中有洒衣蔷薇水一十五琉璃瓶。言出自西域凡鲜华之衣以此水洒之则不黦而馥郁烈之香连岁不歇。”《旧五代史・梁书・太祖纪》中记载了外国商人通过中国东南沿海港口输入蔷薇水，再由地方上贡给朝廷的事情。蔷薇水进入中国之后，一直深受上流社会推崇。从五代到明朝一直有蔷薇水的故事，而清朝时将其称为“古剌水”。目前尚未发现唐五代时期对于香料的专门著述，在这时期本草类医药书中的《海药本草》中记录的香料特别多，几乎可以算是介绍香药的专著。《海药本草》的作者是李珣，字德润，出生于四川梓州（今四川三台）。他的家族以经营香药为业，所以他有机会接触一些海舶运载而来的药物，了解海药的种类、产地、性状、功用等，撰著了《海药本草》一书。书中共载有 50 余种芳香药，如青木香、兜纳香、阿魏、荜茇、肉豆蔻、零陵香、缩沙蜜、荜澄茄、红豆蔻、艾香、甘松香、茅香、迷迭香、瓶香、丁香等。其中绝大多数用于治病，少数是作为焚烧熏燎之用，还有一些是为美容或调味等用。

唐五代时期香料除了用于医药、熏香、熏衣、美容、洁牙、制作工艺品、建筑、沐浴之外，还用于制茶、造纸、制墨、酿酒等。唐代饮茶要放入许多香药，至今我国有些地方还保留有这种饮茶习俗。唐代广东地区还用沉香树皮造纸，段公路在《北户录》记载：“罗州多笺香树，身如巨柳，皮堪捣纸，土人号为香皮纸”。唐代香墨的制作方法完备。墨中“天下第一品”就是指南唐李庭珪所制香墨，用“松烟一斤、珍珠三两、玉屑一两、龙脑一两和以生漆，捣十万杵”。至宋徽宗时期已有“黄金可得，而李墨不可得”的说法。李庭珪对后世造墨有极大的影响。制造香墨的工艺传承至明清。以香入酒自古有之，孙思邈的《备急千金方》中有“酒醴”的专门论述，记载了 18 首酒方，其中有一些就是添加香料的酒。《外台秘要》中“古今诸家酒一十二首”，这些药酒方中就有用到甘菊花、白芷等香药。

四、两宋（辽金）元时期香料的使用

自 960 年，赵匡胤黄袍加身，至 1279 年，陆秀夫负帝昺沉于广东崖山海中，宋朝延续319年。其间又分为北宋（960—1127年）、南宋（1127—1279年）。

宋代是中国古代最富有的时期。在空前的经济基础上，宋代的科学技术、思想学术、文学艺术，几乎每一个文化领域都迸发出灿烂夺目的光彩，使这一时期的文化达到了历史的高峰。史学大师陈寅恪认为，中华古代文化于宋朝臻于“造极”。其时“精致风雅的精神溶于各阶层的生活之中，达到了一个相当高的高度”。

北宋宫廷之奢与唐五代之奢相比较，奢华不减，更多了精致风雅。宋人使用香料的奢华程度也绝不逊于古人。各类庆典、祭祀、雅集、宴会、出行等场合无不用香。宫廷殿宇时刻熏烧着外来异香及宫中自制香料。贵族、宫人也以各种名贵香料凸显身份地位，整个朝野弥漫着雅致奢华的用香风尚。周密在《癸辛杂识》中记载，宋徽宗时汴梁有：“朝元宫殿前大石香鼎二，制作高雅。闻熙春阁前元有十余座，徽宗每宴熙春，则用此烧香于阁下，香烟蟠结凡数里，有临春、结绮之意也。”宫中还制作了香药蜡烛。叶绍翁在《四朝闻见录》中记载：“宣、政盛时，宫中以河阳花蜡烛无香为恨。遂加龙涎、沉瑙屑灌蜡烛，列两行，数百枝，焰明而香滃，钧天之所无也。”庄绰《鸡肋编》中写了权臣蔡京会见官员时的情景：“京谕女童使焚香，久之不至，坐客皆窃怪之。已而，报云香满，蔡使卷帘，则见香气自他室而出，霭若云雾，濛濛满坐，几不相睹，而无烟火之烈。即归，衣冠芳馥，数日不歇。”

宋朝宫廷中收藏了许多价格昂贵、奇异的外来香料。内廷的内诸司殿中省六尚局里有内香药库。“掌出纳蕃国贡献舶香药、宝石”，共有28库。之后由于香药储藏日益增多，增加了外香药库和经拣香药库。在左银台门外的内藏库也收储香药，只不过收藏的是龙脑等质量最为上乘的香药。

与前朝一样，宋代香料也用于医药、美容、饮食、沐浴等方面。

沈括在《梦溪笔谈》中记载，宋真宗年间，太尉王文正身体羸弱多病，真宗皇帝赐给他一些用苏合香丸煮的酒。王太尉喝过之后，身体强健许多。苏合香丸的配方源于唐代《广济方》中的“吃力伽丸”，现存的宋代《太平惠民和剂局方》记载了苏合香丸的配方，其中除了苏合香，还用到白术、青木香、香附子、诃黎勒、白檀香、安息香、沉香、麝香、丁香、荜茇、薰陆香、龙脑香。苏合香丸的配方几乎全用香药制成，具有通窍、辟秽、开郁、豁痰的作用，对疾病的预防和治疗非常有效。在《千金》《外台》等医学著作中，都有记载这个药方。宋代香料用于医药美容的方剂主要收录于《太平圣惠方》与《圣济总录》。宋朝初年修辑的《太平圣惠方》收集了五代至宋初，宫廷中美容及日用化妆品的方药。宋徽宗政和年间（1111—1118年）朝廷召集全国名医撰写《圣济总录》，收录了治疗粉刺、面体疣、狐臭、须发、白秃、赤秃、面上瘢痕等的药方，范围很广。这两部医学巨著在美容理论和药学的发展中都产生巨大的影响。这些配方中离不开香料，甚至有的配方中全用香料。

宋末元初的吴自牧撰写《梦粱录》，记录南宋都城临安的城市风貌。其中提到“狮蛮栗糕”，即用五色米粉塑成狮子、人物等形象，周围装饰一些小彩旗，下面用栗子肉混合麝香糖蜜捏成不同形状。当时的人们常用狮蛮栗糕搭配菊花酒、茱萸酒在重阳节食用。

宋代人普遍喜欢用香汤沐浴，开设浴堂的行业就称为“香水行”。不论士大夫，还是佛家、道家人都喜欢香汤沐浴，认为香汤沐浴有涤尘祛秽、驱除妖邪的功效。

宋代时，出现了一种人工合成的洗涤剂，俗称“肥皂团”。将肥厚肉多的皂荚捣碎细研，配以香料等物，制成橘子大小的球状，就成了身价倍增的“肥皂团”，专门用于洗面浴身。宋人周密《武林旧事》卷六“小经济”记载了南宋京都临安已经有了专门经营“肥皂团”的生意人。从天然皂荚到香皂，香料画龙点睛，宋人创造力可见一斑，值得我们为之自豪。

宋代沿用唐五代制墨加入香料的方法，制作上等的香墨。加入藿香、零陵香、白檀、丁香、龙脑、麝香、秦皮、苏木、黄蘗、栀子仁等各种香料，按照不同香料配方制出特定香味的墨品。将多种香料和合在一起加调入墨中的制法称为叙药。除了制墨工匠，宋代的文人墨客喜欢亲自制墨。北宋徽宗帝于宣和年间（1119—1125 年）用苏合油烟杂以百宝制成“苏合油墨”，当时的价值可与黄金相比，到金代章宗时期竟达到一两墨价值一斤黄金的惊人高价。

宋代皇室权贵、文人雅士、仙道、僧侣皆爱香成风。文人雅士用香不像宫廷权贵那么奢侈，更崇尚香气清幽、烟气很少的品种。这种品香的观点影响对明清以来的用香风尚，甚至日本等国的香道都有影响。文人士大夫多爱研习合香之术成风，许多人亲自调配精制私家香品。此时出现了我国最早的香料及合香（调香）法的专著——《香谱》，以及夹杂于各种笔记史料中专门论香的章节。现今所知的宋元时期香谱如下。

（1）北宋时期　丁谓《天香传》、沈立《香谱》。

（2）南北宋之际　洪刍《香谱》、颜博文《香史》、曾慥《香谱》《香后谱》。

（3）南宋至元代者　叶廷珪《南蕃香录》《名香谱》、陈敬《陈氏香谱》。

还有一些关于香料的记录散见于其宋元史料：宋代周去非《岭外代答·香门》、赵汝适《谱香志·志物》、宋代范成大《桂海虞衡志·志香》、宋代蔡絛《铁围山丛谈》卷五、宋代李昉等《太平御览·香部》、元代汪大渊《岛夷志略》、元代黎崱《安南志略》等。

《陈氏香谱》中收录的一些香方显示，当时的合香配方中已经用到了芳香油。“江南李主帐中香”的四个配方中，提到将沉香投入苏合香油中，封浸百日，加热之后，两种珍贵的气息合在一起，让一种香气浸润到另一种香气中，产生一种新的混合香型。温润清甜的气味闻之使人产生惬意的感觉。再加入蔷薇水，香气更好。蔷薇水即阿拉伯玫瑰水，在晚唐五代时即传入中国。《陈氏香谱》中记载了当时利用蒸馏法制备花露的实例。宋代人自制花露几乎无花不用。在宋代进口或自制的花露迅速取代了苏合油的地位，其神奇的花香使人们十分陶醉。而将各色甜美柔和的花露与厚实甜凉的沉香相合，会产生令人十分陶醉的香气，从而获得一种新的美妙享受。宋代陈敬在《陈氏香谱》中对于合香讲述得非常透彻，对今天的香料调制仍有指导意义。

宋代的香谱反映了宋人创造性的合香调香技术，记录了宋代文人、士大夫的精神与生活的精致雅趣。香方的普及、香事的记录、香工具的组合、香料的收藏等，组成了宋代丰富的香文化。

宋代香料的使用量极大，绝大多数通过海外贸易得来。香料是宋代海外贸易的大宗商品，而且利润极大。因此，在宋太宗太平兴国初年，对香料进行官定专买专卖。南宋初年对香料又加以禁权，政府财政对于香药贸易的依赖程度相当高。有学者考证，绍兴二十九年仅乳香一项的收入约是全国收入的24%。

宋（辽金）元时期的香料及合香实物极为丰富，然而现今传世及出土的却不多，极为珍贵。2007年江苏南京大报恩寺遗址下的北宋长干寺圣感塔地宫，出土了大量的宋代香料实物，有土沉香、乳香、檀香等，以及贮存、使用香料的器具，如香囊、香炉、净瓶等。

五、明清时期香料的使用

明代也是中国古代经济高度发展的时期。农业、手工业、商业均有较大发展。农业科技进步，玉米、甘薯、马铃薯、花生、烟草等新作物传入，极大改善了人民的生活。东南地区沿海一带因手工业及商业极为发达，成为当时世界上最富庶的地区。在强大的经济支撑下，文化艺术繁荣发展，音乐、戏曲、绘画、书法、竹木牙角雕刻、家具、陶瓷、漆器、建筑、园艺、饮食、服饰等，都有很大变化。香学在这一时期也得到了极大的发展，文人墨客纷纷撰文，总结历代文献、技艺，记录个人用香经验体会。其中包括景泰年间的《晦斋香谱》，万历年间周嘉胄的《香乘》、屠隆的《考槃余事》、高濂的《遵生八笺》，天启年间文震亨的《长物志》，元末明初的《墨娥小录香谱》等。

周嘉胄编撰的《香乘》，收集明代万历四十六年（1618年）以前有关香学的资料共28卷6册，集历代香方420余个。书中总结了香料相关的大量文献，资料翔实，专业性强。对香品的介绍朴实可靠，或融入佛界的名称，或说明使用的场合和用途。如在介绍沉香时，引入考证19条，记录关于生沉香的事例30条，并详尽解析生沉香的过去异名蓬莱香、光香、海南栈香等10个名称。书中收录不少具有实用价值的香方，其中一部分至今仍有参考价值。例如，丁沉煎圆、豆蔻香身丸、透体麝脐丹、木香饼等香药，以及经进龙麝香茶、孩儿香茶等多种的香茶，针对美容香身、辟秽避臭、美发、悦颜，具有可取之处。《香乘》总结了早期的香与调香记录，提出了合香的新思路，集历代香书精华，具有极好的参考价值。

高濂是明代万历时浙江钱塘（今浙江杭州）人。《遵生八笺》是他阐述养生长寿之道的著述。全书以遵生为主旨，从清修妙论、四时调摄、起居安乐、延年祛病、饮馔服食、燕闲清赏、灵秘丹药、隐逸事迹，8个方面论述了延年安逸之术、祛病强身之方。《遵生八笺·燕闲清赏笺》中有一段高濂本人的亲身用香经验总结，是自唐宋以来，首次全面地将各类香品进行了气质上的分类，分别是幽娴、恬雅、温润、佳丽、蕴藉、高尚，并且对于各种不同的香适合于不同的场合进行了阐述。这番论述成为东方香文化意境的代表作。高濂还说明焚香的用具和操作方法，是学习和了解传统熏香文化的珍贵资料。

明代李时珍编著的《本草纲目》是一部影响深远的医学巨著，收录了许多香药和配方。其中草部、木部、果部、兽部、菜部都有收录香料，列入美容、美发、乌发、生发、去痣、粉刺、祛雀斑、去暗泽、除口臭、香身、治狐臭、面脂、口脂、增白、驻颜、润肌肤、熏衣等相关药物270种，内服剂型10多种，外用熏洗和膏剂20多种。对于“美容”具有特殊作用的藿香、麝香、零陵香、龙脑、白芷、细辛、防风、藁本、辛夷、当归、川芎、生姜等都有详细的介绍。

明末清初，制作樟脑的方法传入台湾省，台湾省的樟脑生产不断发展起来，并逐渐扩展到香茅和其他香料品种。光绪年间，陈炽在《种樟熬脑说》中介绍了台湾的制樟脑法；光绪二十四年，陈骧的《炼樟图说》介绍了水汽蒸馏法提取樟脑的方法；1935年，梁希又改进了“诸暨式”“土佐式”，进一步提高樟脑生产技术。清宫用香主要以沉香、檀香等为主，日常用于各宫殿的熏烧，以及礼佛祭祀。今北京故宫博物院、台北故宫博物院、承德避暑山庄等均藏有许多清宫遗留的沉香、檀香原料、花露水、各色香饼、线香、合香佛珠，以及用伽楠香、沉香、檀香制成的各种日常用具、摆件等。北京清代皇家寺庙雍和宫有用整根数十米长的白檀木雕刻的弥勒佛。

清朝宫廷信仰藏传佛教，宫中礼佛多用藏香。藏香是西藏重要的手工制品，是用藏红花、雪莲花、麝香、藏寇、红景天、藏柏、琥珀、藏当归、丁香、冰片、檀香木、沉香、甘松等数十种名贵香料及药材手工制作而成。藏香不仅可以用于熏香，而且具有一定的药用价值。相传藏香是由松赞干布时期的吞弥·桑布扎发明的。据史料记载，吞弥·桑布扎是藏王松赞干布派往印度学习佛法的16名青年才俊之一。学成归来之后，吞弥·桑布扎将学到的印度制香技术与西藏香料资源相结合，制成适合本土使用的藏香。自诞生之后，藏香迅速成为西藏宗教活动的重要组成部分。最迟在宋代，藏香已经传入内地。随着元明两代藏传佛教在汉地传播，藏香逐渐成为重要的香品之一。普遍用于宗教活动中。

清朝政府以“一法五策”治理西藏，皇家与西藏佛教高层的关系日益密切。紫禁城内生活起居和典礼仪式都需要藏香，使藏香在清代声誉日盛。萧腾麟在乾隆年间驻镇察木多，撰写了《西藏见闻录》，记录藏地山川地理、风俗民情等，其中也记录了藏香的见闻和文献。藏香主要有紫、黄二色，巴塘出产的香品质最好。真的藏香在制作时加入珍宝屑，焚香时烟气上升直达霄汉。藏地还有一些黑色、白色、红色、绿色的香，不算是藏香。清代盛行吸鼻烟。最初的鼻烟是巴西的土著印第安人制造的，在明代万历年间，经由美洲、吕宋、日本传入我国。鼻烟是由捣成末的烟草掺和香料制成。专业的鼻烟工匠将优质的烟草粉末和玫瑰花或香草类植物的碎叶混合，用玫瑰木制成的研钵将烟末和香料充分捣碎碾合，再用以吸闻。鼻烟中掺杂的香料包括麝香、龙脑、沉香、花露等，据说可以提神醒脑、驱寒冷、治头疼、开窍，且使用鼻烟时不用烟火，受到清代上层社会欢迎，风靡一时。光绪年间赵之谦的《勇卢闲诘》详尽记述了鼻烟的历史、历代记载、制法、优劣评价、功用、鼻烟壶的种类等。现今吸闻鼻烟现象已经很少了，但是烟草的使用还是非常多。

清代文人雅士一般用香料制成的线香直接点燃。大多数人不再亲手调和香料，而用小炉隔火片熏烤沉香片的品香形式也只存于江南、两广等地。在晚清流行一种熏烧末香的组合炉具——芸香炉。芸香炉，又称篆香炉或印香炉至今仍受人喜爱。南通丁月湖先生首创组合式印香炉。丁月湖设计的炉样与镂空花纹篆字后来辑印为《印香图谱》，或称《香印篆册》《印香炉式图》，其中包括百余张图样。芸香炉的用处，在于供焚芸香，属于书斋文房的一种有艺术性的清玩雅致用具。古人把读书的书房称为“芸窗”就和它有关，因为芸香可以除去书中蠹虫。芸香点燃后，烟气便从炉盖上镂空花纹或文字花纹里袅袅而出。芬芳的气味散播在空中，使室中人嗅到怡情的香气，同时起到保护藏书的作用。

明清时期，流通舒畅、外来香料输入、加香产品发展，香料逐渐从宫廷上层传入民间，面向不同层次消费者的档次增加。外来香料与国产芳香植物的糅合，创造出新的产品，新的生产部门应运而生。沿海地区的上海、广州、杭州、扬州等地出现各种与香料相关的作坊、工场、厂、店、公司等。如今，四川绵竹的五粮液、贵州仁怀的茅台酒、四川宜宾的泸州大曲酒、山东烟台的张裕酿造葡萄酒白兰地、山西宁化府益源庆陈醋、江苏镇江的恒顺酱醋、北京全聚德烤鸭等，民族工业正与香料应用相互渗透，逐渐发展。

香伴随中国数千年灿烂文明，由简而繁，由直接焚烧草叶枝干，发展到蒸馏制香水、调和制成各式香品；由开始仅用于祭祀，酿酒，发展为医药、美容、饮食、改善环境、室内品香等各种用途，无不体现出中华民族的智慧和创造力。

第二节　现代天然香料的发展及生产概况

一、现代香料工业的发展

现代香料工业发展的特点就是行业发展与香料化学发展密切相关。香料化学的发展可以分为两个方面：其一是分析化学发展加速了精油成分的确定，其二是有机化学的发展使人工合成精油成分的工作成为可能。这两个方面也是现代香料工业发展的核心所在。

（一）精油成分的系统研究

德国化学家奥托·瓦拉赫（Otto Wallach）（1847—1931 年）系统研究了天然植物中提取的挥发油，发现其中主要是由两个或两个以上异戊二烯单位构成的小分子含氧聚合物，分子结构大多具有六元环碳原子骨架，结构中含有不饱和化学键。Wallach 将这类小分子化合物命名为萜烯，并提出了系统的制备萜烯化合物的路线，测定出萜烯的结构。1909 年，Wallach 发表了《萜类与樟脑》，为萜类化学奠定了不可动摇的基础。1910 年，他因在天然脂环族化合物领域的研究成就，获得诺贝尔化学奖。Wallach 是最早提出"异戊二烯规则"的人。但是进一步研究发现，异戊二烯单体在自然界中分布很少，这与"异戊二烯是萜类的前体化合物"的观点不一致。瑞典科学家鲁茨卡（Ruzicka）在 Wallach 的理论基础上，提出了新的异戊二烯规则，认为所有天然萜类化合物都是经甲戊二羟酸途径衍生出来的化合物。Ruzicka 成功确定了一些倍半萜、二萜和三萜的化学结构，还分析鉴定了一些重要的天然香料物质的化学结构，例如灵猫酮、麝香酮、茉莉酮等。

1833 年，德莫斯（Dwmas）经过多年苦心的研究，将无秩序的精油进行了分类，这是最先进行精油分类的先驱。他将松节油、香茅油分类为含烃的精油，将樟脑油和大茴香油分类为含氧的精油，此外还有含硫的精油（例如芥籽油）。这样的分类方式，有助于理解精油主要成分的结构与理化性质、香气特征的关系。

19 世纪末，许多香料被不断成功合成出来，现代香料工业发展初具雏形。

冷吸法、水汽蒸馏法、浸提法等天然香料提取方式获得广泛应用。脂肪油、杏仁油都用来作吸附剂，吸附香原料中的香气成分。随着高纯度酒精工业化生产，酒精被用来作为浸提溶剂，从植物原料中提取精油。浸提法获得重视。除了酒精，氯甲烷、石油醚、苯、丁烷、戊烷等有机溶剂都可以用作浸提溶剂。

20 世纪 50 年代之后，詹姆斯（James）和马丁（Martin）发明了气相色谱法，逐渐在香料行业中使用。气相色谱法的应用，缩短了精油成分分析时间，减少了样品量，非常适合分析天然香原料的组成成分。仪器分析方法迅速取代了传统的化学分析方法，极大推进了单体香料物质的品种开发与合成路径研究，提高了香原料的数量与质量。20 世纪 60 年代后，仪器分析学科发展更加完善，尤其气相色谱-质谱联用仪、色谱-红外光谱联用仪等仪器的推广，使天然香料成分分析工作获得了飞跃发展。如今，只要能分离到的成分就能很快分析鉴定出其分子结构，而大多数香料成分都能通过化学合成的方法制备。香料成分分析，无论对天然精油的利用，还是合成香料的开发，都起到推进和主导的作用。例如，玫瑰油中的玫瑰醚、玫瑰呋喃、突厥烯酮、突厥酮等成分对于整体香气至关重要，早已有了成熟的合成工艺，成为合成香料供应市场中的常见品种。同样，茉莉花中的微量成分茉莉酮酸甲酯对香气起重要作用。1962 年，德尔摩尔（Dermole）发现并确定了茉莉酮酸甲酯的结构，1970 年合成了这个茉莉酮酸酯的系列化合物，现在已经有若干商品化品种，对于配制茉莉型香精起着极为重要的作用。

（二）食用香料中天然香料的发展

随着生活水平的提高，食品行业健康化、天然化、方便化发展趋势明显。消费市场对食用香料的需求量迅速增长的同时，对食品安全的关注度随之提高。作为食品添加剂中备受瞩目的一类原料，消费者高度关注食用香料的安全性。对此，食品法典委员会（Codex Alimentarius Commission，CAC）、国际香料工业组织（International Organization of

Flavor Industry，IOFI）、香料与萃取物制造者协会（Flavor Extract Manufacturer's Association，FEMA）、欧洲理事会食品香料专家委员会（Council of Europe & Experts on Flavoring Substances，COE）等国际组织都作了明文规定，列出可以使用的食用香料，对有问题的香料品种采取限制使用和禁止使用的措施，以保障人民的健康。

随着技术发展，现代生物技术、发酵技术、催化技术、高精分析技术等高新技术被引入香料生产中。例如，利用酶法生产桃子香气的原料、利用酵母生产甜瓜香气的原料、利用发酵法生产麝香、利用脂肪酶制造乳品香料等。生物高新技术引入香料生产，为天然香料的栽培、食用香料的生产、化妆品原料的制造、合成香料工艺的改进带来新的变化，使香料工业更上一层楼，为香料工业的发展做出新贡献。

二、中国现代天然香料的发展

我国是世界上生产使用香料最早的国家，但是我国的现代香料工业起步很晚。

鸦片战争之后 100 多年，轻工业加香所需香料香精多靠进口，且出口芳香植物的品种和数量都极为有限。当时出口量比较大的香料产品主要有樟脑、八角茴香油等。19 世纪，我国台湾樟脑的产量占世界总产量的 70%～80%，1935 年广西德保种植八角茴香树达 60 多平方千米，年产八角茴香油 1599 担（75t）。

辛亥革命后，民族工业萌芽，在上海、杭州、扬州、天津、保定都有开设香粉店、合香楼、化学工业社、化妆品厂等香料化妆品作坊，且业务逐渐扩大。这样的需求带动香料香精生产发展。至第二次世界大战前，上海有大大小小的香料、香精企业 37 家。薄荷油和薄荷脑的生产发展比较快，1940 年全国出口薄荷原油 340t。

1949 年之前，我国香料香精绝大部分依赖进口，本土香料厂、香精厂的生产规模不大，年产量多在 200～300t，加工方法多限于简单的或土法的水汽蒸馏法，而且生产主要集中在上海，还未形成香料工业体系。

1949 年之后，我国香料工业随着国民经济的发展，香料生产发展迅速。如今我国香料工业已经成为一个比较完善的工业体系，天然香料的生产在国际上初露头角。

20 世纪 50 年代中期，中国香料工业加快发展，香料的加工和提取方法、品种的发掘和探索都有所前进，生产的规模也逐步扩大。天然香料也不例外，随着整个香料工业的崛起，天然香料提取加工厂家越来越多，规模逐渐发展。1952 年，我国的香料香精年产量仅有 817t，绝大部分依赖进口；而 2020 年，我国香料香精产量达到 53.5 万吨，销售额约 408 亿元。2020 年，国内香料香精总产量约为 1952 年总产量的 655 倍，出口额达到 24.6 亿美元。

20 世纪 50 年代末期，天然香料提取、整理和加工的厂家主要在南方。技术复杂一些的工厂多设在城市，技术比较简单的香料多数在产地就地加工，而且大多采用水汽蒸馏方法进行生产。我国的香料提取工艺从水汽蒸馏法向浸提法的发展，也是在这一时期开始的。这在天然香料加工上也是一个很大的飞跃，尤其是给利用娇嫩的香花提制名贵天然香料的技术提供了极有利的生产条件。

到20世纪60年代，香料香精生产地区增加了辽宁、北京、山东、福建、广东、广西、四川、云南、台湾等省区。采用挥发性溶剂提取香花中芳香物质并具有一定规模的天然香料加工厂和产品主要有：广州百花香料厂的茉莉花浸膏、大花茉莉浸膏和白兰花浸膏，杭州香料厂的墨红浸膏，福州香料厂的茉莉花浸膏和白兰花浸膏，漳州香料厂的金合欢浸膏、树兰浸膏。

除了这些名贵的香花浸膏产品，还有一些重要、独特的天然品种。例如广州百花香料厂的藿香油和白兰叶油、杭州香料厂的香根油和岩蔷薇浸膏、福州香料厂的白兰花油和白兰叶油、漳州香料厂的树兰油等。

在20世纪60年代中后期，第三种天然香料加工方法——压榨法也终于出现和发展起来，同时针对不同的原料特性开发了多种加工设备。例如，对零星果皮采用螺旋压榨方式，对整果的橙或柑多数采用冷磨方式。通过冷榨冷磨的物理加工方式，保留了柑橘类精油的天然风味，所得精油品质优于传统的水汽蒸馏法获得的同类精油。这是天然香料加工技术的又一巨大进步。这类天然香料加工产品多数分布在浙江、广东、四川一带。重要的加工厂包括：生产橘子油的黄岩香料厂、生产柠檬油及其他柑橘类精油的成都香料厂。广东一些蜜饯厂、凉果厂及农场等综合利用本厂原料生产柑皮油等产品。

在20世纪60年代末70年代初，我国又引进了一些新香料品种，如依兰依兰、香叶、薰衣草、香紫苏等，经过驯化、培养、繁育和大面积种植，这些天然香料成为新的加工原料，丰富了我国的精油产品种类。如昆明香料厂的香叶油和依兰依兰油、上海郊区的香叶油、河南的香紫苏油、新疆的薰衣草油。

在20世纪70到80年代里，杭州香料厂和昆明香料厂的鸢尾浸膏与鸢尾凝脂，福州香料厂的黄兰浸膏，成都香料厂的当归净油等天然香料品种相继投产。江苏的菊苣浸膏、茅香浸膏，浙江的香榧果油、姜油和杭菊花浸膏，云南、湖北的云烟浸膏、白肋烟浸膏，湖北的香菊油，福建的芳叶油，新疆、江苏的椒样薄荷油，甘肃的黄蒿油，云南、海南的香荚兰豆制品，等独特的天然新品种陆续出现。我国的传统天然香料油，如香茅油、山苍子油、柏木油及柠檬桉叶油等，通过提取加工工艺的改进，也取得了较快的发展。天然香料产品的品种增加，推动了香料提取加工工艺和加工设备技术革新。如水汽蒸馏法生产中的串蒸工艺、与蒸馏结合的分馏工艺，浸提法生产中的泳浸式、手转式、刮板式、浮滤式等不同形式的浸提工艺与设备，使精油产品的质量和得率进一步提高。此外，我国引进了静置分格式溶剂循环浸提器和净油生产设备，提高净油生产效率。引进了真空精馏设备，采用自控化操作对精油进行精深加工，使产品质量达到国际水平。中国香料工业重新起飞。

三、中国天然香料资源分布及基地的建立

我国地大物博，拥有丰富的天然香料资源。据初步统计，我国有380余种香料植物和栽培品种。这些香料植物多数分布在温带和亚热带地区，其中有些种类是我国特有品种，也有些种类是从其他国家引种栽培，现已成为我国重要的香料资源。四大动物香料

（麝香、灵猫香、海狸香、龙涎香）在我国也有资源分布。

(一) 中国天然香料资源分布

根据气候特点、地势和植被类型，我国可分为七个区域，分别是华南地区、西南地区、华东地区、华中地区、华北地区、东北地区、西北地区。

1. 华南地区

本区位于我国最南部包括广东、广西、海南、香港和澳门特别行政区。气候特点：广西属于南亚热带季风气候，夏季炎热、冬季温暖，夏长冬短，夏季长达 5 个月；气候湿润雨量充沛，一般年降雨量达 1500mm 以上。本区主要香料植物有：广藿香、八角茴香、山苍子、中国肉桂、玫瑰、白兰、黄兰、茉莉、金合欢、柠檬桉、柠檬草、香茅草、香根草、枫香、细叶桉、大叶桉、蓝桉、珠兰、树兰、夜合花、九里香、含笑、丁香罗勒、胡椒、马尾松、山刺柏等。主要引种栽培的天然香料品种有：大花茉莉、斯里兰卡肉桂、丁香、檀香、众香、依兰依兰、香荚兰、吐鲁香等。

广西红河流域一带盛产大灵猫，广东南岭及海南地区有小灵猫资源。

2. 西南地区

本区包括四川、云南、贵州、重庆、西藏等省区。气候特点：亚热带季风气候和高原山地气候，地貌复杂，水资源丰富，植物种类多。除四川盆地之外，海拔均在 1000m 以上。四川盆地气候温和，年降雨量为 1000~1500mm。土壤肥沃。本区主要香料植物有：川桂、素馨、连香树、香叶子、油樟、乌药、钓樟、山苍子、木姜子、枫香、木香、野花椒、柠檬桉、马尾松、云南松、黄心夜合、含笑、蜡梅、鹰爪花、白兰、草果等。20 世纪 60 年代以来经人工栽培的有：玳玳花、柚、柠檬、花椒、茉莉、玫瑰、香茅、柠檬草、香叶和姜等。四川西部山区和贵州高原区的主要天然香料有：肉桂、油樟、臭樟、川樟、香桂（岩桂）、木姜子、赤桉、大叶桉、山萩、灵香草、香薷、九里香等。在云南还有人工大面积栽培的香叶、依兰依兰、鸢尾和香荚兰等新香料品种。

四川甘孜、阿坝地区天然麝香的资源丰富，驰名中外。

3. 华东地区

本区包括山东、江苏、上海、浙江、安徽、江西、福建、台湾等省区。气候特点：淮河以北为温带季风气候，淮河以南为亚热带季风气候，春季梅雨连绵，湿度大，夏季多雨、炎热，冬季温和，一般年降雨量为 1000~1800mm。本区主要香料植物有：香榧、芳樟、洋甘菊、山苍子、玳玳花、白兰、薰衣草、留兰香、金粟兰、万寿菊、栀子、月桂、茉莉、金银花等。还有 20 世纪 60 年代引种、培育成功，大面积发展起来的岩蔷薇香料植物。

浙江杭州、淳安等地人工繁育大、小灵猫已有 60 年之久。

4. 华中地区

本区包括河南、湖北、湖南。气候特点：河南属于温带季风气候和亚热带季风气候，湖北省湖南属于亚热带季风气候，三省的降雨量都很充分。常见香料植物种类包括：山苍子、山胡椒、桂花、山姜、观光木、含笑、茉莉、薄荷、牡丹、芳樟等。

5. 华北地区

本区包括河北、北京、天津、山西和内蒙古部分地区。气候特点：温带半湿润大陆气候，四季分明，冬寒夏炎，春秋较短，冬燥夏湿，年降水量350~1000mm。主要香料植物种类包括：玫瑰、啤酒花、薄荷、罗勒、留兰香、香薷、艾蒿、鸢尾、牛至、牡蒿、花椒、山胡椒、百里香、薰衣草、油松、钓樟、侧柏等。

6. 东北地区

本区包括黑龙江、吉林、辽宁和内蒙古部分地区。气候特点：温带季风气候和温带大陆性气候，冬季寒冷，夏季短而炎热，年降水量350~1000mm。在针叶林区，常见香料植物有落叶松、红松、白桦、樟子松等。在针叶和阔叶林混交区，有紫杉、臭冷杉、桧、杜松、白桦、黄柏、五味子、兴安杜鹃、香薷、莳萝、页蒿、芫荽、茴香、黄花蒿、茚蒿、甘菊、香附子，以及铃兰、天女木兰、白丁香等。在温带森林和草甸草原区，主要有臭冷杉、杜松、松香、黄荆、玫瑰、银线草、页蒿、茴香、香薷、薄荷、苍术、北野菊、甘草、山花椒、铃兰等香料植物。

7. 西北地区

本区包括新疆、宁夏、青海、陕西、甘肃。气候特点：因降水稀少而气候干旱，冬季严寒而干燥，夏季高温，降水量自东向西呈递减趋势，大部分地区的年降水量低于500mm，且昼夜温差大。主要的香料植物有七里香、小茴香、芹菜、芫荽、木兰、玉兰、金银花、薄荷、厚朴、艾蒿等。黄土高原区的主要香料植物还有油松、侧柏、华山松、钓樟、山胡椒、五味子、花椒、香薷、牛至、甘草、缬草、百里香、甘松以及人工栽培的苦水玫瑰、薰衣草、香紫苏等。新疆地区的主要香料植物包括多种柏类、玫瑰、紫苏、薰衣草、椒样薄荷、红花、孜然、甘草、啤酒花、当归、芫荽、阿魏等。

（二）中国主要天然香料基地

中国在1949年之前基本没有香料基地存在，各地的香料植物以自然分布为主，仅有少量地区种植薄荷、肉桂和茴香等。到20世纪50年代下半期和60年代上半期的10年中，天然香料基地在全国各地建立起来，尤其在华南、华东和西南地区发展迅速。到20世纪70年代至20世纪80年代初，香料基地的老品种趋于稳定，大力栽培新品种。尤其对那些20世纪50年代末60年代初从国外引种来的名贵天然香料品种，经驯化、培育成功后，开始进行大面积栽培。随着我国改革开放，沿海省区工业发展迅速。自20世纪80年代后半叶开始到20世纪90年代，天然香料基地不得不作战略调整和重新部署，这与发达国家的工农业发展过程也是一致的。

在20世纪50年代上半期，广州地区盛产香花，但主要用于观赏和家庭插花。后来由于花茶出口需要，大面积种植茉莉花。1956年食品工业部为了发展天然香料，就利用广州地区建立了广州香花浸提厂（1958年5月改名为广州百花香料厂，简称“广香”）。自那时起，在整个20世纪50年代下半期，广州地区不但大力发展茉莉花基地，还积极发展当地的香花和香料植物资源，如玫瑰、白兰、栀子花、鸡蛋花、蔷薇花、姜花、树兰花、珠兰花、夜合花、含笑花、广藿香、香根草等，还从苏州引入玳玳花加以发展。

到20世纪50年代末和60年代上半期，我国南方各地纷纷建立天然香料基地。福州地区从广州引种重瓣茉莉，并大面积栽培，又发展了当地原有品种白兰和黄兰基地。在漳州地区发展树兰和金合欢基地。杭州地区培育出墨红玫瑰，并发展当地的香根草和金桂资源。在桂林地区建立银桂基地。在成都地区建立以柠檬为主的柑橘基地。

在20世纪60年代下半期和70年代上半期，中国的天然香料新品种不断出现。新疆伊犁地区成功培育薰衣草，并迅速发展，建立基地，提取的薰衣草油品质优良，能代替进口，数量基本满足国内需要。云南西双版纳引进斯里兰卡依兰依兰，引种培育成功，很快进行了大面积栽培，所得精油品质优于国外进口精油。昆明地区和上海郊区培育香叶成功，也迅速建立生产基地，所得香叶油品质优良，可代替进口精油，满足国内市场。杭州郊区成功引种、培育岩蔷薇，进行大面积栽培发展，制成的岩蔷薇明膏和浸膏产品为我国化妆品香精和烟用香精提供了新香料。广州百花香料厂引入的法国大花茉莉，经华南植物园扦插繁殖成功，在广州市郊推广种植成功，于1965年后正式开始生产大花茉莉浸膏。在云南和浙江还发展了鸢尾基地，生产鸢尾浸膏和鸢尾凝脂，也为日化香精提供了新的花色品种。在河南、陕西地区栽培出香紫苏新品种。

在20世纪70年代下半期到80年代上半期，成都地区引种、培育尤力克柠檬，并建立了基地，成都香料厂生产尤力克柠檬油，其品质优于一般柠檬油；云南和海南成功培育了香荚兰豆、依兰依兰、鸢尾，分别在西双版纳景洪地区和海南兴隆农场建立了香荚兰基地；在甘肃苦水县建立苦水玫瑰基地，兰州轻工所精加工制成玫瑰精油和分子蒸馏级玫瑰精油，品质甚优；在新疆、江苏还引进了椒样薄荷；在云南还利用松萝科植物主干上生长的苔藓（地衣）为原料，由昆明香料厂制成树苔浸膏、树苔净油，也为烟用香精、化妆品香精增加新的天然香料。福建还保留一些樟、玳玳、山苍子、白兰花、树兰、黄兰、米兰、丁香罗勒、茉莉种植基地，并进行香荚兰和依兰依兰栽培。

在20世纪80年代下半期至90年代初，随着国家改革开放的深入，沿海省区的天然香料基地也随之调整，一些天然香料基地从发达地区转移至边远或不太发达地区，例如广东茉莉花基地已转移至广西容县。同时开展精油深加工研究，增加精油产品价值。例如广州香料厂生产的分子蒸馏级膏香油。

20世纪90年代，广西的香料基地以桂皮（中国肉桂）、茴香、香茅等品种为主，保留桂花（银桂）基地，又接受了茉莉花基地。昆明香料厂与瑞士芬美意（Firmenich）公司合资后，积极发展香叶、香荚兰、香茅、桉叶等品种的天然香料基地。重庆嘉顿精细化工有限公司利用三峡库区，发展香桂基地，提取的粗香桂油，既可以直接出口，又可以加工成洋茉莉醛、新洋茉莉醛、胡椒基丙酮等单体香料产品。

现在，云南、广西、新疆、福建、江西的部分地区都形成了特色鲜明的天然香料产业基地。云南是传统天然香料集中产区，主要品种有香叶、蓝桉、香茅、冬青、树苔等；广西是八角茴香、肉桂、茉莉的集中产区，柠檬桉、樟树、山苍子等香料植物资源也很丰富；新疆也是传统的天然香料产区，现有品种香紫苏、薰衣草、椒样薄荷、留兰香、罗马甘菊等；江西、安徽、江苏等省出产的薄荷脑和薄荷素油畅销世界。

四、中国天然香料加工技术的发展

在1949年之前，天然香料产品主要依靠进口，而本土香料出口品种和数量很少。当时，我国本土天然香料加工仅采用简单的蒸馏方法，所得精油也仅作为进口的补充。1949年之后，我国天然香料加工技术得到蓬勃发展。加工形式由简单的蒸馏发展到水汽蒸馏法、溶剂浸提法、压榨法、吸附法、超临界二氧化碳流体萃取法等多种提取方式，加工前预处理和深加工技术也有提高。

（一）加工前预处理技术的发展

芳香植物原料，在加工前往往需要作适当预处理，有利于提高香料生产效率和香料产品品质。我国在发展各种加工工艺的同时，积极研究各种芳香原料预处理方法。归纳起来可以分为四种：干燥处理、破碎处理、浸泡处理和发酵处理。

1. 干燥处理

干燥处理过程有两个作用，一是便于保存，使植物原料不易变质；二是在干燥过程中，有些芳香植物，如广藿香草等，在干燥的同时会进行芳香前驱体和苷类化合物的降解、酶解作用，提高呈香成分的含量。

2. 破碎处理

包括磨碎、磨粉、压碎、切碎、切断等，主要根据原料和加工技术要求判断破碎方式和程度。例如，香根草需要切断或切碎，广藿香草需要磨碎，芫荽籽、芹菜籽需要压碎，檀香、柏木需要磨成粉末。

3. 浸泡处理

用适当的水溶液浸泡香原料，往往可以提高精油得率。例如玫瑰花用饱和盐水浸泡之后，将玫瑰与浸泡水一起进行蒸馏，不但能提高精油得率，而且不影响玫瑰油品质。桂花采集后，用饱和盐矾水浸泡，可以延长桂花贮存时间，解决桂花开花期短而集中，短时间内采集的花朵量巨大，超出工厂日处理能力的问题。

4. 发酵处理

有些芳香原料，如香荚兰豆、鸢尾等，在发酵处理前是不香的。如香荚兰豆荚需经过2~3个月自然发酵处理才会发香；也可以采用“热水法”或“晒法”发酵，以缩短处理时间。将鸢尾根的皮剥去并切成小片，装入麻包袋中，置于通风处缓慢发酵2~3年后，才会发出香味。发酵的目的主要是使苷类化合物降解、转化，形成有效发香成分。

（二）水汽蒸馏技术的发展

水汽蒸馏法是一种传统的香料加工方法。1949年之后，最早采用水汽蒸馏技术提取植物精油的是上海中孚香料厂。1954—1955 年上海隆利达化工厂采用回水式水中蒸馏处理檀香粉末废料，从中成功提取檀香油。1958 年广州百花香料厂采用“先水上后加压水蒸气蒸馏”的改进工艺生产广藿香精油，提高得率。这一改进工艺，不但适用于广藿香草，而且适用于对芳香植物的树皮、树干、根部的蒸馏。

到了 20 世纪 60 年代，为了适应香原料的要求，水汽蒸馏已经发展出多种方式。根据各种芳香植物的取香部位、原料干湿程度来决定采用哪种蒸馏方式，主要类别有直接水汽蒸馏、水中蒸馏、水上蒸馏。在上述三种基本蒸馏方式的基础上，既可以实行加压蒸馏，也可以实行减压蒸馏。加压蒸馏常用于直接水汽蒸馏，而减压蒸馏常用于水中蒸馏。

广东汕头香料厂于 1963 年首先采用加压直接水汽蒸馏法生产香根油，质量符合出口要求。1979 年，杭州香料厂采用了“加压串蒸”工艺生产香根草精油。在蒸馏过程中，从第一只蒸锅出来的混合蒸气，不经冷凝直接导入第二只蒸锅的底部，作为第二只蒸锅蒸馏用的蒸气；也可以依次串联三锅、四锅。采用这种蒸馏方式，不但节约燃料，而且也省去部分冷凝和油水分离等辅助设备，生产成本降低。

在 20 世纪 70 年代初，福州香料厂采用水中蒸馏方式生产了白兰鲜花油。在加热操作上，采用间接水蒸气加热与直接水蒸气加热相结合的方式，在蒸馏白兰鲜花过程中获得了较好效果。1982 年，四川日化所姚祖钰设计了复馏柱式 1.5m^3 蒸馏锅，使蒸馏和复馏在同一蒸馏设备中进行，效果很好。这种复馏柱式蒸馏锅也适用于玳玳叶精油生产。采用减压水中蒸馏加工柑橘皮，减轻柑橘油烯烃类化合物的聚合与氧化，可以提高柑橘精油香气品质。

1987 年，用水上蒸馏法生产肉桂精油。将提前浸泡 24h 的肉桂枝叶切碎，放在筛板上，离开水面一定高度进行蒸馏。这种蒸馏方式也适用于香茅草精油生产。水上蒸馏设备简单，移动方便，适用于大面积种植的香料作物处理和小批量精油生产。

（三）浸提技术的发展

1949 年后，苏州三吴化工厂首先采用苯萃取熏茶后的茉莉花，制成乙级茉莉花浸膏。

1957 年 5 月，广州香花浸提厂首先采用石油醚萃取新鲜茉莉花制成中国第一批茉莉花浸膏。为了完成这个突破，上海轻工设计院，参照了旁顿（Bondon）式浸提器，设计了鼓形分格转动浸提器。石油工业部锦州石油六厂，研制成功以己烷为主馏分的石油醚。

1958—1961 年，福州、杭州、桂林、成都、昆明、漳州等地相继建立以香花浸提为主的天然香料厂，在中国南方出现以己烷为主的石油醚浸提各种新鲜香花的生产方式。为了在保护香气品质的同时，提高生产效率。浸提设备的型式，也由单一的鼓形分格转动浸提设备，发展到外壳转动、刮板转动和溶剂循环的固定浸提设备。

1962 年，桂林芳香油厂在来自广州百花香料厂的技术人员陆生椿的协助下，首先采用刮板式转动浸提工艺成功生产出桂花浸膏。

1963年，上海轻工设计院、香料研究所、广州百花香料厂的技术骨干组成的攻关小组，帮助漳州香料厂成功生产金合欢花浸膏。

1964—1965年，香料研究所、广州百花香料厂、福建轻工所和福州香料厂、协作研究，改进白兰花浸提工艺，广州百花香料厂和福州香料厂相继试生产成功。在10~15℃、30~60min，低温快速浸提，获得香气逼真、颜色浅黄的白兰花浸膏。1966—1967年，广州百花香料厂用这一快速低温浸提工艺，又生产出花香浓郁、净油含量高、酸值低的优质茉莉浸膏。

1971年，广州百花香料厂再次与上海轻工设计院合作，开发平转式连续逆流浸提工艺与设备，生产鲜花浸膏，试图解决转动浸提过程中鲜花损烂、杂质浸出量大、浸膏质量差的问题。1976年获得试生产成功，于1978年成功生产茉莉花浸膏。同时，采用薄膜浓缩处理大量茉莉浸液获得成功，使浸液浓缩、溶剂回收与浸提步骤相互适应与配合，提高生产效率。用该工艺生产的茉莉浸膏，香气新鲜浓郁，净油含量较转动浸膏提高5%~10%，酸值也比原来低30%左右。

1979—1981年，杭州香料厂与轻工业部上海轻工设计院合作，采用新颖的泳浸式连续逆流浸提工艺设备，快速处理大量墨红玫瑰，提高墨红浸膏的品质和产量。

20世纪80年代中期，香料研究所姚正华仿制设计了一套浮滤式浸提器，用于漳州香料厂的树兰花浸膏生产，获得成功。

1986—1987年间，昆明香料厂和杭州香料厂先后从法国“吐纳尔”公司引进了“330”浸提工艺与设备。该工艺包括原料分层、溶剂喷淋循环和吊篮式固定浸提三个部分。昆明香料厂将这套设备成功用于树苔提取物的生产。1987—1988年，广州百花香料厂和上海轻工设计院合作，在“330”浸提设备基础上，并结合中国国情和生产特性，仿制了一套适合大花茉莉生产的鲜花分层、溶剂循环的固定浸提工艺与设备。所得大花茉莉浸膏质量达到要求，得率提高，溶剂消耗降低48%。在此之后，广州百花香料厂又利用这套设备生产白兰花精油、白兰叶精油和当归净油，均获得较好的效果。

经过多年研究，浸提工艺与浸提技术已经发展出多种形式。我国浸提技术水平接近国外技术水平。我国的平转式连续逆流浸提茉莉浸膏和泳浸式连续逆流浸提墨红浸膏工艺，是世界首创。

我国在发展溶剂浸提技术的同时，也发展了原料在浸提前的预处理技术。这对提高浸提效率和效果起到积极有利的作用。

（四）压榨技术的发展

20世纪60年代中期，广东柑橘农场和蜜饯厂，首先采用了自制磨皮机进行冷法磨皮提油，解决了一部分柑橘油的来源，同时降低了蜜饯的成本。这种自制磨皮机的摩擦面是由三氯化铁、钢砂和氧化镁调制而成的，磨皮劳动力花费大，磨果效率低，仅适合于小批量柑橘的加工。此后，广东罐头厂引进意大利“爱文那”平板式磨皮机，重庆罐头厂引进了“M-K”型磨皮机，新设备使磨果环节机械化，适应大批量柑橘类果实的磨果生产，同时也解决了用土法磨皮工艺难以磨刺甜橙和柠檬果皮的加工问题。

1966年后，一些天然香料厂、罐头厂、柑橘种植场及蜜饯厂开始推广使用上海轻工设计院的螺旋压榨机进行果皮压榨加工。但该加工方法中果皮必须先经过饱和石灰水浸泡预处理，使果皮弯曲有弹性、精油能喷射而出再进行压榨。这种加工方法比起土法磨皮来已经前进了一大步，也解决了当时柑橘油的供应渠道。但是在石灰水浸泡可能破坏柑橘类精油中的醛类等含氧成分，严重影响柑橘精油的品质。

20世纪80年代初，黄岩香料厂首先采用辊筒刺压方法直接压榨柑橘果皮，而不用石灰水浸泡，由此提取的柑橘油非常接近天然香气，得率提高。

在上述加工方法中，无论是土法还是机械提油方法，无论是磨皮还是榨皮，在磨和榨的过程中，都要用循环喷淋水以冲洗磨破或榨破的油囊、油腺，使精油从物料中冲洗出来。这些冲洗出来的水油混合液，经过滤、沉降后，通过高速离心分离，分别得的柑橘类果皮精油和水液。水液可以作为循环喷淋水使用，使用一段时间后弃去。

（五）吸附技术的发展

1959—1961年，香料研究所、上海轻工研究院、广州百花香料厂、福州香料厂等单位共同研究用吹气吸附法提取茉莉精油，经过两年系列小试和试生产，最终取得成功。经吹气吸附后的残花，还可以用溶剂浸提法提取其浸膏，或制备净油。采用吹气吸附法与浸提技术相结合，所得精油和净油总得率比单纯采用溶剂浸提法要高得多。

1985—1986年，广州百花香料厂与中国科学院广州化学所合作，用疏水型活性炭抽吸茉莉花在保养开放过程中所散发出来的头香，并用超临界二氧化碳解吸饱和了花香的活性炭，直接获得茉莉头香精油。所得精油香气新鲜飘逸，好似茉莉花树上刚开放的花香，很好地体现了茉莉头香的香气特征。而抽吸后的茉莉花仍可用作溶剂浸提生产，浸膏得率不但没有降低，有时反而比未经过抽吸的花有所提高。这是因为在抽吸过程中，鲜花接触空气多而均匀，花蕾开放程度高、精油形成情况更好。

20世纪80年代中后期，中科院华南植物所采用易脱附的XAD-4树脂作为吸附剂成功地抽吸了白兰花、黄兰花、姜花、水仙花的挥发成分，分别获得了这些鲜花的头香精油制品。

（六）超临界二氧化碳流体萃取技术的发展

超临界二氧化碳流体萃取法是20年纪80年代以来的一种新颖的提取和分离技术，到了20世纪90年代就有较快的发展。广州百花香料股份有限公司自1992年起已经开始对辛香料如芫荽籽、芹菜籽、黑胡椒以及烟叶、酒花、菊花等进行了超（亚）临界二氧化碳流体萃取研究。利用超临界二氧化碳萃取所得芹菜籽油，其质量远优于常规蒸馏法所得的油，具有与天然原料逼真的香气和香味，其中瑟丹内酯含量远高于常规水汽蒸馏法处理的同批料产品中瑟丹内酯含量，而且超临界二氧化碳流体萃取芹菜籽油的得率可高达 2.3%以上，而常规蒸馏油的得率仅为 1.03%。

（七）深加工技术的发展

为了提高天然香料品质和使用价值，得到更适合用于香精和加香的香料，我国科研人员对精油和浸膏进行了深加工技术研发。

中国在 1958—1962 年，首先研究了精油脱色处理工艺。对由于重金属污染而造成颜色变深的精油，可以先后采用稀柠檬酸、酒石酸、草酸等进行脱色。在脱色过程中，脱色剂与重金属离子形成络合物而沉淀，从而达到脱色目的。

在 20 世纪 60 年代，随着香精的发展，鲜花浸膏的使用量逐渐增加，但是浸膏中大量的花蜡成分阻碍了浸膏在香精调配中的应用。鲜花浸膏如果直接使用于香精，浸膏中的花蜡就会难溶于香精，在香精过滤中就会造成损耗。随后广州百花香料厂、福州香料厂、杭州香料厂先后采用了大量高浓度乙醇冷冻处理浸膏，去除其中蜡质，获得成功。先后制成的产品有：茉莉净油、白兰净油、大花茉莉净油、墨红净油、桂花净油等。到 20 世纪 70 年代中期，为了进一步满足香精使用要求，在冷冻和过滤的温控方面作适当选择，既不影响在香精中的溶解度，又不使鲜花头香造成较大损失。可以生产多种规格的净油。20 世纪 80 年代初，杭州香料厂、桂林香料厂、广州百花香料厂又进一步推进浓缩液与乙醇在低温中液-液除蜡技术研究，试生产成功。后来由于每批浸膏均要作经济核算和产品合格率指标控制而未坚持采用。

自 20 世纪 70 年代以来，科研人员发现柑橘精油中的萜类成分含量高，会降低精油在水中的溶解度。采用淡乙醇、真空分馏或水蒸气冲蒸等方法，可以除去柑橘类精油中部分或大部分的单萜类或倍半萜类成分。不仅提高了精油浓度，而且提高了它在水和乙醇中的溶解度。经除萜处理的柑橘油、甜橙油等，更适合配制饮料用食品香精，提高产品稳定性。

20 世纪 80 年代中期，广州百花香料厂在引进的 KDL-1 型短程蒸馏实验装置基础上，采用分子蒸馏技术，对色泽较深、香气质量较差的广藿香油进行深加工工艺研究，并于 1986 年底成功地开发了分子蒸馏级特级藿香油。该油具有色泽浅、香气柔和细腻、广藿香醇含量超过 30%（质量分数）以及溶解度≤1：8（于体积分数 90%的乙醇）等优势，是国内首次开发的新产品。1987 年广州百花香料厂继续采用分子蒸馏技术精制鲜花净油，研制成茉莉精油、大花茉莉精油和白兰精油等。经过分子蒸馏，不仅除去了鲜花精油中所含蜡质，同时也除去了植物醇和高级烷烯烃类如角鲨烯等物质。所得精油香气浓郁而强烈。1988 年 4 月，广州市轻工所模仿西德引进的短程降膜式分子蒸馏设备，研制出生产能力为 10kg/h 的短程降膜式分子蒸馏装置，属国内首次仿制开发。

1949 年以来，一代代香料人秉承艰苦奋斗的精神，殚精竭虑，将中国传统文化与现代先进技术相融合，利用丰富的香料资源，开发出适合我国国情的香料产品和生产技术，推动我国天然香料生产水平不断进步，企业实力和竞争力不断增强，共同建设美好生活。

思考题

1. 什么是香料？
2. 什么是天然香料？
3. 天然香料的生产方式主要有哪些？

第二章
天然香料的品种及其制品

【学习目标】

1. 了解我国天然香料资源的主要品种及开发利用情况。

2. 重点掌握我国主要的动物性天然香料和植物性天然香料的来源、主要成分及应用。

3. 进一步掌握各种动植物天然香料品种的主要发香成分。

4. 重点掌握单离香料的制备方法。

香料按原料或制法的不同，可分为天然香料和合成香料。天然香料又可分为植物性天然香料和动物性天然香料。动物性天然香料有麝香等，种类不多，但从古至今一直被人们视若珍宝。天然香料中的绝大多数是植物性天然香料，主要从植物的花、枝、叶、草、根、皮、茎、籽或果等部位得到其中大部分是精油，因此人们也习惯性将植物性天然香料称作植物精油。精油的性质不同于一般油脂类物质，精油是通过水汽蒸馏法和压榨法得到的挥发性成分，其主要成分是由萜类化合物以及衍生物组成的。香料植物约有60个科1500个种，比较重要的约有150个种。通过物理或化学方法可以从天然香料中分离得到单离香料。但因世界对动物和濒危植物保护力度的不断增强以及可持续发展的要求，现在很多精油及其单离成分来源逐渐从采集动植物原料转向利用生物技术和/或化学方法制备。

第一节　动物性天然香料

动物性天然香料只有少数几种，如麝香、灵猫香、龙涎香、海狸香和麝香鼠香等，但在香料中占有重要地位，是天然香料中最好的定香剂。名贵的日用香精配方中几乎都含有动物性天然香料。我国是使用动物性天然香料最早的国家之一。从古至今流传着许多关于动物性天然香料，特别是麝香的神秘传说。有的传说中称麝香为长生不老的神仙药，也有将灵猫香称为液体宝石的。动物性天然香料一直被世界各国所珍视，广泛用于香水或高级化妆品中。

一、麝香

1. 来源

麝香（Musk）来源于麝鹿，年产 5～15kg/头，主要成分为麝香酮，此外，还有 20 多种动、植物中也含有麝香型香成分。麝鹿主要分布于我国黑龙江、吉林、河北、四川、甘肃、陕西、湖北、云南、青海、西藏南部。粗麝香具有令人不愉快的气息，稀释后的麝香香气极佳。麝香本身是高沸点难挥发物质，在调香中被用作定香剂，可起到使各种香成分挥发均匀、提高香精稳定性和扩散性的作用，同时也能赋予整个香精温暖诱人的动物性香韵，是不可多得的调香原料。

2. 香气成分

1906 年，瓦尔鲍姆（Walbaum）从天然麝香中分离出一种具有麝香香气的酮类化合物，当时还不明确其化学结构，直到 1926 年瑞士化学家鲁兹卡（Ruzicka）和其同事才确定了该化合物的分子结构为 3-甲基环十五酮，俗称麝香酮，其分子式为 $C_{16}H_{30}O$，其结构式如下：

$$
\begin{array}{ccc}
CH_3-CH & - & CH_2 \\
| & & | \\
(CH_2)_{12} & - & C=O
\end{array}
$$

穆克吉（Mookherjee）等于 1970 年对天然麝香的香成分进行了研究，确定了天然麝香主要由麝香酮、麝香吡啶以及其他 13 个大环化合物组成。

3. 制品

麝香可用于香料和医药，如片仔癀。

4. 应用

麝香作为一种名贵的高级香料和中药材，在香料工业和医药工业中具有重要的应用价值，麝香是最好的动物型定香剂之一，其香气十分生动，温暖而富有情感，浓郁芳馥，留香持久，扩散力强，能圆和不协调的气息，广泛用于高档香水和化妆品中。

二、灵猫香

1. 来源

灵猫香（Civet）来源于灵猫的生殖分泌物。灵猫香采香主要局限于埃塞俄比亚灵猫，年产 300g/头，我国杭州动物园有驯养灵猫。灵猫香的主要成分为灵猫酮、麝香酮。灵猫香为褐色的半流动状态，灵猫香膏本身具有令人厌恶的排泄物气息，但稀释后香气极为华贵。灵猫香大部分作为香料使用，在香精中具有很强的定香作用，同时能赋予香精温和的香韵。

2. 香气成分

灵猫香的主要香气成分是灵猫酮，1915 年萨克（Sack）从天然灵猫香中分离出一个不饱和大环酮，1926 年鲁兹卡（Ruzicka）确定其分子结构为 9-环十七烯酮，俗称灵猫酮。其分子式为 $C_{17}H_{30}O$，其结构式如下：

```
CH — (CH2)7
‖         |
CH        C ═ O
  \      /
   (CH2)7
```

天然灵猫香除含有大环系列化合物成分之外，还含有少量的其他化合物，如 3-甲基吲哚、吲哚、乙酸苄酯、四氢对甲基喹啉等。若想再现天然灵猫香的香气，必须添加少量上述化合物。

3. 制品

一般将灵猫香膏用乙醇溶解后制成酊剂，或者采用有机溶剂萃取制成易溶于乙醇的灵猫净油。

4. 应用

灵猫香价格昂贵，少量用于高档香水和化妆品中。

三、龙涎香

1. 来源

龙涎香（Ambergris）是来源于抹香鲸的胃和肠等内脏器官中的一种不消化物，最大的龙涎香膏重达 400kg 以上，一般为 1~2kg。外观呈灰白色的龙涎香膏质量最好，青色或黄色的质量次之，黑色的质量最差。麝香、灵猫香和海狸香均属于生殖腺的分泌物，而龙涎香不同，因此人们一直饶有兴趣地研究龙涎香的出处，近年来普遍的观点认为龙涎香是抹香鲸吞食了章鱼、乌贼等食物之后，由于章鱼、乌贼等的“角喙”非常坚硬，抹香鲸难以消化。它的胆囊会大量分泌胆固醇进入胃内把这些“角喙”包裹住，然后慢慢排出体外。这些排出物在海水中经过漫长的氧化，其中的油脂被海洋中的盐碱自然皂化，最终形成了干燥的固体香料，就是龙涎香。

2. 香气成分

龙涎香的主要成分是三萜醇类的龙涎醇和胆固醇类的固醇（主要为粪固烷-3α-醇-2）。其中的萜醇和胆固醇的相对含量决定了龙涎香的质量。龙涎醇的含量达到80%（质量分数）以上的香料品质最好，称为灰龙涎；固醇含量在46%左右时，香料品质变差，一般称为黑龙涎。龙涎香醇为三环三萜类化合物，其分子式为 $C_{30}H_{54}O$，其结构式如下：

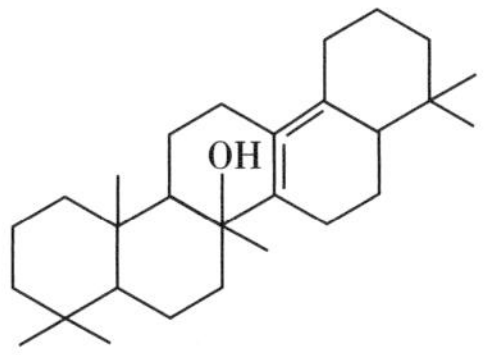

OH

高档香精大多含有龙涎香，采用龙涎香调配的东方型香精富有古色苍然的神秘韵味。龙涎香在芳香性、稳定性、调和性和微妙性等方面均居于香料之首，有“香料药品王者”之称，是调配焚香用品、化妆品和调味品不可多得的宝贵香料。

3. 制品

一般采用乙醇制成含量为3%~5%（质量分数）的酊剂。

4. 应用

龙涎香柔润持久，是动物型定香剂中留香最长的，也是动物型香料中腥臊气、浊香最少的，是高档香水和化妆品必用的香料原料。

四、海狸香

1. 来源

“海狸香（Castoreum，Castor）”其实应该称为“河狸香”，因为海狸并不生长在大海中，而是生长在河流里，但香料界还是习惯称其为“海狸香”而不是“河狸香”。河狸是河狸科的哺乳动物，体形肥胖，长约80cm，在河狸的腹下肛门附近均长有一对梨状分泌腺囊，雌雄都有，切开取出分泌物经干燥即得海狸香。由于过去取香都用火烘干整个香囊，因此商品海狸香带有桦焦油样的焦熏气味，这也成为了海狸香的特征香气之一。

2. 香气成分

1977年，瑞士化学家发现，海狸香的香气成分主要是生物碱和吡嗪等含氮化合物，其中多数成分具有酚的性质。

3. 制品

海狸香可以制成酊剂。

4. 应用

海狸香在四大动物香（龙涎香、麝香、灵猫香和海狸香）中价位最低，所以是动物性定香剂中最廉价的，使用范围也没有麝香和灵猫香广泛。海狸香带有强烈腥臭的动物气味，但比灵猫香腥气少，有暖和的带皮革香样的动物香，调香师在调配花香、檀香、东方香、素心兰、馥奇、皮革香型香精时还是乐于使用它，因为海狸香可以增加香精的“鲜”香气，也带入些“动情感”。

五、麝香鼠香

1. 来源

麝香鼠香（Musquash）是取自麝香鼠香腺囊中的脂肪性液状物质，其萃取物中含有脂肪族原醇，经氧化可制得麝香鼠香。麝香鼠香用作高级日化香精的定香剂、赋香剂等。麝香鼠主要栖息于北美洲沼泽地区。年产 10~15g/头。

2. 香气成分

1945 年，斯特文斯（Stervens）发现麝香鼠香中还含有环十三酮、环十五酮、环十九酮和一系列的天然奇数大环化合物以及相对应的偶数脂肪酸化合物。

3. 制品

麝香鼠香可以制成酊剂。

4. 应用

麝香鼠香具有强烈的动物样麝香香气，香气扩散、飘逸，留香持久，可以替代麝香在调香中进行应用，在香水和香精中可作定香剂，有提扬、生动、协调以及圆和香气的作用，能赋予香水和香精特殊的动物香。

第二节　植物性天然香料

植物性天然香料是天然香料的主要来源，是以芳香植物的花、枝、叶、草、根、皮、茎、籽或果等为原料，用水汽蒸馏法、浸提法、压榨法、吸附法等方法，生产出来的精油、浸膏、酊剂、香脂、油树脂和净油等，例如玫瑰油、茉莉浸膏、桂花浸膏、香荚兰酊、白兰香脂、大蒜油树脂、水仙净油等。

一、桂花

桂花（*Osmanthus fragrans* Lour.）属木犀科（Oleaceae）木犀属（*Osmanthus*），别名岩桂、桂。

1. 产地与分布

桂花原产于我国西南部。据记载已有2000多年栽培历史，现南方各省均有栽培和野生，主要分布于我国广西、湖南、贵州、浙江、湖北、安徽、江苏、福建、台湾。

2. 理化性质与化学成分

桂花浸膏得率为 0. 10%~0. 17%，净油得率为浸膏的 65%~75%。桂花浸膏为黄色或棕黄色膏状物，具有桂花香气，熔点为 40~45℃，酯值≥40，净油含量≥60%（质量分数）。桂花净油的主要成分有 α-紫罗兰酮、β-紫罗兰酮、反-芳樟醇氧化物、顺-芳樟醇氧化物、芳樟醇、香叶醇、二氢乙位紫罗兰酮、间乙基苯酚、棕榈酸乙酯、壬醛、乙酸香芹甲酯、γ-癸内酯、α-松油醇、反-2,4,6-三甲基-2-乙烯基-5-羟基四氢吡喃、顺-2,4,6-三甲基-2-乙烯基-5-羟基四氢吡喃、橙花醇、壬醇、β-水芹烯等。

3. 用途

桂花浸膏广泛用于食品、化妆品、香皂香精。也可直接将其腌制，用于糕点和糖果，或浸制桂花酒。桂花籽也可用于榨油，得油率达 11.90%，可供食用。

二、依兰依兰

依兰依兰［*Cananga odorata*（Lam.）Hook. f. et Thomas.］属番荔枝科（Annonaceae）依兰属（*Cananga*），别名锅裸刹纳（傣语）、夷兰、依兰香。

1. 产地与分布

依兰依兰原产于菲律宾、爪哇等地，在 1860—1900 年传至印度、毛里求斯、留尼汪及塞舌尔，最后移至非洲的马尔加什，此外还有科摩罗群岛栽培面积也较大。我国云南西双版纳地区大约在 60 年前即开始少量栽培，栽培品种可能是从邻近的老挝或缅甸引入的；1961 年我国又从斯里兰卡、越南引进了依兰依兰。现在，我国的云南、福建、广东、广西壮族自治区等热带和亚热带地区均有依兰依兰栽培。

2. 理化性质与化学成分

依兰依兰的加工可采用常压回水式的水中蒸馏法，蒸馏时间为 10~20h，得油率平均为 2.4%~2.5%。国外采用水汽蒸馏法，把蒸出的精油分为四段，第一段称为特级油，第二、三段称为一级油和二级油，第四段称为三级油。特级油的相对密度与酸值最高，相对密度（20℃/20℃）不小于 0.945，一级油相对密度（20℃/20℃）0.927~0.940，二级油相对密度（20℃/20℃）0.912~0.926，三级油相对密度（20℃/20℃）0.905~0.916。西双版纳产的依兰依兰采用回水式的水中蒸馏法，其精油的折光指数（25℃）为 1.5028~1.5060，酸值介于 1.2~1.5，酯值为 60~80。国外尚采用挥发性溶剂浸提法制依兰依兰浸膏。花经水上或水中蒸馏可获得一种淡黄色至深黄色的精油，相对密度（20℃/20℃）为 0.906~0.923，折射指数（20℃）为-30°~15°，酸值<20，酯值 13~35，溶解度以 1∶1 溶于 95%（体积分数）乙醇中（稍浑）。依兰依兰油主要成分有芳樟醇、乙酸苄酯、苯甲酸甲酯、苯甲酸苄酯、松油醇、β-石竹烯、丁香酚、对甲酚甲醚、丁香酚甲醚、乙酸香叶酯、乙酸芳樟酯、香叶醇、邻氨基苯甲酸甲酯、金合欢醇、橙花醇、橙花叔醇、水杨酸甲酯、3-甲基丁烯-2-醇-1,3-甲基丁烯-3-醇-1 和 2-甲基丁烯-3-醇-2 及其乙酸酯等。

3. 用途

依兰依兰油香气浓郁，广泛应用于调配多种化妆品香精，特别适用于茉莉、白兰、水仙、风信子、栀子、晚香玉、橙花、紫丁香、铃兰、紫罗兰等花香型香精，在非花香型的素心兰、檀香玫瑰、麝香玫瑰和东方型的香精中也常有应用。

三、树兰

树兰（*Aglaia odorata* Lour.）属楝科（Meliaceae）米仔兰属（*Aglaia*），别名米仔兰、碎米兰、米兰、鱼子兰。

1. 产地与分布

树兰原产东南亚，我国主要栽培于广东、广西、福建、四川与贵州。福建漳州市龙海区的树兰栽培面积最大，产量最高，供香料工业之用。四川盆地南部、长江河谷沿岸，已有小面积栽培。我国南方各地多作庭院栽培，北方则为盆栽，供观赏。

2. 理化性质与化学成分

树兰鲜花得油率为 0.3%，干花得油率为 0.7%，叶得油率为 1%，得浸膏率为 2.2%~2.3%。树兰叶精油的相对密度（30℃/30℃）为 0.9197，折光指数（28℃）为 1.5040，旋光度（30℃）为-13.4°，酸值为 1.65，酯值为 6.96。主要成分：α-蛇麻烯及其他倍半萜烯化合物，以及含氧的单萜烯和倍半萜烯衍生物。树兰花的精油成分受地区影响，如福州树兰花精油主要含β-芹子烯、β-石竹烯；重庆树兰花精油中α-蛇麻烯、β-芹子烯含量均高；漳州树兰花精油主要成分有正十一烷、左旋芳樟醇、癸醛、胡椒烯、石竹烯、α-蛇麻烯、β-罗勒烯、β-榄香烯、β-芹子烯、蛇麻烯环氧物、蛇麻二烯酮、十三酸甲酯、β-蛇麻烯-7-醇、β-蛇麻烯-7-醇乙酸酯、杜松脑、正十七烷、正十八烷、正十九烷、正十二烷、正二十一烷和正二十二烷等。树兰叶油的主要成分有α-胡椒烯、β-石竹烯、α-蛇麻烯、芳樟醇、α-榄香烯、β-榄香烯、β-芹子烯等。

3. 用途

树兰花精油为我国天然香料的独特产品，其具有优美的香韵，是调配香水、香皂和化妆品香精的高级香原料，同时，也是很好的定香剂。树兰叶油的香气比树兰花油差，但基本近似，可作为树兰花精油的代用品，调配中档香水、香皂和化妆品香精，也可以作定香剂。此外，干花主要用于制茶工业中熏制花茶，也可用于调配烟草香精。医药上，其花提取物治疗胸膈胀满、噎痛、头晕等症。

四、玳玳

玳玳（*Citrus aurantium* L. var. *amara* Engl.）属芸香科（Rutaceae）柑橘属（*Citrus*），是酸橙的变种，别名青橙、苦橙、苏枳壳。

1. 产地与分布

玳玳原产于我国，在江苏、浙江、福建、广东、贵州、四川等省均有栽培。法国、意大利、北非也是重要产地。

2. 理化性质与化学成分

玳玳花油用水汽蒸馏法可得，得油率为 0.2%~0.3%，馏出的水溶液为橙花水，橙花水用石油醚提取，可得到橙花水净油。花也可以用溶剂进行萃取制成玳玳花浸膏，得率为 0.2%左右。枝叶用水汽蒸馏法，得油率为 0.30%~0.55%，馏出的水溶液用石油醚萃取，可得到橙叶水净油。玳玳花油的理化性质：相对密度（20℃/20℃）为 0.8765，折光指数（20℃）为 1.4695，旋光度（20℃）为+4°，含酯量（以乙酸芳樟酯计）为 12.56%~13.47%。不同产地玳玳叶油的理化性质不同：重庆产品，相对密度（25°/25℃）为 0.8959~0.9392，折光指数（20℃）为 1.4560~1.4599，旋光度（20℃）为 -5.2°~-6°，含酯量（以乙酸芳樟酯计）为 77.09%~80.76%（质量分数）；浙江产品，相对密度（25℃/25℃）为 0.8856~0.8896，折光指数（20℃）为 1.4572~1.4605，旋光度（31℃）为-2°~-5.7°，含酯量（以乙酸芳樟酯计）为 57.0%~66.8%（质量分数）。玳玳果皮油的理化性质：相对密度（25℃/25℃）为 0.845~0.851，折光指数（20℃）为 1.4730~1.4760，旋光度（25℃）为+91°0′~+96°21′，含醛量（以癸醛计）为 1%（质量分数），蒸发残渣为 2.2%~4.7%（质量分数）。玳玳花油的主要成分有 *l*-*α*-蒎烯、二聚戊烯、*l*-花烯、罗勒烯、*l*-芳樟醇、*l*-乙酸芳樟酯、*d*-*α*-松油醇、香叶醇、乙酸香叶酯、橙花醇、乙酸橙花酯、橙花叔醇、金合欢醇、邻氨基苯甲酸甲酯、吲哚、乙酸、苯乙酸、苯甲酸、棕榈酸、茉莉酮、癸醛等。玳玳叶油的主要成分是乙酸芳樟酯和芳樟醇，其次是乙酸香叶酯、乙酸橙花酯、*α*-松油醇、香叶醇、月桂烯、柠檬烯和石竹烯等。

3. 用途

玳玳花精油，是调配高级香水、化妆品和香皂用香精，特别是花香型香精的重要原料。橙花水在法国、西班牙、意大利和北美除用于化妆品外，还用于饮料、面包、糕点的加香。果皮油可用于碳酸饮料、醇饮料、糖果、糕点和面包等的加香，另外，果皮还可入药，具镇咳、平喘、抗菌等功效。玳玳叶油的香气持久，适合与价值较高的玳玳花油合用，以降低香精成本。橙叶水净油是橙花水净油的补充剂。玳玳花还可用于熏茶，果皮、种子均可供药用。果皮入药，具有镇咳、平喘、抗菌等功效。

五、紫罗兰

紫罗兰［*Matthiola incana*（L.）W. T. Aiton］属十字花科（Brassicaceae）紫罗兰属，别名香堇菜、香堇。

1. 产地与分布

紫罗兰原产于欧洲地中海沿岸，在亚洲和北美也有野生或栽培，法国、意大利也有种植。我国江苏、浙江、四川、云南、福建均有栽培。

2. 理化性质与化学成分

紫罗兰花浸膏是黄绿色膏状物，得率为 0.1%~0.12%；叶浸膏是深绿色膏状物，得率为 0.08%~0.12%。紫罗兰花浸膏理化性质：具有紫罗兰花香气，熔点为 49~52℃，酸值为 11.2~47.7，酯值为 42.9~58.6。紫罗兰叶浸膏理化性质：具有紫罗兰鲜叶香气，熔点为 54~55℃，酸值为 12.4~52，酯值为 42.6~49.7，净油含量≥30%（质量分数）。紫罗兰花和叶净油的主要成分有紫罗兰酮、紫罗兰叶醇、紫罗兰叶醛、丁香酚、苄醇、己醇、异紫罗兰酮、叶醇、辛烯醇、庚烯醇等。

3. 用途

紫罗兰浸膏具有特别幽雅的香气，是一种高级的香原料，可配制花香和青香型香精，用于高级化妆品、香皂、香水等。

六、薰衣草

薰衣草（*Lavandula angustifolia* Mill.）属唇形科（Labiatae）薰衣草属（*Lavandula*），别名真正薰衣草。

1. 产地与分布

薰衣草原产于地中海沿岸阿尔卑斯山南麓，在海拔700~1500m处生长。穗薰衣草生长在海拔500~600m处。杂薰衣草则生长于两者之间的地带。我国自20世纪50年代开始引种，现在新疆伊犁地区已成为我国薰衣草主要生产基地，另外在陕西、河南、河北、浙江也有栽培。世界上栽培薰衣草的国家主要有保加利亚、俄罗斯、法国、英国、意大利、摩洛哥、澳大利亚及日本等。

2. 理化性质与化学成分

采用水上蒸馏或直接水汽蒸馏提取薰衣草精油均可。蒸馏所得精油应放在油水分离器中静置后再注入油桶中，贮藏在阴凉干燥的贮藏室中。薰衣草全草含精油2.0%~2.3%（质量分数），无色或略呈淡黄色，为青香带甜的双韵香气类型，香气透发，有清爽之感，以花香浓、酯香足、凉味少、无其他杂味者为上等品。薰衣草精油的理化性质：相对密度（15℃/15℃）为0.8912~0.9276，折光指数（20℃）为1.4648~1.4649，旋光度（20℃）为-1°75′~-10°57′，酸值为0.68~1.03，酯值为136.5，溶解度为溶于4倍体积的70%（体积分数）乙醇中，含酯量（以乙酸芳樟酯计算）为47.65%（质量分数），总醇量（以芳樟醇计算）为86.66%（质量分数）。主要成分有乙酸芳樟酯、芳樟醇、乙酸香叶酯、香叶醇、乙酸橙花酯、橙花醇、乙酸松油酯、松油烯、乙酸龙脑酯、龙脑、樟脑、桉叶素、莰烯、柠檬烯、罗勒烯、乙酸薰衣草酯和薰衣草醇。

3. 用途

薰衣草油是应用很广的重要天然香料品种之一，广泛应用于配制日用化妆品香精，如花露水、爽身粉、香皂、发乳等，也应用于烟用香精及软饮料、糖果等食品的加香。在陶瓷工业方面也有少量应用。另外，还有镇静催眠、抗抑郁、抗菌、消炎、防腐、镇痛、利尿等作用，也用于医药制品。薰衣草也是很好的蜜源植物，其蜜含有维生素A、维生素P。

七、苦水玫瑰

苦水玫瑰（*Rosa sertata* X. *rugosa* Yü et Ku）属蔷薇科（Rosaceae）蔷薇属（*Rosa*），是钝叶蔷薇与重瓣玫瑰的杂交种。

1. 产地与分布

苦水玫瑰产于我国甘肃省，相传已有200多年的栽培历史，现以甘肃省永登县栽培面积最大，兰州市次之。近几年来四川眉山市、山东平阴县和北京等地先后进行了引种。

2. 理化性质与化学成分

苦水玫瑰花水中蒸馏得油率为0.04%左右，石油醚浸提得膏率为0.28%。苦水玫瑰浸膏净油含量>50%（质量分数），酸值为3.01，酯值为26.7，熔点为46~48℃。苦水玫瑰油的相对密度（18°/4℃）为0.8917，折光指数（25℃）为1.4647，旋光度为-4°36′，酸值为2.87，酯值为1.57。主要成分有香茅醇、香叶醇、橙花醇、苯乙醇、乙酸香茅酯等。

3. 用途

苦水玫瑰油和浸膏是一种高级香料，可用来调配多种花香型香精，用于制作化妆品和香皂等产品，鲜花是酿造玫瑰酒和玫瑰酱的原料，尚可做观赏植物美化环境。花的精油和浸膏供食用和调配高级香水、香皂及化妆品香精；花瓣可制作玫瑰酒、玫瑰糖浆，干制后泡茶；花蕾入药，可治肝、胃气痛等。

八、重瓣玫瑰

重瓣玫瑰（*Rosa rugosa* var. *plena* Rehd.）属蔷薇科（Rosaceae）蔷薇属（*Rosa*），别名中国玫瑰、刺梅。

1. 产地与分布

重瓣玫瑰原产于我国北部，朝鲜和日本也有分布。目前我国主要集中在北京、山东、江苏、河南、河北、四川、辽宁、黑龙江、山西和新疆等地栽培重瓣玫瑰。

2. 理化性质与化学成分

用水汽蒸馏法提取精油，一般蒸馏4~5h，也可用浸提法制成玫瑰浸膏。玫瑰油理化性质：相对密度为0.845~0.865，皂化值为10~17，酸值为0.5~3，折光指数为1.4530~1.4640，旋光度为-2°18′~-4°24′。主要成分有香茅醇、橙花醇、香叶醇、苯乙醇、丁香酚、柠檬醛、壬醛等。

3. 用途

重瓣玫瑰油是珍贵精油之一，多用于食品、酿酒、熏茶、调配高级香精。鲜花可直接用于腌制玫瑰酱或用于制作糕点及其他食品等。花供药用，能理气行血，解郁调中。根和皮富含鞣质，可提取烤胶。根皮又可制作黄色染料。重瓣玫瑰在城市庭院中常作为观赏和绿化环境的植物。

九、栀子

栀子（*Gardenia jasminoides* Ellis）属茜草科（Rubiaceac）栀子属（*Gardenia*），别名黄栀子、山栀、白蟾、重瓣栀子、水横枝。

1. 产地与分布

栀子分布于世界许多地方，我国、印度较多。栀子在我国分布于江苏、湖南、浙江、安徽、江西、广东、广西、云南、贵州、四川、湖北、福建、台湾等省区，以湖南产量最大，浙江品质最好。越南、日本、留尼汪岛、美国等地也有栽培。

2. 理化性质与化学成分

栀子花浸膏得率是0.1%~0.13%，浸膏的理化性质：淡黄色或黄色膏状物，具有栀子花鲜花香气，熔点为35~40℃，酸值≤20，酯值≥60，净油含量≥40%（质量分数）。净油的主要成分为乙酸苄酯、乙酸苏合香酯、芳樟醇、乙酸芳樟酯、松油醇、邻氨基苯甲酸甲酯。影响香气的主要成分是乙酸苏合香酯。

3. 用途

栀子花浸膏可用于多种香型化妆品和香皂香精的调配，也可用于配制高级香水香精。栀子花、果实入药，有解热、消炎之效，并有止血的功能。栀子花也可用于提制黄色染料，供食品和纤维染色用。栀子花浸膏叶甘露醇含量达10%~20%（质量分数）。

十、茉莉

茉莉［*Jasminum sambac*（L.）Ait.］属木犀科（Oleaceae）茉莉属（*Jasminum*），别名小花茉莉、抹厉、没丽。

1. 产地与分布

茉莉原产于中国江南地区和西部地区，以及印度和阿拉伯一带，现广泛栽培于亚热带地区，在我国广西、云南、贵州、广东、福建等地有栽培。

2. 理化性质与化学成分

每1000 kg茉莉花可得2.4~2.6kg茉莉花浸膏、1.4~1.8kg茉莉花净油。茉莉花浸膏理化性质：黄绿色或浅棕色膏状物，具有茉莉鲜花香气，熔点为46~52℃，酸值≤11，酯值≥80，含净油量60%以上。茉莉花的主要成分有芳樟醇、苯甲酸甲酯、乙酸顺-3-己烯酯、顺-3-己烯醇、乙酸苄酯、乙酸芳樟酯、乙酸芳樟醇、石竹烯、苯甲醇、杜松烯、苯甲酸顺-3-己烯酯、十八烯、油酸甲酯、苯甲酸烯丙酯，以及一些含氮成分（如吲哚和邻氨基苯甲酸甲酯等）。

3. 用途

用茉莉花制成的茉莉花浸膏和茉莉花净油是高级日用化妆品香精和优质香皂香精的主要原料之一，是配制高级香水香精的重要香原料。除直接用茉莉花熏制茶叶外，还可以用茉莉花净油配制茶叶香精。

十一、铃兰

铃兰（*Convallaria majalis* L.）属百合科（Liliaceae）铃兰属（*Convallaria*），别名欧铃兰、君影草、草玉铃、香水花、鹿铃、藜芦花。

1. 产地与分布

铃兰原产于北半球温带地区，在我国分布于山东、河北、河南、山西、陕西、黑龙江、吉林和辽宁等省，以山东和黑龙江两省的自然分布面积最大。铃兰在日本主要分布在北海道地区，在法国主要分布在南部潮湿森林地带。铃兰在俄罗斯、英国及斯堪的纳维亚半岛也有分布。

2. 理化性质与化学成分

铃兰花用浸提法制成铃兰浸膏，得率为0.9%～1.0%。铃兰浸膏理化性质：相对密度（25℃/25℃）为0.9159，折光指数为1.4687，酸值为108.5，酯值为47.8。主要成分有苯乙醇、苯丙醇、香茅醇、橙花醇、肉桂醇、苄醇、香叶醇、棕榈酮、蜂花醇、三十烷-16-醇等。

3. 用途

铃兰浸膏是一种高级香料，可调制多种花香型香精、用于化妆品、香皂等。全草及根可入药，含铃兰苦苷，有强心、利尿和治疗心脏病引起的浮肿等功效。铃兰同时也是观赏花卉。

十二、晚香玉

晚香玉（*Polianthes tuberosa* L.）属石蒜科（Amaryllidaceae）晚香玉属（*Polianthes*），别名月下香、夜来香。

1. 产地与分布

晚香玉原产于墨西哥及南美洲。主要栽培国家有法国、摩洛哥、埃及和中国。引入我国后已有数百年的栽培历史。晚香玉主要栽培在我国江苏、浙江、云南、广东、河北和四川等省。

2. 理化性质与化学成分

晚香玉鲜花浸膏得率为0.08%～0.14%，理化性质：相对密度（15℃/15℃）为1.009～1.035，旋光度（15℃）为-2°30′，折光指数（20℃）为1.532～1.536，酸值为32.7，酯值为243～280。主要成分有邻氨基苯甲酸甲酯、香叶醇、橙花醇、金合欢醇、丁香酚、苯甲醇、苯甲酸甲酯、丁酸、苯乙酸、水杨酸甲酯、香叶醇乙酸酯以及橙花醇乙酸酯等。

3. 用途

晚香玉提取的浸膏和净油可以调配多种花香香精，是一种高级香料，可调制多种花香型香精，用于制作高级香水和香皂等，也是定香剂，可在食品、日用品、化妆品、香水和烟草生产中作调香剂使用。晚香玉可以药用，药用时主要用叶、花、果，有清肝明目、拔毒生肌的功效。晚香玉也是重要的切花材料，常与唐菖蒲相配，被制成瓶花和篮花，备受欢迎。

十三、香荚兰

香荚兰（*Vanilla planifolia* Andrews.）属兰科（Orchidaceae）香子兰属（*Vanilla*），别名香子兰、香草兰、香果兰、香草、香兰。

1. 产地与分布

香荚兰原产于墨西哥。1960年，香荚兰从印度尼西亚引入我国，先后在福建厦门、海南岛和云南西双版纳等地栽培。世界上主要栽培区在马达加斯加、塔希提岛、科摩罗、留尼汪、印度尼西亚、塞舌尔、毛里求斯、瓜德罗普岛等热带地区，其中马达加斯加的产量占世界总产量的80%。

2. 理化性质与化学成分

香荚兰果荚发酵后含精油8.24%（质量分数）。其挥发油中已分离出220多种成分，其中已鉴定的有180多种。主要成分是香兰素1.3%~3.8%（质量分数）、香兰酸、对羟基苯甲酸、对羟基苯甲醛等。另外还含有脂肪4.5%~15%（质量分数）、树脂1%（质量分数）、糖类7%~20%（质量分数）、有机酸、蜡、胶、单宁、色素、纤维和矿物质等。香荚兰豆深加工产品有香荚兰酊、香荚兰浸膏、香荚兰油树脂和香荚兰净油。

3. 用途

香荚兰是一种独特的天然食用香料植物，是世界各国最喜欢的天然食用香料之一。美国年均进口成品香荚兰1500t以上，是世界最大的香荚兰消费国。其次是法国、德国、瑞士、日本及欧洲其他国家。香荚兰因具有沁人心脾的特殊香气，被广泛用于调制各种高级香烟、名酒、特级茶叶，也是各类糕点、饼干、糖果、奶油、咖啡、可可、巧克力、冰淇淋、雪糕等高级食品和饮料的配香原料。香荚兰素有“食品香料之王”的美誉，为国际标准化组织（ISO）认可的天然食用香料之一。

十四、丁香罗勒

丁香罗勒（*Ocimum gratissimum* L.）属唇形科（Labiatae）罗勒属（*Ocimum*），别名丁香、臭草。

1. 产地与分布

丁香罗勒原产于塞舌尔、科摩罗。1956年从苏联引入我国。丁香罗勒在我国江苏、浙江、福建、台湾、广东、广西及云南有栽培。非洲大陆、马达加斯加、斯里兰卡、西印度群岛也见栽培。

2. 理化性质与化学成分

花穗中丁香罗勒油含量最高，占全株的50%~60%（质量分数），叶次之，茎秆更次之，全株平均含油量0.3%~0.7%（质量分数）。丁香油理化性质：相对密度（15℃/15℃）为0.995~1.042，折光指数为1.5260~1.5320，旋光度为-12.7°~-14.10°。丁香罗勒的主要成分有丁香酚，占丁香罗勒油的60%~70%（质量分数），还有芳樟醇、对伞花素、罗勒烯等。

3. 用途

可用于制造食品、化妆品和香皂香精。

十五、香茅（柠檬草）

香茅［*Cymbopogon citratus*（DC.）Stapf］属禾本科（Gramineae）香茅属（*Cymbopogon*）多年生草本植物，又名柠檬草。

1. 产地与分布

香茅主要生长在我国广西、海南、云南、福建、广东、台湾等地，在马来西亚、越南、泰国、印度等国均有种植，另外南美洲、非洲的一些国家和地区也有大面积种植。

2. 理化性质与化学成分

香茅油的化学成分复杂，受品种、产地、季节和采摘部位的影响。香茅叶中的挥发油含量最高，其次为全草，而茎中的挥发油含量最低。香茅油中主要含有 α-柠檬醛、β-柠檬醛、松油烯和月桂烯、香叶醇、芳樟醇、甲基庚醇、甲基庚烯酮、香茅素、香茅甾醇等。

3. 用途

香茅全株具有柠檬的香味，可提取香茅油。香茅油具有驱蚊、抗氧化和抑菌防腐等功效，可用于食品或制造化妆品、香水和香皂香料等，具有养生、护肤等作用，广泛应用于日用化工、医药、食品行业。

十六、爪哇香茅

爪哇香茅（*Cymbopogon winterianus* Jowitt.）属禾本科（Gramineae）香茅属（*Cymbopogon*），别名香草、枫茅。

1. 产地与分布

原产于欧洲南部。主要栽培国家有印度尼西亚、斯里兰卡和危地马拉、墨西哥、巴西、刚果、洪都拉斯、海地等，留尼汪岛、加那利群岛也有少量栽培。我国引入栽培，在广西、云南、广东、四川、贵州、福建等地有种植。

2. 理化性质与化学成分

爪哇香茅是重要香料植物之一，叶精油含量为1.2%~1.4%（质量分数），精油的理化性质：相对密度（20℃/20℃）为0.8888~0.8923，折光指数（20℃）为1.4699~1.4739，含醛量为26%~44.49%（质量分数）。我国台湾省香茅油理化性质：相对密度（15℃/15℃）为0.8868，折光指数（20℃）为1.4700，旋光度（20℃）为-4°8′，总醇量为85%，醛量为39%。精油主要成分有香叶醇、*d*-香茅醛、柠檬醛、异丁醇、异戊醇、苯甲醛、*l*-柠檬烯、丁香酚甲醚、丁香酚、丁酸香叶酯、γ-杜松烯、杜松醇、香兰素、丁二酮、黑胡椒酚、倍半香茅烯等。

3. 用途

香茅油在香料工业中占有重要地位。除直接作为皂用香精外，可以单离香茅醛、香叶醇，合成一系列香茅油系统香料，用于调配化妆品与食品香精，也可合成薄荷脑用于医药工业，以及制备驱蚊（蝇）剂等。

十七、薄荷

薄荷（*Mentha haplocalyx* Briq.）属唇形科（Labiatae）薄荷属（*Mentha*），别名亚洲薄荷。

1. 产地与分布

主要产于我国江苏、安徽、江西、浙江、河南、台湾等省。产量居世界首位。国外栽培薄荷的国家有巴西、巴拉圭、印度、日本、朝鲜、阿根廷、澳大利亚等。

2. 理化性质与化学成分

薄荷的地上部分（茎、枝、叶和花序），得油率为0.5%~0.6%，经水上蒸馏所得到的精油称薄荷原油，原油再经冷冻、结晶、分离、干燥、精制等过程，即可得到无色透明柱状晶体的左旋薄荷醇（俗称薄荷脑），提取部分左旋薄荷醇后所剩余的薄荷油即为薄荷素油（又称薄荷脱脑油）。薄荷原油的相对密度（25℃/25℃）为0.895~0.910，折光指数（20℃）为1.458~1.471，旋光度（25℃）为-32°~-38°，总醇量（以薄荷醇计）为78%~85%（质量分数），总酯量（以乙酸薄荷酯计）为0.25%~2.5%（质量分数），溶解度（25℃）为全溶于3.5倍体积的70%（体积分数）乙醇中。薄荷主要成分有左旋薄荷醇、薄荷酮、乙酸薄荷酯、丙酸乙酯、α-蒎烯、戊醇-3、莰烯、β-蒎烯、β-侧柏烯、月桂烯、α-松油烯、柠檬烯、α-小茴香烯、β-水芹烯、对伞花烃、顺己烯-3-醇、辛醇-3、异薄荷醇、反式石竹烯、胡薄荷酮、胡椒酮、香叶醇等。

3. 用途

薄荷可用于生产薄荷油和薄荷脑，薄荷油和薄荷脑具有特有的芳香、辛辣味和凉感，主要用于牙膏、口腔卫生用品、食品、烟草、酒、清凉饮料、化妆品、香皂的加香。薄荷在医药上广泛用于祛风、防腐、消炎、镇痛、止痒、健胃等药品中。

十八、胡椒薄荷

胡椒薄荷（*Mentha piperita* L.）属唇形科（Labiatae）薄荷属（*Mentha*），别名欧洲薄荷、椒样薄荷。

1. 产地与分布

胡椒薄荷原产于欧洲。我国于1959年从苏联和保加利亚引种，目前河北、江苏、浙江、安徽等地有少量栽培。国外栽培的国家主要有美国、俄罗斯、保加利亚、意大利、摩洛哥、印度等，其中以美国的产量为最大。

2. 理化性质与化学成分

胡椒薄荷地上部经水上蒸馏所得的精油叫胡椒薄荷油，按鲜重计，青茎种的得油率为0.15%~0.30%，紫茎种得油率为0.1%~0.2%。胡椒薄荷油的理化性质：相对密度为0.900~0.916，折光指数为1.460~1.467，旋光度为-10°~-30°，酯值为11~19，羰基化合物（按薄荷酮计）有15%~32%（质量分数），溶解度为全溶于3.5~5倍体积的70%（体积分数）乙醇中。主要化学成分是*l*-薄荷醇［40%~50%（质量分数）］、薄荷酮、乙酸薄荷酯、异薄荷酮、椒薄荷酮等。

3. 用途

胡椒薄荷油主要用于牙膏、糖果、酒的加香，可调配日化与食用香精，也用于漱口剂、止咳糖和祛风药物中。

十九、留兰香

留兰香（*Mentha spicata* L.）属唇形科（Labiatae）薄荷属（*Mentha*），别名绿薄荷、荷兰薄荷、香薄荷、香花菜。

1. 产地与分布

留兰香原产于欧洲。我国自1950年开始栽培留兰香，目前我国主要产区是江苏、安徽、江西、浙江、河南、四川、广东、广西等。国外栽培留兰香的国家有美国、印度、英国、荷兰、匈牙利、澳大利亚、日本、俄罗斯等，其中以美国的产量为最大，占世界总产量及贸易量的80%左右。

2. 理化性质与化学成分

留兰香油系由地上部（枝、叶、花序）蒸馏所得，按鲜重计，得油率为0.3%～0.4%。留兰香油理化性质：相对密度（25℃/25℃）为0.9200～0.9340，折光指数（20℃）为1.4894～1.4920，旋光度（20℃）为-54°～-64°，含酮量（按香芹酮计）为52%～66%，溶于等量的80%（体积分数）乙醇中。主要成分是*l*-香芹酮，其他成分还有*l*-柠檬烯、*l*-水芹烯、桉叶素、*l*-薄荷酮、异薄荷酮、3-辛醇、3-乙酸辛酯、松油醇、二氢香芹酮、胡椒薄荷酮、二氢香芹醇、α-蒎烯、β-蒎烯。

3. 用途

留兰香精油具有清新、凉爽、香甜的气味，薄荷样特征青香以及新鲜薄荷的草样香。留兰香精油可作为牙膏、香皂、糖果和酒的调味香料，也可开发成洗涤品、化妆品和空气清新剂等一系列清洁保健产品及高效低毒的植物杀虫剂、驱虫剂，特别是用于化妆品方面前景较好。留兰香全草入药，可作祛风药物，内服用于治疗感冒发烧等症，外用治疗热痱、皮炎等。

二十、当归

当归［*Angelica sinensis*（Oliv.）Diels］属伞形科（Apiaceae）当归属（*Angelica*）多年生草本植物，别名岷归、川归、秦归、云归。

1. 产地与分布

分布于我国甘肃、四川、云南、陕西、贵州、湖北等地。现各地均有栽培。

2. 理化性质与化学成分

挥发性成分是当归的重要组成成分，得油率一般为0.4%～1.5%。以岷归为例，当归挥发油成分共有53种。根的挥发油中有37种成分，其中中性挥发油有19种，占挥发油总量的88%，主要成分为（*Z*）-藁本内酯、（*E*）-藁本内酯、正丁烯基酞内酯、异丁烯基酞内酯、丁基苯酞、川芎内酯、洋川芎内酯、（*Z*）-6,7-环氧藁本内酯、（*Z*）-6,7-反-二羟基藁本内酯、（*E*）-6,7-反-二羟基藁本内酯、3-丁烯基-4-羟基苯酞以及当归酸、（*Z*）-藁本内酯-11-醇酯等。

3. 用途

当归作为中医传统名贵补益中药，有很高的药用和食用价值，应用十分广泛。当归精油能够影响子宫、心血管系统、中枢神经系统、免疫淋巴系统的功能，并有平喘、镇痛、抗炎的作用。当归精油可用作食品和化妆品的香料。

二十一、柏木

柏木（*Cupressus funebris* Endl.）属柏科（Cupressaceae）柏属（*Cupressus*）常绿乔木，别名香扁柏、瓔珞柏、柏香树、柏枝树、在丝柏、线柏。

1. 产地与分布

原产我国长江以南中亚热带地区，广布于我国浙江、江西、福建、安徽、湖南、湖北、四川、贵州、云南、台湾等省和广东北部、广西北部和陕西南部等地区。柏木是亚热带地区代表性的针叶树种之一，尤以四川嘉陵江流域、渠江流域及其支流自然分布最多。贵州北部、乌江中游、赤水河沿岸以及黔东南、黔东北、黔中一带多为人工营造的柏木林。

2. 理化性质与化学成分

柏木树根与树干的含油率为3%～5%（质量分数）。柏木油的理化性质：外观为黄色或黄棕色黏稠液体，相对密度（15℃/15℃）为0.9567，折光指数（20℃）为1.5064，旋光度（20℃）为-27°～-29°30′，主要成分有柏木脑［30%～40%（质量分数）］、β-柏木烯、α-柏木烯、松油醇、松油烯等。柏木叶含油量0.2%～1%（质量分数）。主要成分有侧柏酮、松油烯、樟脑烯等。

3. 用途

柏木精油是天然香料重要原料，在香料工业中占有重要地位，经过单离和化学合成，可以加工成系列产品，如柏木脑、β-柏木烯、α-柏木烯等。柏木脑经合成又可获得甲基柏木醚、异丙基柏木醚、乙酸柏木酯、柏木烷呋喃衍生物。β-柏木烯和α-柏木烯，也可加工合成为柏木烯醛、柏木烷酮、乙烯基柏木烯和环氧柏木烷等单体香料，可用于调配化妆品、香皂用香精。柏木脑又是良好的定香剂，此外，还用于医药工业。柏木木材坚硬，可用作建筑和桥梁的木材。

二十二、香榧

香榧（*Torreya grandis* Fort.）属红豆杉科（Taxaceae）香榧属（*Torreya*）常绿乔木，别名榧、榧树、野杉、玉榧、香榧子。

1. 产地与分布

香榧是我国特有的经济树种，分布于浙江、江苏南部、安徽南部、福建西北部、江西、湖南（新宁）等地。浙江诸暨有大片人工栽培林。北美栽培种为加州榧（*Torreya californica*）、佛州榧（*Torreya taxifolia*），日本栽培种是日本榧（*Torreya nucifera*），均是与香榧同属不同种的品种。

2. 理化性质与化学成分

香榧精油外观为无色或淡黄色透明液体，具有香榧皮的香气，无明显杂味，相对密度（20℃）为0.851~0.859，折光指数（20℃）为1.4700~1.4740，旋光度（25℃）为+20°~+30°，溶解度（25℃）为溶于等体积95%（体积分数）乙醇中，酸值<2，酯值>1，醛含量>4%（质量分数），不挥发物（105℃）≤5%（质量分数）。

3. 用途

香榧浸膏和精油可用于香皂、化妆品香精，种仁可食用。

二十三、芳樟

芳樟（*Cinnamomum camphora* var. *linaloolifera* Fujita.）属樟科（Lauraceae）樟属（*Cinnamomum*）常绿阔叶乔木。

1. 产地与分布

原产于我国东南以及西南各地，现以我国福建、台湾、湖南、浙江、江西、广东、广西等地为主要产区。

2. 理化性质与化学成分

芳樟精油成分繁杂，且不同性系之间的芳樟精油成分和相对含量都存在着差异。对各种性系的芳樟精油成分进行分析鉴定，发现其成分主要可以分为：烷烃类、烯类、芳香族类、醇类、酸类、醛酮类、酯类等。芳樟精油的主要成分是芳樟醇［>80%（质量分数）］，另含少量樟脑［<2%（质量分数）］、桉叶油素、黄樟素、石竹烯、莰烯等。芳樟的精油含量与芳樟醇的相对含量会随时间而改变。叶片精油含量的变化规律为生长期较高，非生长期较低，9—10月最高；芳樟醇相对含量的变化规律为6月最高，随后略有降低，但直至12月变化并不显著。

3. 用途

芳樟精油的主要成分芳樟醇及其衍生物广泛应用于香精香料领域的各个方面，是重要的工业原料。天然芳樟醇易挥发，香味不持久，将其衍生化后，衍生物沸点有所提高，留香持久，具有很高的开发价值。将芳樟精油用于家庭卫生用品中，可以用来消除螨虫、杀菌消毒。此外，芳樟醇具有镇静、抗菌、抗炎、抗肿瘤的作用。

二十四、黄樟

黄樟［*Cinnamomum porrectum*（Roxb.）Kosterm.］属樟科（Lauraceae）樟属（*Cinnamomum*），别名大叶樟、油樟。

1. 产地与分布

原产于我国长江以南各省（区），在广东、广西、海南、福建以及越南、马来西亚、印度均有分布。为热带、亚热带山地常绿阔叶林的常见树种。

2. 理化性质与化学成分

黄樟油的相对密度（25℃/25℃）为1.0387~1.0950，旋光度为-7°12′~+4°；黄樟素含量84%~90%。黄樟油的主要香成分是黄樟素，还有水芹烯、丁香醛、桂醛等。

3. 用途

枝叶、根、树皮及木材均可蒸提黄樟油和樟脑，果仁油供制皂。木材是上等的家具用材。黄樟油的主要用途是从中单离黄樟素，作为合成其他香料的原料。也常用于在洗衣皂、药皂、防腐剂等卫生用品中加香。已有研究表明黄樟油对肝脏毒性明显，具有细胞遗传毒性和胚胎毒性，因此被禁止应用于食品产品的加香。

二十五、柠檬桉

柠檬桉（*Eucalyptus citriodora* Hook. f.）属桃金娘科（Myrtaceae）桉树属（*Eucalyptus*）。

1. 产地与分布

柠檬桉原产于澳大利亚，是我国最早引入的桉树品种之一。柠檬桉在我国以福建南部、广东南部和广西中南部，尤以百色和柳州地区栽培最多，云南南部、四川东南部低海拔丘陵地区也有少量栽培。除澳大利亚外，热带和亚热带的国家和地区均广为引种。

2. 理化性质与化学成分

柠檬桉树叶含精油。鲜枝叶得油率为 0.6%~2%。柠檬桉精油理化性质：油透明、浅黄色，相对密度（20℃/20℃）为 0.8592，折光指数（20℃）为 1.4511~1.4681，旋光度（15.5℃）为+5°~+16°。主要成分有香茅醛［65%~80%（质量分数）］、香叶醇［总量（以香叶醇计）达 71.93%（质量分数）左右］，并含有酯类。

3. 用途

柠檬桉叶油是香料工业的重要原料之一。可单离香茅醛、香叶醇，以香茅醛为初始原料可以进一步合成羟基香茅醛、薄荷脑等。可用于香皂、香水、化妆品香精，并可供药用，配制十滴水、清凉油、防蚊油等。柠檬桉叶油是我国出口商品之一。

二十六、蓝桉

蓝桉（*Eucalyptus globulus* Labill.）属桃金娘科（Myrtaceae）桉树属（*Eucalyptus*），别名洋草果、金鸡纳树、桉树、尤加利、苹果木、灰杨柳。

1. 产地与分布

蓝桉原产于澳大利亚的维多利亚州及塔斯马尼亚岛。我国南部和西南部均已引种成功。以云南省内栽培最多，生长最好，是绿化的主要树种。广东、广西、福建、浙江、江西等省也有栽培，但生长较差。垂直分布的海拔是 1200~2400m，最适生长的海拔为 1500~2000m。

2. 理化性质与化学成分

蓝桉鲜叶得油率为 0.5%~1.1%，干叶得油率 1.5%~3.9%，幼态叶含油量为 1.5%（质量分数），成熟叶含油量为 2%（质量分数）左右。油无色，有青滋香。蓝桉油相对密度（23℃/23℃）为 0.9146~0.9304，折光指数（20℃）为 1.4592~1.4608，旋光度（24℃）为+5.95~+7.2°。主要成分有 1,8-桉叶素，含量为 65%~75%，还含有 α-蒎烯、柠檬烯、α-松油醇、异戊醇、乙酸-α-松油酯、乙酸香叶酯等。

3. 用途

精油广泛用于日化香精的配制，如调配口香糖、牙膏、香皂、爽身粉、化妆品、洗涤剂香精等，也用于医药卫生，如十滴水、清凉油、风油精、驱蚊油、润喉片、止咳药、口腔药剂、儿童药物等。

二十七、白千层

白千层（*Melaleuca leucadendra* L.）属桃金娘科（Myrtaceae）白千层属（*Melaleuca*）常绿乔木，又名脱皮树、千层皮、玉蝴蝶。

1. 产地与分布

白千层原产于澳大利亚，现在在我国广东、广西、福建、台湾和云南均有引种栽培。

2. 理化性质与化学成分

白千层精油无色至苍黄色澄清液体。相对密度（20℃/20℃）0.885~0.906，折光指数（20℃）为1.4750~1.4820，旋光度（20℃）为+5°~+15°。白千层枝叶中含有α-蒎烯、α-松油烯、柠檬烯、1,8-桉叶素、γ-松油烯、异松油烯、4-松油醇、α-松油醇等挥发性成分。不同品种的白千层所得精油成分不同。

3. 用途

用水汽蒸馏白千层的枝叶，可得到精油。白千层精油有较强的抑菌、镇痛、驱虫及防腐作用，具治疗牙痛、风湿痛、神经痛、耳痛和消炎杀菌等功效。

二十八、互叶白千层

互叶白千层（*Melaleuca alternifolia*）属桃金娘科（Myrtaceae）白千层属（*Melaleuca*），别名玉树、千层皮、纸树皮、脱皮树。

1. 产地与分布

互叶白千层原产于澳大利亚南纬23.5°，澳大利亚新南威尔士州以北沿海地区。我国广东、广西、福建、四川、台湾、海南和云南的德宏、普洱、西双版纳、临沧、红河州有引种种植。

2. 理化性质与化学成分

互叶白千层精油为无色至淡黄色液体，具有特征香气，相对密度（20℃/20℃）为0.885~0.906，折光指数（20℃）为1.4750~1.4820，旋光度（20℃）为+5°~+15°，闪点约56℃。枝叶含精油1.0%~1.5%（质量分数），主要成分为4-松油烯醇、异松油烯、1,8-桉叶素、α-松油烯、γ-松油烯、对异丙基甲苯、α-松油醇、柠檬烯、桧烯、香橙烯、δ-荜澄茄烯、蓝桉烯、绿花白千层醇、α-蒎烯等。其中，4-松油烯醇的含量为30%~45%（质量分数），经分馏提纯，其纯度可达99%以上。

3. 用途

互叶白千层油具有温暖的辛香，带有芳香萜类气息。在日用调香中，可用于男用辛香古龙水、须后水等。互叶白千层油还可用于空气清新剂、家庭清洁剂、杀菌剂、宠物卫生用品等。在食品中，互叶白千层油多作为一种香味剂，呈现一种清新有特色的口味。

二十九、胡椒

胡椒（*Piper nigrum* L.）属胡椒科（Piperaceae）胡椒属（*Piper*）常绿大型藤本植物，又名浮椒、王椒、白川。

1. 产地与分布

胡椒原产于印度，在我国华南地区、云南省和台湾省都有栽培。

2. 理化性质与化学成分

胡椒果中主要化学成分包括生物碱（主要是吡咯烷类酰胺生物碱）、挥发油、有机酸、木脂素、酚类化合物、脂肪、蛋白质、淀粉和微量元素等。胡椒果含有胡椒精油1%~2%（质量分数）。胡椒精油中主要香气成分为石竹烯、δ-榄香烯、d-柠檬烯、胡椒烯、3-蒈烯、α-水芹烯和β-蒎烯，其中含量较多的为石竹烯和δ-榄香烯。

3. 用途

胡椒精油具有柔和的胡椒特征香气，风味醇香浓厚，伴有辛辣味，常用于食品、调味品以及香水等产品中，也可以用在理疗保健用品中，供熏香、按摩时使用。胡椒精油可作为天然抗氧化剂，用于清除羟自由基和超氧自由基；还可作为一种替代方法，治疗寄生虫感染病之一的利什曼虫病，且效果明显；此外，胡椒叶片的精油提取物被证明具有较好的抗菌活性，而胡椒叶精油中含有大量δ-榄香烯，具有抗癌活性。胡椒精油可用作杀虫剂，用于对烟草加工中蠕虫的杀除，以及对食品加工环境中幼虫的杀除。

三十、花椒

花椒（*Zanthoxylum bungeanum* Maxim.）属芸香科（Rutaceae）花椒属（*Zanthoxylum*），别名花椒树、岩椒、金黄椒。

1. 产地与分布

花椒原产于我国。除东北和内蒙古等少数地区外，各地广为栽培，尤以陕西、河北、河南、山东和四川等省最为集中，多栽培在低山丘陵、梯田、农田边缘和庭院四周。

2. 理化性质与化学成分

花椒果实含精油4%~7%（质量分数）。精油相对密度为0.8660~0.8663，折光指数为1.4670~1.4690，旋光度为7°30′~12°54′。主要成分有花椒烯（Zanthoxylene）、水茴香萜、香叶醇及香茅醇等。

3. 用途

花椒精油精制处理后可用于调配香精。花椒果实是重要的调味香料，可作药用，有助消化、止牙痛、腹痛、腹泻及杀虫等功效。叶可制土农药，防治蚜虫、螟虫等。种子含脂肪25%~30%（质量分数），可作工业用油。树干材质坚硬，可做手杖等。

三十一、八角茴香

八角茴香（*Illicium verum* Hook. f.）属木兰科（Magnoliaceae）八角属（*Illicium*），

别名大料、八角、五香八角、大茴香、唛角（广西壮语）。

1. 产地与分布

八角茴香树是亚热带珍贵经济树种之一。原产于我国广西南部和西部，该地区也是我国和世界上八角茴香的主要分布区域。我国主要栽培区域为广西壮族自治区、云南省、福建省、浙江省、广东省。越南的谅山是八角茴香集中栽培的地区。日本的八角茴香，在植物学上属另一个种（*Illicium religiosum* Sieb.）。

2. 理化性质与化学成分

鲜叶含油量为0.3%~0.5%（质量分数）。其果实用水汽蒸馏法提取精油，鲜果得油率为2%~3%，干果得油率为8%~12%。八角茴香油是一种淡黄色或琥珀色的液体，低温时易凝成固体状，相对密度（20℃/20℃）0.986~0.99，折光指数（20℃）1.553~1.556，旋光度-2°~+1°，凝固点在15~19℃。主要成分是反式大茴香脑，含量达80%（质量分数）以上，另外，还含有α-蒎烯、柠檬烯、芳樟醇、4-萜品醇、草蒿脑、茴香醛等成分。

3. 用途

八角茴香油在香料工业中主要用于提取大茴香脑，可再合成为大茴香醛、大茴香醇。这些单体香料均广泛用于牙膏、食品、香皂和化妆品香精。果实又称“大料”，叶精油可作食品保鲜剂和食品调味香料。叶是生产精油的主要原料，干果和叶精油是合成莽草酸的原料。茴香油在制药工业中是合成阴性激素己烷雌酚的主要原料。果实药用，有开胃下气、暖胃散寒、止痛等功效。

三十二、肉桂

中国肉桂（*Cinnamomum cassia* Prest）、锡兰肉桂（*Cinnamomum zeylanicum* Bl. Bijdr.）、清化肉桂（*Cimmamomum cassia* Varmacrophylla）属樟科（Lauraceae）樟属（*Cinnamomum*），别名玉桂、牡桂、菌桂、筒桂、阴桂、连桂、大桂、辣桂、桂等。

1. 产地与分布

肉桂原产于我国广西壮族自治区和广东省，北纬18°~22°，现主要栽培于我国广西南部、云南、福建、湖南、江西、浙江、四川、贵州等部分地区。中国肉桂油产量占世界总产量的90%。

2. 理化性质与化学成分

肉桂树的根、树皮、枝叶等含精油，其含油量（质量分数）：碎桂为1%~2%，鲜枝叶为0.3%~0.4%，干枝叶为2%，鲜果为1.5%，春叶（鲜）为0.23%~0.26%，秋叶（鲜）为0.33%~0.37%。肉桂油是淡黄色至棕色的流动液体。具有肉桂醛香气，还有肉桂醇、肉桂酯的气息，具有辛辣香味，有焦香、木香、膏香。肉桂油相对密度（25℃/25℃）1.0443~1.0620，折光指数（30℃）1.5223~1.5305。肉桂油中的主要成分是反式肉桂醛，含量为80%~95%（质量分数），另含乙酸肉桂酯、水杨醛、丁香酚、香兰素、苯甲醛、肉桂酸、水杨酸等。

3. 用途

肉桂油主要用于调配食品、化妆品、日用品香精。桂皮可直接用作食品调味香料。在香料工业中也有用肉桂油单离肉桂醛，再合成一系列香料的情况，如溴化苏合香烯、肉桂酸及其酯、肉桂醇及其酯等。肉桂油还可直接用于医药。桂皮、桂枝也供药用。肉桂为我国重要出口特产之一，在国际上久负盛誉。

三十三、山苍子

山苍子［*Litsea cubeba*（Lour.）Pers.］属樟科（Lauraceae）木姜子属（*Litsea*），别名山鸡椒、山胡椒、荜澄茄、澄茄子、木姜子、猴香子。

1. 产地与分布

山苍子原产于我国华南及东南地区，现广布于我国长江以南，广西、广东、福建、台湾、浙江、江苏、江西、安徽、湖南、湖北、云南、贵州、四川、西藏等省区。目前在我国部分省区进行人工营造山苍子林工作，尤以福建、湖南和四川等省营造面积最大。山苍子在印度、马来西亚、印度尼西亚等国也有分布。

2. 理化性质与化学成分

山苍子的叶、花及果皮均含精油，可采用水汽蒸馏法从果实中提取精油。鲜籽的得油率为3%~5%，干籽的得油率为4%~6%，鲜叶含油量极微，仅为0.01%~0.02%（质量分数）。山苍子精油的主要成分均为柠檬醛，含量不同，但均在60%以上，其他成分不尽相同。除柠檬醛外，其精油中还含有甲基庚烯酮、香茅醛等。山苍子油是苍黄色的澄清液体，具有清甜的果香，柠檬醛气息，但不及柠檬草油好，香气强烈，但留香时间不持久。山苍子油相对密度（25℃/25℃）0.8909~0.9068，折光指数（25℃）1.4847~1.4870，旋光度（25℃）+4.2°左右，溶解度（30℃）：以1∶3溶于70%（体积分数）乙醇中。山苍子油中柠檬醛含量为70%~80%（质量分数）。

3. 应用

山苍子油是香料工业中的重要天然香料之一，是合成紫罗兰酮的主要原料，可用于化妆品、食品、烟草等香精中。在医药方面，山苍子可辅助治胃病、关节炎和溃疡等症。山苍子精油所含的柠檬醛可用于合成维生素。山苍子油有帮助抑制致癌物质黄曲霉的代谢产物黄曲霉毒素的作用，也可以作除臭剂。此外，果实在蒸馏出精油后，还可用其种子提取脂肪，种子含脂肪量为30%~40%（质量分数），可用作表面活性剂的工业原料。

三十四、芫荽

芫荽（*Coriandrum sativum* L.）属伞形科（Apiaceae）芫荽属（*Coriandrum*），别名香菜、胡荽、蒝荽。

1. 产地与分布

芫荽原产于意大利。我国自古有栽培，现在各地栽培广泛，一般以其茎叶作为蔬菜和调味香料。

2. 理化性质与化学成分

芫荽种子含油量为0.4%~1%，精油相对密度（15℃/15℃）为0.870~0.885，折光指数（20℃）为1.463~1.476，旋光度（20℃）为+8°~+13°。主要成分有*d*-芳樟醇［含量达65%~80%（质量分数）］、乙酸香叶酯、香叶醇、松油萜类和脂肪酸。

3. 用途

种子精油具有青香气，可用作香料和调味香料。芫荽油芳樟醇含量高，常作为单离和合成香料的原料。种子经提取精油后，仍可提取17%~21%（质量分数）脂肪油，用于制造油酸和肥皂。干燥果实入药，具有健脾胃、祛风祛痰的功效。芫荽油粕的蛋白质含量为17%（质量分数），是优良的饲料。

三十五、姜

姜（*Zingiber officinale* Rosc.）属于姜科（Zingiberaceae）姜属（*Zingiber*），别名生姜、白姜。

1. 产地与分布

姜原产于印度热带常绿雨林边沿地带。姜在我国自古有栽培，目前栽培地区颇为广泛，以四川、浙江、福建、湖北、湖南、山东、江苏等地最为集中。广东的大肉姜、贵州的白姜、云南的黄姜、东北丹东等地的白姜都很有名。此外，河南、陕西、安徽、江苏、湖南、广西、江西、贵州等地也有少量姜栽培。印度、马来西亚、印度尼西亚和牙买加均有大面积栽培。

2. 理化性质与化学成分

姜油呈淡黄色或黄绿色油状液体，具有特异的香辣气味，暴露于空气中容易变稠且色转深。冷榨后再蒸馏姜油，就不带辣味。相对密度（15℃/15℃）为0.872~0.895，折光指数（20℃）为1.4800~1.4980，旋光度为（20℃）为-25°~-55°，酸值为0~2，酯值为1~15。主要成分有姜酮、姜醇、龙脑、柠檬醛、β-水芹烯、α-蒎烯、莰烯、桉叶醇等。另有油状的辣味成分生姜素（$C_{17}H_{24}O_3$）。

3. 用途

姜油可用于食品和化妆品香料，在日用香精中少量用于玫瑰、檀香、茉莉及东方型香型内，能使之温和而清甜。姜在我国家庭中被普遍使用，作为调味香料，或和糖、盐一起腌制食品供食用。姜也可供药用，有抑制真菌和祛风、发汗功效，主治风寒感冒、畏寒呕吐，并可治疗外伤和皮肤病等。

三十六、大蒜

大蒜（*Allium sativum* L.）属百合科（Liliaceae）葱属（*Allium*），别名蒜。

1. 产地与分布

蒜原产于亚洲西部。在我国从南到北栽培颇为广泛，其中以河北省、山西南部、河南北部、新疆伊宁等地区栽培面积较为集中。保加利亚、德国、埃及和日本也是盛产大蒜的国家。欧洲、亚洲其他国家也有少量栽培。

2. 理化性质与化学成分

大蒜油用水汽蒸馏提取，得油率在2%左右。相对密度（15℃/15℃）为1.04~1.098，折光指数（20℃）为1.557~1.575。鳞茎含精油0.5%（质量分数），主要成分为二烯丙基二硫醚、3-乙烯基-1,2-二硫杂-4-环己烯、3-乙烯基-1,2-二硫杂-5-环己烯等。

3. 用途

大蒜可作为蔬菜和调味品。大蒜精油可用于罐头食品、肉类、酱汁的调料，也可用于饮料、糖果等的加香。大蒜还可药用，有杀菌、驱虫、消炎等功效。

第三节　单离香料

一、概述

单离香料是使用物理或化学方法从天然香料中分离出来的单体香料化合物。单离香料来源于天然香料，例如，在薄荷油中含有70%~80%（质量分数）的薄荷醇，用重结晶的方法从薄荷油中分离出来的薄荷醇就是单离香料，俗称薄荷脑。又如，在山苍子油中含有80%（质量分数）左右的柠檬醛，用精馏的方法可得到粗的柠檬醛，然后再用亚硫酸氢钠法进行纯化，即得到精制的柠檬醛，这种柠檬醛也是单离香料。

单离香料的香气和质量比普通天然香料稳定，便于调香使用。同时，单离香料也是合成其他香料和有机化合物的重要原料。

随着人们保护环境的意识日益增强和人们对香料安全性的日益关注，单离香料的生产更加受到重视。各种天然香料由于具有独特、自然、舒适的香气和香韵，非人工所能调制。随着石油化工和有机合成技术的发展，许多单离香料化合物也可以用有机合成的方法制备，有的甚至成本更低。由于单离香料来源于天然香料，并且是可再生资源，所以从天然香料中分离单离香料的技术历来都强调保留各种天然香料特有的香韵，尽量减少单离过程对香气品质的破坏，以期获得具有天然香料植物香气的香料产品。

二、单离香料的生产方法

单离香料生产方法分为两大类，物理法（分馏法、冻析法和冷冻结晶法）和化学法（硼酸酯法、酚钠盐法和亚硫酸氢钠法）。

（一）物理法

1. 分馏法

分馏是从天然香料中单离化合物时最普遍采用的一种方法。例如从芳樟油中单离芳樟醇，从香茅油中单离香茅醇，从松节油中单离 α-蒎烯和 β-蒎烯等。

分馏法生产的关键设备是分馏塔，为防止分馏过程中受热温度过高引起香料组分的分解、聚合或其他相互作用，往往分馏均采用减压蒸馏的方式。

2. 冻析法

冻析是利用低温使天然香料中某些化合物呈固体状态析出，然后将析出的固体化合物与其他液体状成分分离，从而得到较纯的单离香料的过程。例如，从薄荷油中提取薄荷脑，从柏木油中提取柏木脑，从樟脑油中提取樟脑等。

以从薄荷油中单离薄荷脑为例，将其工艺流程简单归纳，如图 2-1 所示。

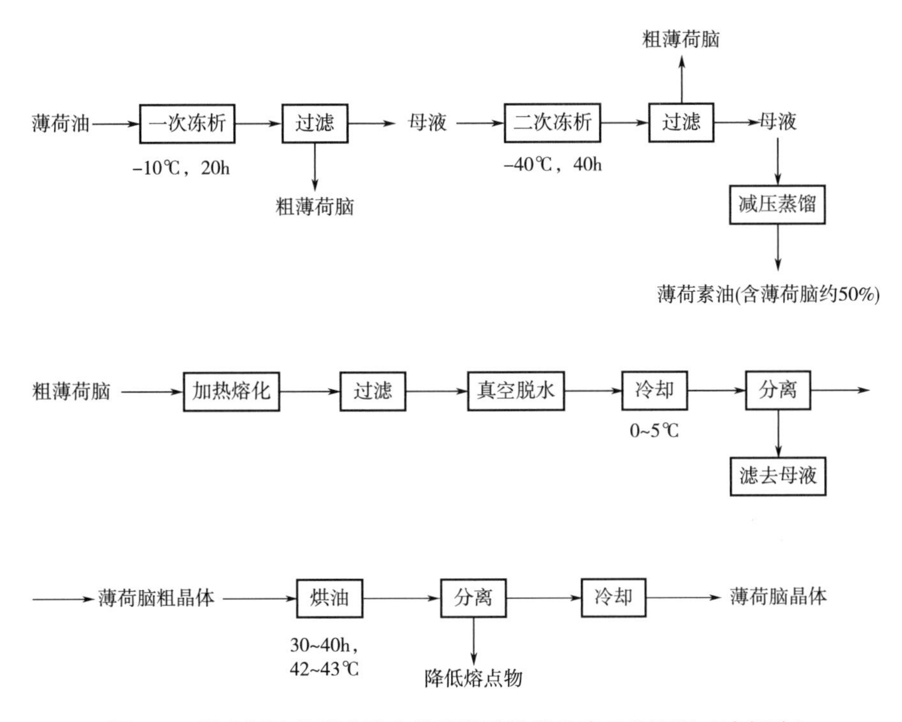

图 2-1 用冻析法从薄荷油中单离薄荷脑的生产工艺流程（冻析法）

3. 冷冻结晶法

冷冻结晶法是利用低温冷冻方法使精油中某些香料化合物呈固体状结晶析出，然后将固体物与其他液体成分分离，从而得到较纯的单离香料产品的过程。结晶提取分离技术污染小，但是需要多次纯化才能达到所需产品的要求，生产效率低。

（二）化学法

化学法是用某些特定的试剂和化合物中的某一类功能基反应，然后经过分离，将含有这一类功能基的化合物复原出来。对这一类试剂的要求：①反应必须是非常专一的，必须是定量的或近似于定量的；②反应条件必须是温和的，不会使被单离的化合物发生异构化或产生其他副反应；③将该类化合物还原（复原）时的条件是温和的、有效的、操作比较简单的。

1. 硼酸酯法

在香料工业上，酯化反应除了用于制备酯类外，还时常采用硼酸和醇反应生成酯，从而精制醇类，并用减压蒸馏法将杂质从硼酸酯中分出来，随后加少量碱，将酯用水分解，释出醇，经蒸馏便可以得到纯的醇了。但叔醇遇酸极易异构化和脱水，因此必须改用硼酸丁酯进行酯交换来生成硼酸酯。例如，从香茅油中单离纯的香茅醇：将香茅油和硼酸在甲苯中混合，加热搅拌，生成硼酸香茅酯，通过减压蒸馏除去水及杂质，然后加入少量的碱（NaOH），使酯进行水解，释出香茅醇，再经过减压蒸馏即可得到纯的香茅醇（图 2-2）。

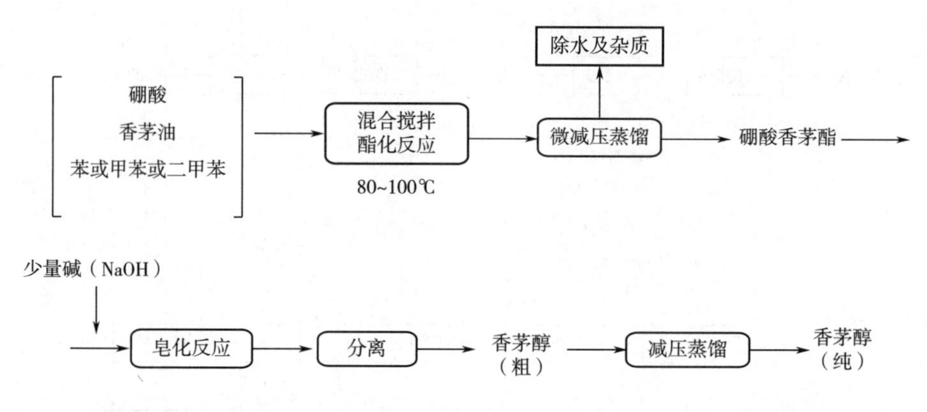

图 2-2 用硼酸酯法从香茅油中单离香茅醇的生产工艺流程（硼酸酯法）

化学反应式如下：

$$3\,R\text{-}CH_2OH + H_3BO_3 \longrightarrow (R\text{-}CH_2O)_3B + 3H_2O$$

香茅醇（粗） 香茅醇硼酸酯

$$(R\text{-}CH_2O)_3B + 3H_2O \longrightarrow 3\,R\text{-}CH_2OH + Na_3BO_3$$

香茅醇硼酸酯 香茅醇（纯）

2. 酚钠盐法

利用酚类化合物具有弱酸性的特性，可以从含酚精油中单离出酚类物质。用氢氧化钠溶液处理精油里的酚，使其成为酚盐溶于水中，然后再将水层与精油层分离，用酸酸化所得钠盐水溶液，不溶于水的酚类就可以游离出来。

例如，从丁香罗勒油中单离丁香酚（图 2-3）。首先将氢氧化钠溶液加到丁香罗勒油中，加热搅拌后，分离水相和有机相，得到丁香酚钠盐水溶液。然后用稀硫酸处理丁香酚钠盐水溶液，静置分层，除去水相，用水洗涤油层数次至中性，就得到粗丁香酚。最后将洗涤后的丁香酚减压蒸馏得到纯的丁香酚。

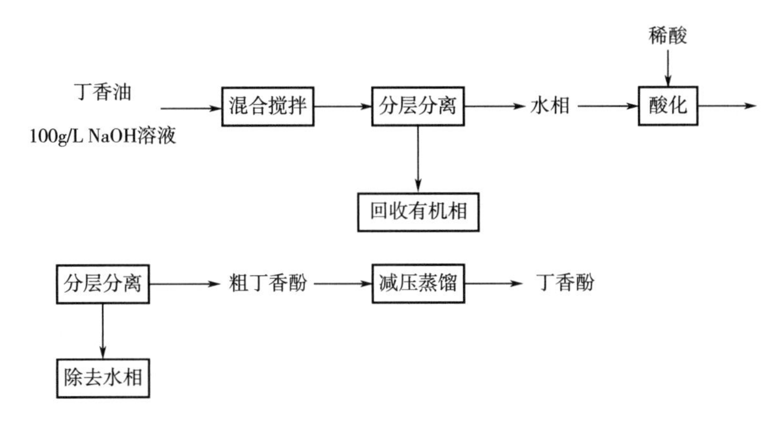

图 2-3 用酚钠盐法从丁香罗勒油中单离丁香酚的生产工艺流程（酚钠盐法）

反应如下：

OH, OCH_3, $CH_2—CH=CH_2$ 丁香酚（粗） $\xrightarrow{NaOH}$ ONa, OCH_3, $CH_2—CH=CH_2$ 丁香酚钠 $\xrightarrow{H_2SO_4}$ OH, OCH_3, $CH_2—CH=CH_2$ 丁香酚（纯）

3. 亚硫酸氢钠法

在香料工业中，利用醛与亚硫酸氢钠可以发生加成反应的特性，可以制作单离醛类香料。醛和亚硫酸氢钠发生加成反应，可以形成亚硫酸氢钠加成物 α-羟基磺酸钠，这种 α-羟基磺酸钠是结晶体，可以从反应体系中分离出来。这个加成反应是个可逆反应。如果在加成产物的水溶液中加入酸或碱，使反应体系中的亚硫酸氢钠不断分解而除去，则加成产物也可不断分解又变成醛。香料工业常利用亚硫酸氢钠加成产物的生成和分解来分离和提纯醛类香料化合物。

例如，从山苍子油中提纯得到纯的柠檬醛：将山苍子油与过量的饱和亚硫酸氢钠溶液混合在一起，生成的加成产物经过过滤，除去有机杂质。所得固体结晶物和大量水混合后，加入少量的盐酸，得到加成产物的水溶液，其中主要是柠檬醛。向水中加入石油醚或苯、正己烷进行萃取，分出有机层，并用水洗涤至中性，常压蒸馏回收溶剂，最后减压蒸馏就得到纯的柠檬醛（图 2-4）。

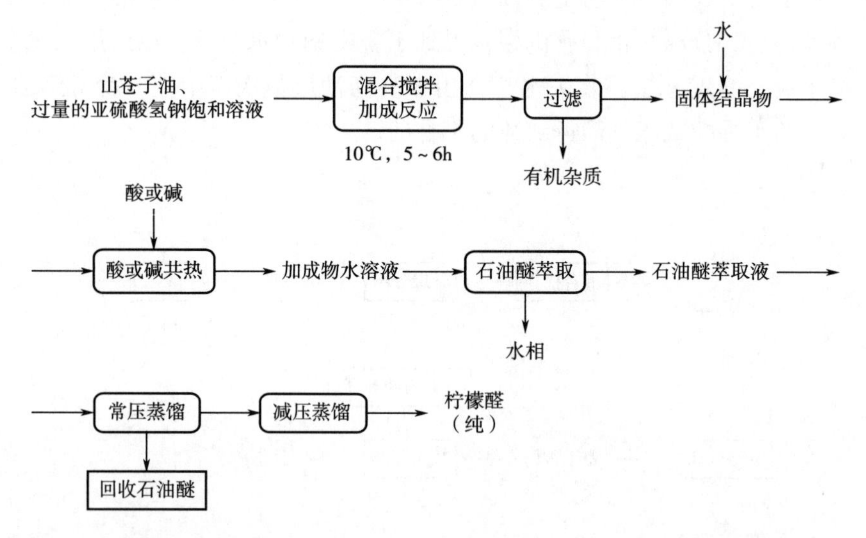

图 2-4　用亚硫酸氢钠法从山苍子油中单离柠檬醛的生产工艺流程（亚硫酸氢钠法）

化学反应式如下：

柠檬醛（粗）（CHO） + $NaHSO_3$ ⟶ α-羟基磺酸钠（$CH(ONa)SO_3H$）

α-羟基磺酸钠（$CH(ONa)SO_3H$） + HCl ⟶ 柠檬醛（纯）（CHO） + SO_2 + NaCl

思考题

1. 天然香料包括哪两大类？
2. 动物性天然香料包括哪几种？
3. 举例 10 种以上常用的植物性天然香料的来源、香气成分及应用。
4. 什么是单离香料？
5. 单离香料的生产方法一般有哪几种？

第三章

精油

【学习目标】

1. 了解天然香料加工品种和加工方式。
2. 掌握精油的定义、来源、性质和化学组成成分。
3. 理解香气成分和香气组成关系。
4. 学习配制精油、精油重组和精油整理的具体含义和内容。

在广阔的自然界中，一些植物经过进化，其香气水平远高于其他物种。例如，干的丁香花苞含12%（质量分数）的丁香酚。此类香草很早就被用于食品、化妆品等产品加香。随着蒸馏技术的应用，从植物中分离香气物质成为可能，精油作为一种独立的商品随之产生。

精油是采用蒸馏、压榨等物理法从芳香植物的根、茎、叶、花、果实、枝、皮、种子或分泌物中提取出来的，具有一定香气和挥发性的油状物质，是一类重要的天然香料。商业上称精油为“芳香油”，医药上称之为“挥发油”。精油是许多不同化学物质的混合物。一般精油都是易于流动的透明液体或膏状物，无色、淡黄色或带有特有颜色（黄色、绿色、棕色等），有的还有荧光。某些精油在温度略低时会成为固体，如玫瑰油、八角茴香油等。

第一节　精油的提取

精油是指从香料植物的含香部位或泌香动物的分泌物、代谢产物中加工提取所得到的含香物质制品，但日常使用的精油是指用直接水汽蒸馏、水中蒸馏、水上蒸馏、干馏法、压榨法（冷磨法）和超临界二氧化碳流体萃取法，从香料植物中所得到的含香物质制品，所以一般将采用水汽蒸馏法从植物中得到的物质称为精油。

一、直接水汽蒸馏

直接水汽蒸馏是一种应用最广泛的精油制备方法，其装置如图 3-1 所示。水蒸气通常来自一个独立的蒸汽炉，然后通过导管和筛孔直接接触植物物料。水汽蒸馏的基本原理是对于互不相溶，也不起化学作用的两相液体，如水和精油，在一定温度下每一种液体有一定的蒸气压，所产生的压强即它的分压，而混合气体的总蒸气压等于每种组分单独存在于混合气体的温度、体积条件下所产生的分压之和。当混合蒸气压之和等于外界压力时，液体沸腾，精油与水的蒸气一起蒸馏出来。有些精油成分，尽管沸点高达300℃，但是可以在水的沸点温度随水蒸气一起蒸馏出来。随后，水和精油的混合蒸气冷凝分离。这种方法生产的精油在许多方面不同于植物原油。天然植物精油中含有许多不同成分。其中挥发性比较好、性质稳定的成分，能够随着水汽蒸馏出来。而那些非挥发性成分，如玫瑰油中的2-苯乙醇，仍留在蒸馏锅中。在天然植物精油中，许多非挥发性物质可能更具有味道而不具有香气。在蒸馏过程中，还有一些易挥发成分可能发生氧化或水解，也会导致精油成分变化。

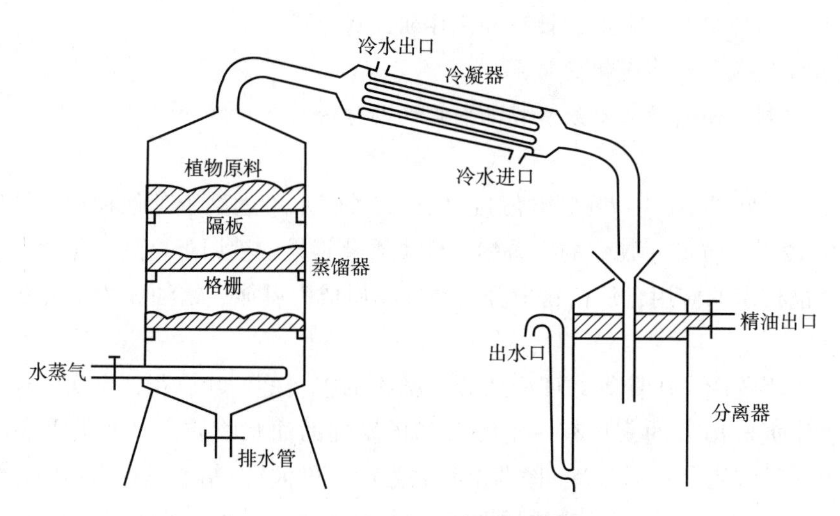

图 3-1　典型的水汽蒸馏装置示意图

二、水中蒸馏

与直接水汽蒸馏不同，水中蒸馏是将植物物料直接与沸水接触。在水中蒸馏的方法，即先将原料放入蒸馏釜内，然后加入适量水，使水面高度超过原料。当釜内水达到沸腾温度后，会在水面上形成水与精油的混合蒸气，混合蒸气从锅顶进入冷凝器，冷却后进行油水分离，即可得到精油。

但是在水中蒸馏的过程中，蒸馏釜直接被加热，可能造成原料焦煳，影响出油率。因此，可通过在釜底层安装筛板，将物料与沸水分开，进行水上蒸馏，将直接水汽蒸馏和水中蒸馏的优点结合起来，可以减少焦煳气息，提高精油产品的质量。

水中扩散法是对传统直接水汽蒸馏和水中蒸馏技术的一种改变。水蒸气从釜顶部进入，而精油和水的混合物在釜底浓缩，这种方法缩短了蒸馏时间，特别适用于处理籽类原料。

蒸馏碎散物料和鲜花等原料中的精油时，往往首选水中蒸馏法，因为原料直接浸泡在水中，不会发生原料的黏结和结块现象；而采用直接水汽蒸馏时，水蒸气可能直接通过粉末和花瓣之间的空隙，导致出现水蒸气“短路”的现象，不能有效蒸馏出原料中的精油。而对于其他植物原料，可以选择直接水汽蒸馏法。因为在直接水汽蒸馏过程中可以调节蒸气压，提供高压水蒸气或低压水蒸气，从而可适应特定原料的需要，而水上蒸馏只能在低气压条件下进行。直接水汽蒸馏过程中高沸点和水溶性成分仍留在蒸馏釜中，精油成分水解少，生产速度快，得率高。直接水汽蒸馏法还免除了油水分离后蒸馏水回锅的问题。

三、水上蒸馏

水上蒸馏蒸馏釜底部有一多孔隔板，原料置于隔板上方，水层置于隔板下方。蒸馏开始后，釜底水层先受热升温，水层先加热直至沸腾，由下至上加热原料，由釜底水层沸腾产生的水蒸气通过多孔隔板由下至上加热原料，水蒸气在加热原料的同时被冷却成水，原料开始进行水散。原料继续被水蒸气加热，水蒸气通过原料层后，形成油-水混合蒸气，经冷却和油水分离，可得到精油。

无论是直接水汽蒸馏、水中蒸馏还是水上蒸馏，所得精油和水蒸气经过冷凝收集在油水分离器中。大多数精油密度比水小，在分离器上端形成一层油层，下层水层的水量也远大于油层，这样可以不断地将水分出；对于精油密度大于水的，则采用油水分离器相反的操作。

四、干馏法

干馏法是指原料在干馏釜中隔绝空气进行热解得到精油产品的方法。有些原料只能用干馏法提取精油，如从香膏中提取精油。但是由于干馏在高温条件下进行，可能生成一些植物原料中本来没有的新的化合物。一个典型的例子是干馏杜松木制备杜松油，高温导致这种干馏油的天然性和安全性都存在很大问题。

五、压榨法

压榨法是从香料植物中提取精油的方法之一，但主要用于提取柑橘类果皮精油，如红橘油、甜橙油、橘子油、柚子油、佛手油等。这一过程涉及果皮的破碎、精油收集和随后的离心分离油-水乳液。

通过压榨法得到的柑橘精油与通过蒸馏法所制得的精油相比，具有明显优越的特征香气。这是由于压榨过程不需要加热，柑橘中的热敏化合物保留在精油中，所得精油品质更高。采用压榨法得到的精油中存在天然抗氧化剂，如维生素 E，所以压榨法得到的精油表现出很好的抗氧化性，精油质量更稳定。

六、超临界二氧化碳流体萃取

超临界流体萃取分离技术的原理就是利用超临界流体的溶解能力与其密度相关的特点，通过调节压力和温度来改变超临界流体溶解能力。在超临界状态下，将超临界流体与待分离的物质接触，使超临界流体有选择性地把不同极性、不同沸点和不同相对分子质量大小的成分依次萃取出来。然后通过减压、升温的方法使超临界流体变成普通状态的气体，这时被萃取物质在气体中的溶解度迅速下降，被萃取物质完全或基本析出，从而达到分离提纯的目的。超临界流体萃取的过程是由萃取和分离两个过程组合而成的。

从天然原料中分离生物活性物质，常采用超临界二氧化碳气体。二氧化碳的临界温度是 31.1℃，临界压强是 7.39MPa。这是一个比较温和的温度、压强，易于生产实践。而且二氧化碳来源丰富，容易提纯，无毒无味，不可燃，在产品中无溶剂残留，不会污染产品，超临界二氧化碳流体萃取精油技术，对萃取精油中热敏成分和非挥发性成分有明显优势。超临界二氧化碳流体萃取与油脂吸附萃取所得精油，更贴近于精油的天然状态，为调香人员提供了独特的原材料。

第二节　精油的深加工及品质控制

一、精油的深加工

经过初步提取的原料精油要投入终产品中，需要进行进一步加工。简单蒸馏常用于精油的除杂，如肉桂原油常被一些如含铁杂质污染，而通过二次蒸馏可以在不分离任何馏分的情况下就很好地解决去除杂质的问题。

分馏比二次蒸馏更进一步，可以达到更好的分离效果。一些薄荷油的前馏分含有刺鼻气息和植物气息，而后馏分则有浓重的甜腻气息，而选择性收集两者之间 80%～95% 的馏分，就能得到一种清新、甜美的薄荷香气。

此外，水洗的方式也能使一些精油的品质得到改善。

（一）分馏

分馏是将沸腾的混合蒸气通过分馏柱，进行一系列热交换的过程。其中低沸点组分从分馏柱的上端蒸出，而高沸点组分仍留在蒸馏瓶中。这样就可以将沸点不同的物质分离开来。

用分馏方法可除去精油中的大部分萜类化合物。一般情况下，萜类化合物的沸点比其他精油成分的沸点低，因此可以通过真空分馏去除精油中的萜类化合物。考虑到萜类化合物在精油中的初始含量，经过处理的分馏液中残留的萜类化合物的含量大约只占原料油的 3%。分馏方法的缺点是蒸馏过程中需要加热，会损失一些精油中的碳氢化合物。因此，所得精油的香气浓度会改变，使香气强度降低。

在真空条件下，收集浓缩精油中的挥发性成分，可以得到无萜精油，但是可能损失一些其他成分。浓缩后的无萜精油不易被氧化，尤其是柑橘精油。无萜柑橘精油为清新、透明液体，特别适用于软饮料的调制。分馏得到的非倍半萜精油可以进一步除去倍半萜，所得精油中非倍半萜精油的强度、稳定性和溶解性大幅提高；但是由于损失了部分香气成分，使得香气保真度降低。

分馏不仅仅用于精油的浓缩，还可用于从精油中分离特定目标产物，如从玫瑰木油中分离芳樟醇；或从精油中去除不需要的成分，如从薄荷油中分离胡薄荷酮。

（二）水洗精油

通过“水洗”方法获得的精油可以保留原始精油的许多特性。根据精油在水中溶解度的不同，调节混合溶剂中每个成分的浓度，可去除精油中大部分或全部碳氢化合物。但是在水洗过程中，尤其是当水洗精油中的碳氢化合物浓度很低时，精油组分中的一些氧化物也同时被去除了。这样的提炼方法效率很低，甚至可能损失精油中 60%的香气。水洗精油仅用于软饮料和有限的乳制品的制备过程中。利用逆流液/液萃取技术，然后回收溶剂，可以制备高品质无萜精油。所得产品带有水洗精油的香气特征。这种萃取方式所得精油浓度更高。

在水洗精油分馏过程中附带的萜类化合物在香料工业中也有广泛应用，但产品质量和用途的变化很大。用水洗方法制备的柑橘精油保留了原油的香气特性，可以去除残留溶剂，经干燥，附带的萜类化合物可用于制备廉价的天然等同精油，作为糖果制品的加香。用萜类稀释真正的精油也是一种掺假方式。但是这只造成精油组分的含量发生变化，因此很难分辨。柑橘精油的萜类化合物物比原油更容易被氧化，很难辨别。用萜类掺假的精油产品稳定性降低，质量下降。

在日用香精和食用香精调配中常用精制香原料。例如，用己烷萃取茉莉花，然后经过减压浓缩，得到半固体的浸膏。这种粗提物可用于香精的制备，但是溶解度低，难以使用。用乙醇处理茉莉浸膏，去除溶剂后，就可得到精制的净油。净油不是精油，但是净油中含有精油中的大部分挥发性成分。在调香过程中，净油与精油的功能类似，同样是一种重要的香原料。

二、精油的品质控制

精油的品质控制，有两个重要的工作：一是防止原料掺假，二是确保产品质量。

为了提高原料和产品的品质，许多香料公司致力于分辨精油及其他天然原料中是否被掺假。官方标准中通常规定的传统标准已经过时，造假者可以通过调整精油的理化特性以满足标准。随着技术进步，利用气相色谱检验精油品质的技术面临越来越多的艰难和挑战，精油中的一些微量成分很难被检出和分析。而经过训练的闻香师能够通过嗅闻识别出精油中的很多缺陷和外来成分，是仪器不能取代的。

精油在存储时会由于氧化、聚合、水解而变质，因此必须存储在阴凉、干燥、密封的容器中。

第三节　精油的使用

精油的使用方式可分为两大类：一类是根据精油香气特性直接用于产品的加香；另一类是简单或部分地与其他精油混合之后再用于产品的加香。在某些情况下，通过加入天然等同香料，能够增强精油的特征香气，如在橘皮油中加入丁酸乙酯（果香、菠萝香）和顺-3-己烯醇（绿草香气），可呈现出典型的橙汁香气特征。

用精油模仿天然香料的气味特征并不那么简单，其受到实用性、价格、浓度、热稳定性和易变性等诸多问题的影响。有些天然香料还没有合适的精油仿制品。有时，精油中包含其他香料的特征香气，可以向香原料中添加微量精油，以提高天然香原料的香气特征。例如，芫荽油中含有芳樟醇，它是天然杏子香气的重要组成部分，因此经常将芫荽油用于天然杏子香精的调配。但使用这种精油的主要缺点是，精油中其他不需要的成分可能会破坏香精的整体特征香气。这些问题可以通过精油的分离、提纯来解决。例如，丁香叶油中分离、提纯的丁香酚广泛用于天然香蕉香精的配制。

一些不太常见的精油品种主要应用于天然香精的调配中，且用量不断增加。例如，来自菊科植物印蒿的印蒿油，在印度，这种精油年产量仅为2t，但是印蒿油可以用于调配许多种天然果汁香精，赋予香精特征性的果香香气，特别是在调配覆盆子香精时，印蒿油的作用非常重要。

第四节　香料调配中常用的精油

精油是多种芳香成分的混合体，每一种精油都由许多有机化合物组成，不同的组合决定了精油的香气、香味及生物活性等特征，表3-1列出了精油中一些主要成分的化学结构式。

表 3-1　　精油中一些主要成分的化学结构式

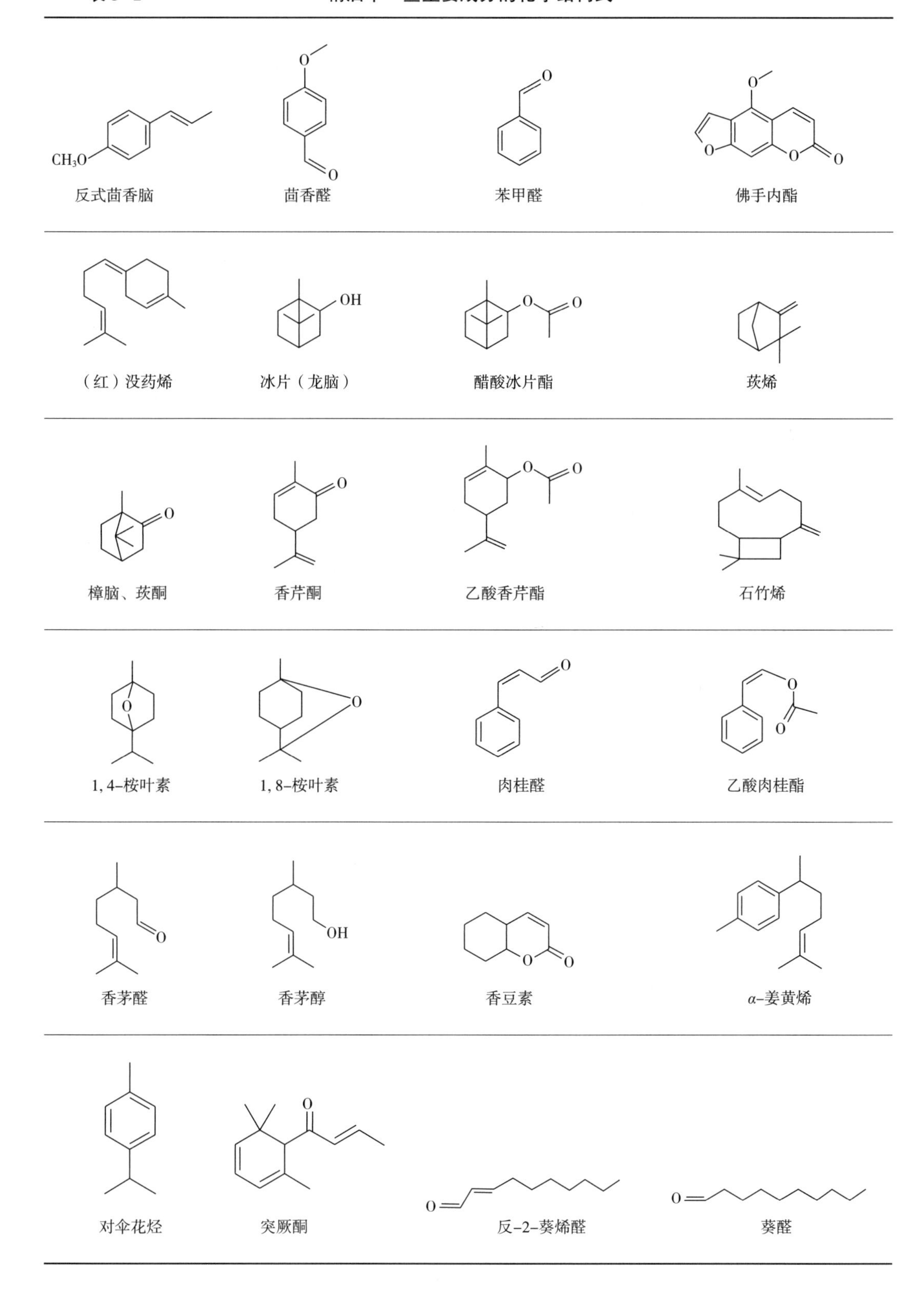

续表

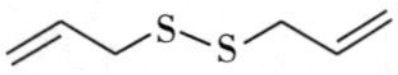 二烯丙基二硫	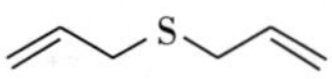 二烯丙基硫化物	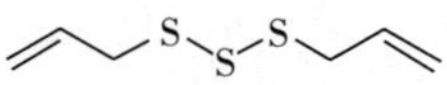 二烯丙基三硫化物	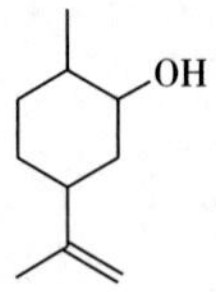 二氢香芹醇
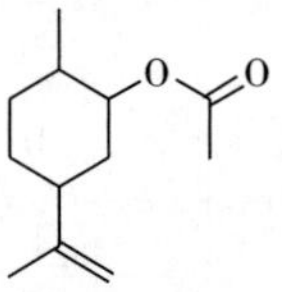 乙酸二氢香芹酯	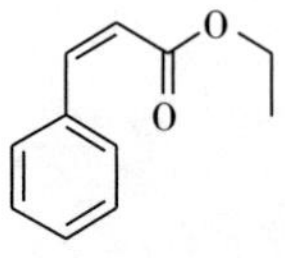 肉桂酸乙酯	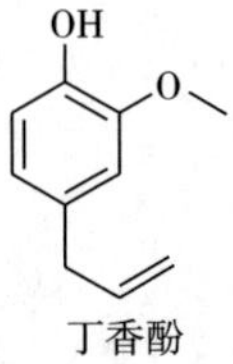 丁香酚	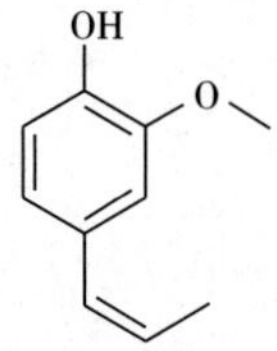 异丁香酚
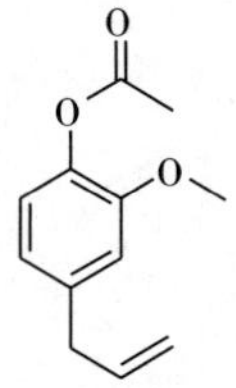 乙酸丁香酚酯	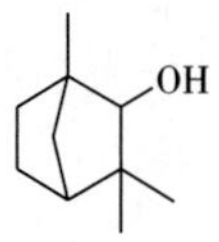 小茴香醇	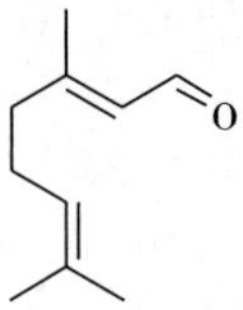 柠檬醛	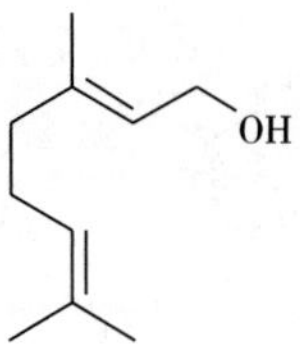 香叶醇
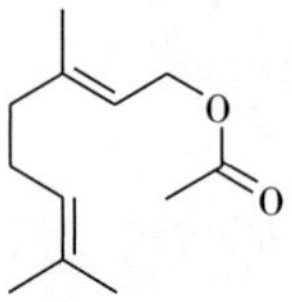 乙酸香叶酯	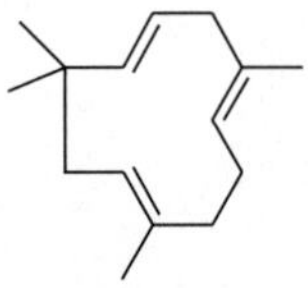 α-葎草烯	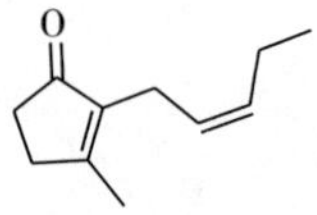 顺式茉莉酮	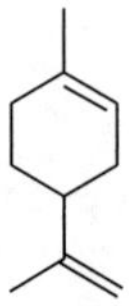 柠檬烯
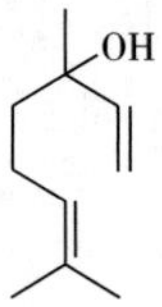 芳樟醇	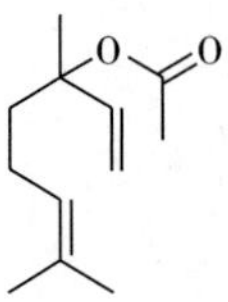 乙酸芳樟酯	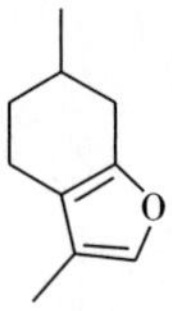 薄荷呋喃	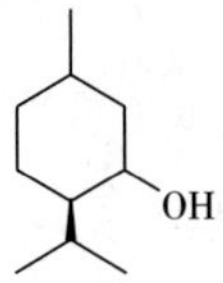 薄荷醇
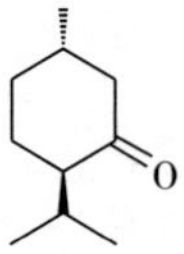 反式薄荷酮	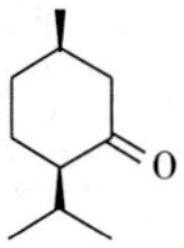 异薄荷酮	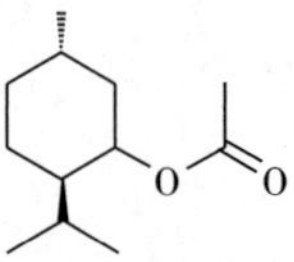 乙酸薄荷酯	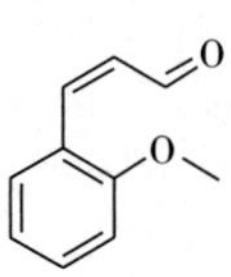 2-甲氧基肉桂醛

续表

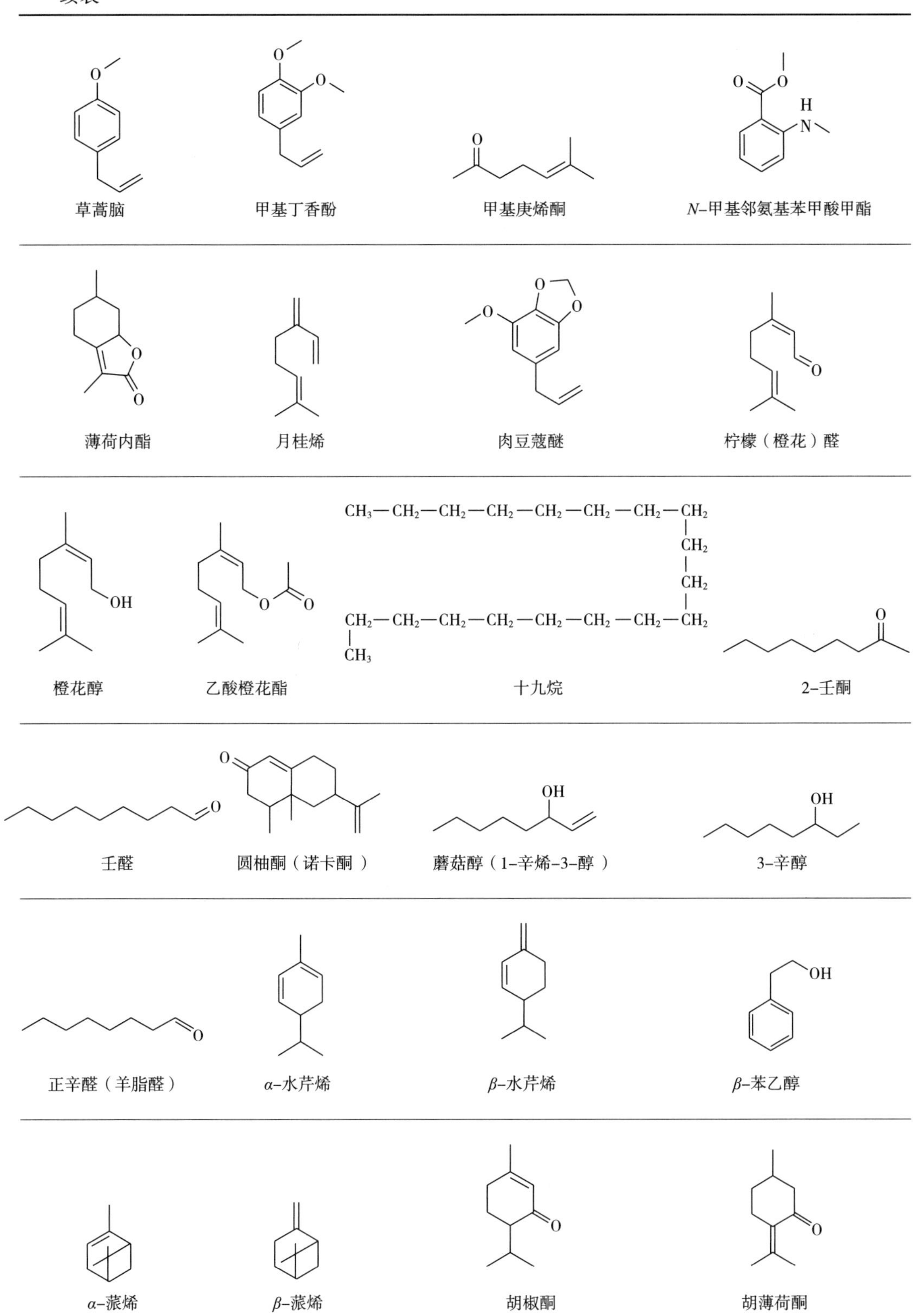

草蒿脑　甲基丁香酚　甲基庚烯酮　N-甲基邻氨基苯甲酸甲酯

薄荷内酯　月桂烯　肉豆蔻醚　柠檬（橙花）醛

橙花醇　乙酸橙花酯　十九烷　2-壬酮

壬醛　圆柚酮（诺卡酮）　蘑菇醇（1-辛烯-3-醇）　3-辛醇

正辛醛（羊脂醛）　α-水芹烯　β-水芹烯　β-苯乙醇

α-蒎烯　β-蒎烯　胡椒酮　胡薄荷酮

续表

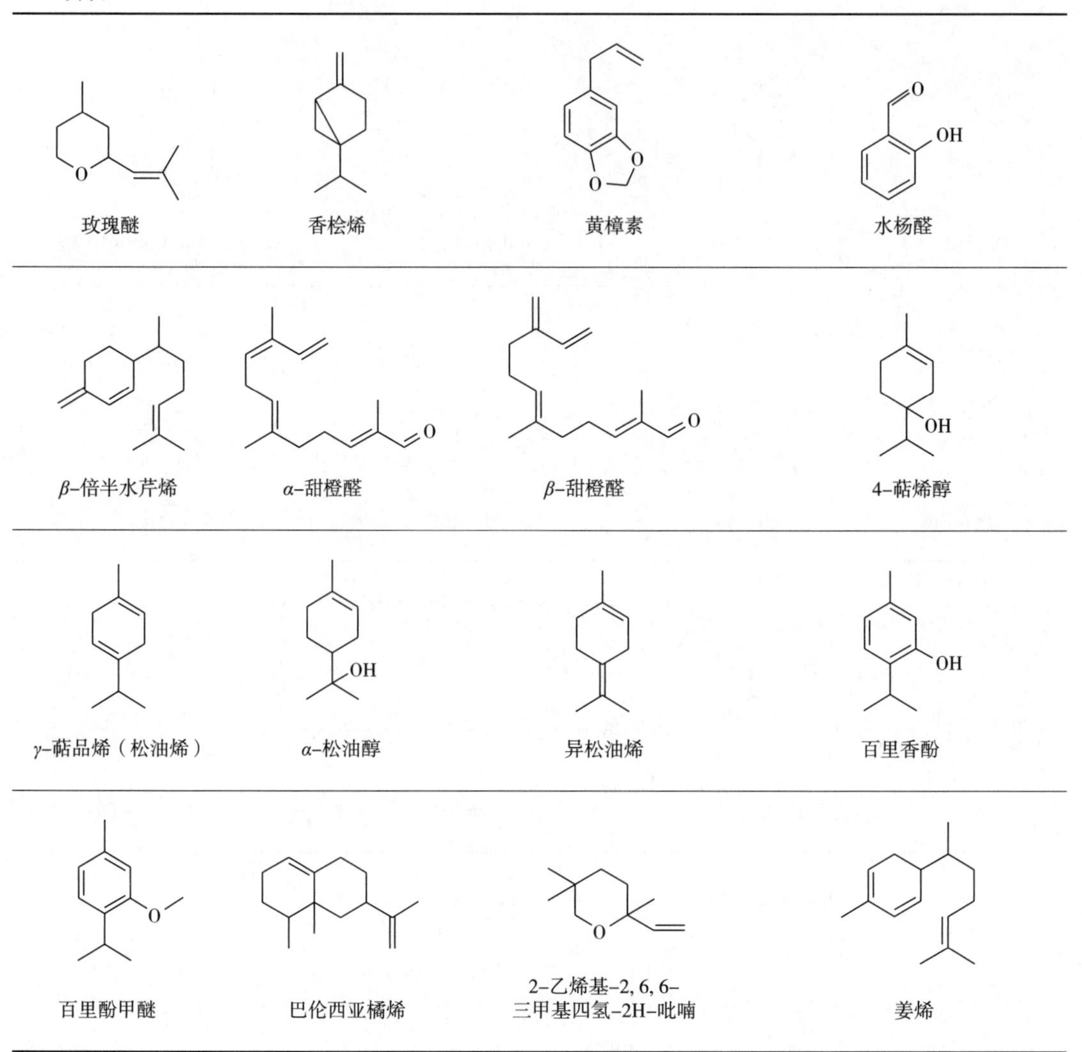

第五节 精油的常见种类

精油是植物的有机代谢产物。光合作用和生物化学作用在植物组织中形成的油腺。精油存在部位包括：花朵、种子、果皮、叶片、根部、树脂、树皮或树干，散发出强烈的气味。精油取自天然植物，是大自然的馈赠。

一、大茴香油（Anise Oil）

1. 植物原料

茴芹（*Pimpinella anisum*）为大茴香油原料，别名大茴香、洋茴香，主要产自西班牙。在国际香料市场上，由于八角茴香油市场竞争激烈，大茴香油年产量已降到 8t 左右。通过水汽蒸馏茴香籽制备精油，得油率为 2.5%。

2. 主要成分

茴香籽油主要成分，如表 3-2 所示。

表 3-2 茴香籽油的主要成分

成分	含量（质量分数）	香气特征
反式茴香脑	95%	强烈的茴香的特殊气味、味甜
对烯丙基茴香醚	2%	浓烈的、甜的、龙蒿香气

3. 主要用途

大茴香油可用于酒精饮料、调味品和糕点，也可少量用于天然浆果香精。

4. 安全管理

大茴香油在食用香精中的使用没有法规限制。美国香精和提取物制造商协会（FEMA）“公认安全”（Generally Recognized as Safe，GRAS）编号为 2094，欧洲委员会将其标注为允许使用产品，GB 2760—2014《食品安全国家标准　食品添加剂使用标准》批准其为允许使用的食品香料。

二、香柠檬油（Bergamot Oil）

1. 植物原料

酸橙的一个亚种 *Citrus aurantium* L. subsp. *bergamia* 是香柠檬油的原料。香柠檬油年产量 200t 以上，主要产于意大利和科特迪瓦，另外几内亚、巴西、阿根廷、西班牙和俄罗斯也有生产。通过冷压法处理酸橙果皮的得油率为 0.5%，仅有少量通过水汽蒸馏制备。

2. 主要成分

香柠檬油主要成分，如表 3-3 所示。

表 3-3 香柠檬油的主要成分

成分	含量（质量分数）	香气特征
乙酸芳樟酯	35%	花香和果香、薰衣草气息
柠檬烯	30%	香气清淡、明亮透发、柑橘香气
芳樟醇	15%	明亮透发、薰衣草香气
β-蒎烯	7%	明亮透发、松木香气
γ-松油醇	6%	明亮透发、柑橘香气、草香
香叶醛	2%	柠檬香气
橙花醛	2%	柠檬香气

续表

成分	含量（质量分数）	香气特征
香叶醇	1%	甜香、花香和玫瑰香气
乙酸橙花酯	0.4%	果香、花香和玫瑰香气
乙酸香叶酯	0.2%	果香、花香和玫瑰香气
佛手柑内酯	0.2%	香气微弱

佛手柑内酯对皮肤易引发过敏反应，有些香柠檬油需经过蒸馏脱除佛手柑内酯和萜烯。非洲产香柠檬精油中芳樟醇含量高于意大利产香柠檬精油。掺假香柠檬精油中常加入合成芳樟醇、乙酸芳樟酯以及柑橘和苦橙的萜烯化合物，很容易通过评香和气相色谱鉴别出来。

3. 主要用途

香柠檬油是“伯爵茶”类型茶香精的重要组分，同时少量用于柑橘软饮料香精和一些天然水果类香精，特别用于杏子香精。

4. 安全管理

香柠檬油在香精中的使用没有法规限制。FEMA GRAS 编号为 2153，欧洲委员会将其标注为允许使用产品，GB 2760—2014《食品安全国家标准　食品添加剂使用标准》批准其为允许使用的食品香料。

三、苦杏仁油（Bitter Almond Oil）

1. 植物原料

苦杏仁（*Prunus amygdalus*），其精油具有天然樱桃香气，因而受到美国市场的欢迎。苦杏仁油主要产自美国、法国、意大利，且产量不断增加，目前年产量达到 100t。苦杏仁含油量仅为 0.6%（质量分数），很少进行精油提取；杏仁含油量为 1.2%（质量分数），是制备精油的主要材料。

2. 主要成分

苦杏仁油主要成分，如表 3-4 所示。

表 3-4　苦杏仁油的主要成分

成分	含量（质量分数）	香气特征
苯甲醛	97.5%	苦杏仁香气
氢氰酸	2%	苦杏仁香气

由于氢氰酸有剧毒，使用前需除去精油中所含的氢氰酸。

商业上常用合成苯甲醛掺假苦杏仁油，但可以通过同位素^{13}C与^{12}C的比率进行鉴别。

3. 主要用途

苦杏仁油是用于调配苦杏仁或樱桃香气的天然香精，主要用于焙烤食品和软饮料，也用于苹果、李、樱桃、桃、开心果等香型的糖果。在欧洲，苦杏仁油主要用于杏仁软糖（马齐浜糖）和杏仁酪。按 FAO/WHO（1984）规定，可用于各种热带水果沙拉罐头和什锦水果罐头。

4. 安全管理

苦杏仁油在香精中的使用没有法规限制。FEMA GRAS 编号为 2046，欧洲委员会将其标注为允许使用产品，GB 2760—2014《食品安全国家标准 食品添加剂使用标准》批准为允许使用的食品香料。

四、苦橙油（Bitter Orange Oil）

1. 植物原料

酸橙（*Citrusauranthium* L.）为苦橙油的原料。苦橙油年产量 30t，主要产地为西印度群岛，采用冷压法处理酸橙的得油率约 0.4%。

2. 主要成分

苦橙油的主要成分，如表 3-5 所示。

表 3-5　苦橙油的主要成分

成分	含量（质量分数）	香气特征
柠檬烯	93%	香气弱、明亮透发、柑橘香气
癸醛	0.2%	香气强烈、蜡香、香橙香气
芳樟醇	0.2%	明亮透发、薰衣草香气

通过加入甜橙油，很容易对苦橙油掺假。

3. 主要用途

少量苦橙油加到甜橙油中，可产生一种非常有吸引力的效果。苦橙油广泛用于滋补饮料香料，也可以少量使用在其他天然香料的调配中，特别是用于杏子香气的调配。

4. 安全管理

苦橙油在香精中的使用没有法规限制。FEMA GRAS 编号为 2023，欧委会将其标注为允许使用产品，GB 2760—2014《食品安全国家标准 食品添加剂使用标准》批准其为允许使用的食品香料。

五、黑加仑花蕾净油（Blackcurrant Buds Absolute）

1. 植物原料

黑茶藨子（*Ribes nigrum*），又名黑穗醋栗、黑加仑、黑豆果，主要生长于塔斯马尼亚岛（澳大利亚东南部岛屿），有一些提取物在法国生产。用已烷浸提黑加仑芽制备浸膏的得率为3%，浸膏中净油提取率为80%。净油中含挥发性油含量为13%，不能直接用于产品。

2. 主要成分

黑加仑花蕾净油主要成分，如表3-6所示。

表3-6　黑加仑花蕾净油的主要成分

成分	含量（质量分数）	香气特征
δ-3-蒈烯	14%	草药气息
石竹烯	10%	辛香、木香
松油烯-4-醇	4%	强烈的草木气息、肉豆蔻香气
4-甲氧基-2-甲基-2-巯基丁酮	0.2%	浓郁的黑加仑香气、猫样的气息

由于很容易被发现，因此这种浸膏很少掺假。黑加仑花蕾浸膏在香精中溶解度很低，主要以净油的方式使用。

3. 主要用途

黑加仑浸膏、净油广泛应用于天然黑加仑香精的配制，在其他具有“猫样的气息”的天然果香香精中也有独特的作用，如葡萄、桃子香精的调配。

4. 安全管理

黑加仑花蕾净油在香精中的使用没有法规限制。FEMA GRAS 编号为2346，欧洲委员会将其标注为允许使用产品，GB 2760—2014《食品安全国家标准　食品添加剂使用标准》批准其为允许使用的食品香料。

六、波罗尼花净油（Boronia Absolute）

1. 植物原料

大柱波罗尼（*Boronia megastigma*）可生产小批量净油制品，主要产地为塔斯马尼亚岛（澳大利亚东南部岛屿）。用已烷浸提其花朵制备浸膏，得率为0.7%；由浸膏制备净油的得率为60%，制备挥发性油得率为20%。但是波罗尼花净油的供应量很少，市场上难以找到。

2. 主要成分

波罗尼花净油主要成分，如表3-7所示。

表3-7　波罗尼花净油的主要成分

成分	含量（质量分数）	香气特征
β-紫罗兰酮	38%	花香、紫罗兰香气
茉莉酮酸甲酯	4%	强烈的花香、茉莉香气

波罗尼花净油常有掺假现象，但很容易通过气相色谱检测。

3. 主要用途

波罗尼花净油的独特香气极具吸引力，非常适合天然果类香料的调配，尤其适用于制备天然覆盆子香料。

4. 安全管理

在香精中的使用没有法规限制。FEMA GRAS 编号为 2167，欧洲委员会将其标注为允许使用产品，GB 2760—2014《食品安全国家标准　食品添加剂使用标准》批准其为允许使用的食品香料。

七、布枯叶油（Buchu Leaf Oil）

1. 植物原料

布枯树（*Barosma betulina*）、红景天（*Rhodiola crenulata*）为布枯叶油的原料。布枯叶油年产量约 1t，主要产自南非。水汽蒸馏布枯叶得油率为 2.2%。主要市场在欧洲，而且需求量正不断增加。

2. 主要成分

布枯叶油主要成分，如表 3-8 所示。

表 3-8　　布枯叶油的主要成分

成分	含量（质量分数）	香气特征
布枯樟脑	20%	香气弱、薄荷香气
薄荷酮	18%	浓郁的草青、薄荷香气
8-巯基薄荷酮	0.5%	黑加仑似的芳香气息

3. 主要用途

布枯叶油很难掺假。由于具有黑加仑似的香味，产品价格昂贵，广泛应用于天然香精的调配，特别是黑加仑、葡萄、桃子和百香果等香精。黑加仑香精调配中加入过多的布枯叶油，会突出香精中的薄荷香气。

4. 安全管理

布枯叶油在香精中的使用没有法规限制。FEMA GRAS 编号为 2169，欧洲委员会将其标注为允许使用产品，GB 2760—2014《食品安全国家标准　食品添加剂使用标准》批准其为允许使用的食品香料。

八、小豆蔻油（Cardamom Oil）

1. 植物原料

豆蔻（*Elettaria cardamomum*）为小豆蔻油的原料。小豆蔻油年产量约 8t，主要产地为危地马拉、印度和斯里兰卡。水汽蒸馏小豆蔻籽得油率 6%。

2. 主要成分

小豆蔻油主要成分，如表 3-9 所示。

表 3-9　小豆蔻油的主要成分

成分	含量（质量分数）	香气特征
乙酸松油酯	37%	水果、青草、柑橘香气
1,8-桉叶素	34%	新鲜的桉树香气

3. 主要用途

小豆蔻油容易掺假，掺杂后的香气更像桉树香而不是豆蔻。小豆蔻油在调味料中非常有用，少量可用于茶香精的调配。

4. 安全管理

小豆蔻油在香精中的使用没有法规限制。FEMA GRAS 编号为 2241，欧洲委员会将其标注为允许使用产品，GB 2760—2014《食品安全国家标准　食品添加剂使用标准》批准其为允许使用的食品香料。

九、肉桂油（Cassia Oil）

1. 植物原料

肉桂（*Cinnamonum cassia*）为肉桂油的原料。肉桂油年产量约 500t，主要来自中国大陆，少量产于中国台湾、印度尼西亚、越南。采用水汽蒸馏肉桂叶、树枝和下皮，出油率为 0.3%。尽管难以预测中国大陆年产量，但可知肉桂油需求量每年仍在稳步增长。美国年需求量占世界市场总量的 56%，日本为 25%，西欧为 11%。

2. 主要成分

肉桂油主要成分，如表 3-10 所示。

表 3-10　肉桂油的主要成分

成分	含量（质量分数）	香气特征
肉桂醛	81%	强烈的桂皮油和肉桂油的香气、温和的辛香气息
邻甲氧基肉桂醛	11%	辛香、发霉气息
乙酸肉桂酯	6%	甜香、香脂香气
苯甲醛	1%	苦杏仁气息
肉桂酸乙酯	0.4%	膏香、果香
水杨醛	0.2%	辛香、酚香
香豆素	0.2%	甜香、干草气息

其中，香豆素被怀疑为有毒成分；肉桂醛为肉桂油的特征香气物质；邻甲氧基肉桂

醛是分辨肉桂油和桂皮油的特征化合物。进口的肉桂油往往是粗产品，需要重新蒸馏以提高香气品质并除去金属离子杂质。商业掺假通过加入肉桂醛来实现，但可简单地通过气相色谱鉴别。

3. 主要用途

以其自身特性，肉桂油在香料工业中扮演着独特的角色。它是传统可乐饮料香精的重要组成部分，也可用于糖果香精的调配，有时与辣椒油树脂配合使用。在其他天然香精，例如樱桃、香草和坚果香精中也经常使用。

4. 安全管理

在香精中的使用没有法规限制。FEMA GRAS 编号为 2258，欧洲委员会将其标注为允许使用产品，GB 2760—2014《食品安全国家标准　食品添加剂使用标准》批准其为暂时允许使用的食品香料。

十、桂皮油（Cinnamon Oil）

1. 植物原料

锡兰肉桂（*Cinnamonum zeylanicum*）为桂皮油的原料。从这种锡兰肉桂可以得到两种精油，肉桂叶油和桂皮油。肉桂叶油主要产自斯里兰卡（年产量 90t），在印度（8t）和塞舌尔（1t）也有生产；桂皮油年产量只有 5t，主产地也在斯里兰卡（2t）。肉桂叶得油率为 1%、桂皮得油率为 0.5%。肉桂油目前市场需求量正不断下降，主要市场在西欧（50%）和美国（33%）。

2. 主要成分

肉桂叶油主要成分，如表 3-11 所示。

表 3-11　　肉桂叶油的主要成分

成分	含量（质量分数）	香气特征
丁香酚	80%	浓郁、温暖、丁香气味
石竹烯	6%	辛香、木香香气
肉桂醛	3%	强烈的桂皮油和肉桂油的香气、温和的辛香气息
异丁香酚	2%	甜的、康乃馨香气
芳樟醇	2%	明亮透发、薰衣草香气
乙酸肉桂酯	2%	甜香、香脂香气

桂皮油主要成分，如表 3-12 所示。

表 3-12　　桂皮油的主要成分

成分	含量（质量分数）	香气特征
肉桂醛	76%	强烈的桂皮油和肉桂油的香气、温和的辛香气息

续表

成分	含量（质量分数）	香气特征
乙酸肉桂酯	5%	甜香、香脂香气
丁香酚	4%	浓郁、温暖、丁香气味
石竹烯	3%	辛香、木香香气
芳樟醇	2%	明亮透发、薰衣草香气
α-松油醇	0.7%	甜香、花香、丁香气味
香豆素	0.7%	甜的干草气息
1,8-桉叶素	0.6%	新鲜的桉树香气
松油烯-4-醇	0.4%	强烈的草青气、肉豆蔻香气

其中，香豆素被认为有毒化合物。

3. 主要用途

丁香酚是肉桂叶油的主要香气成分，但桂皮油香气来自上述化合物的混合作用。作为替代丁香油，肉桂叶油用于调味品中，呈现出类似丁香油的香气；有时与肉桂醛结合使用，用于掺假桂皮油的制备。桂皮油通常用于高档食用香精，偶尔出现在天然香精制备中。

4. 安全管理

肉桂叶油和桂皮油在香精中的使用没有法规限制。FEMA GRAS 编号为 2292（肉桂叶）和 2291（桂皮），欧洲委员会将其标注为允许使用产品，GB 2760—2014《食品安全国家标准　食品添加剂使用标准》批准其为暂时允许使用的食品香料。

十一、丁香油（Clove Oil）

1. 植物原料

丁香（*Eugenia caryophyllata*）为丁香油原料。全世界丁香叶油年产量约 2000t，主要来自马达加斯加（900t），印度尼西亚（850t），坦桑尼亚（200t），另外斯里兰卡、巴西也是重要产地。丁香茎油年产量仅 100t，主要产地为坦桑尼亚、马达加斯加、印度尼西亚。丁香花蕾油年产量约 50t，主要产地为马达加斯加。由丁香叶和嫩枝生产丁香叶油的得率为 2%，丁香花蕾的得油率为 15%。丁香油需求稳定，主要市场为北美和西欧。

2. 主要成分

丁香油主要成分，如表 3-13 所示。

表 3-13　　丁香油的主要成分

成分	含量（质量分数）	香气特征
丁香酚	81%	强烈、温暖、丁香气息

续表

成分	含量（质量分数）	香气特征
石竹烯	15%	辛香、木香
α-律草烯	2%	木香
乙酸丁香酚酯	0.5%	温暖、辛香

从丁香茎和花蕾中所得精油的相同成分的含量，如表 3-14 所示。

表 3-14 丁香茎油和丁香花蕾油中的相同成分

成分	丁香茎油（质量分数）	丁香花蕾油（质量分数）
丁香酚	93%	82%
石竹烯	3%	7%
α-律草烯	0.3%	1%
乙酸丁香酚酯	2%	7%

来自丁香叶、茎和花蕾的三种精油，花蕾油香气最好，同时价格最贵，常用丁香茎油代替花蕾油，丁香叶油香气稍好于天然丁香酚。商业花蕾油掺假往往通过添加茎油、叶油、丁香酚和茎油萜来实现，但可通过气相色谱鉴定。

3. 主要用途

丁香油主要用于食用香精，也可以用于天然香精的制备，具有香蕉特征香气，可用于黑莓、樱桃和烟草香精底韵的调配。

4. 安全管理

丁香油在香精中的使用没有法规限制。丁香花蕾油的 FEMA GRAS 编号为 2323，丁香叶油的 FEMA GRAS 编号为 2325，丁香茎油的 FEMA GRAS 编号为 2328；欧洲委员会将其标注为允许使用产品；GB 2760—2014《食品安全国家标准　食品添加剂使用标准》批准其为允许使用的食品香料。

十二、芫荽油（Coriander Oil）

1. 植物原料

芫荽（*Coriandrum sativum*）为芫荽油的原料。芫荽籽油年产量约 700t，主产地在俄罗斯，在巴尔干半岛、印度、埃及、罗马尼亚，南非和波兰也有少量生产；芫荽叶油主要产地为法国、俄罗斯，埃及也有少量生产。采用水汽蒸馏法处理芫荽籽的得油率为 0.9%，而处理新鲜芫荽叶的得油率只有 0.2%。芫荽油市场需求缓慢增长，主要市场在美国。

2. 主要成分

芫荽籽油主要成分，如表 3-15 所示。

表 3-15 芫荽籽油的主要成分

成分	含量（质量分数）	香气特征
芳樟醇	74%	明亮透发、薰衣草香气
γ-松油烯	6%	明亮透发、柑橘气息、草本香气
樟脑	5%	新鲜、有樟脑样香气
α-蒎烯	3%	明亮透发、松木香气
对伞花烃	2%	明亮透发、柑橘气息
柠檬烯	2%	香气弱、明亮透发、柑橘气息
乙酸香叶酯	2%	果香、花香、玫瑰香气

芫荽叶油主要成分，如表 3-16 所示。

表 3-16 芫荽叶油的主要成分

成分	含量（质量分数）	香气特征
2-癸烯醛	10%	强烈的橘橙香气

芫荽籽油掺假通过添加合成芳樟醇实现，但可采用气相色谱进行鉴定。

3. 主要用途

芫荽籽油广泛用于香精的制备、传统酒精饮料的调配，尤其是在杜松子酒中，同时也广泛用于肉类调味品以及和咖喱混合。芫荽油是天然水果香气中芳樟醇的重要来源，特别是在杏的香气中。芫荽油广泛应用于南亚食用香精、调味品配方中，呈现出独特的天然柑橘香气，为天然食品香精提供一种独特的柑橘气息。

4. 安全管理

芫荽油在香精中的使用没有法规限制。FEMA GRAS 编号为 2334，欧洲委员会将其标注为允许使用产品，GB 2760—2014《食品安全国家标准　食品添加剂使用标准》批准其为允许使用的食品香料。

十三、薄荷油（Cornmint Oil）

1. 植物原料

薄荷（*Mentha arvensis*）为薄荷油原料。薄荷油有时也被错误地称为中国薄荷油，年产量约 7100t，其中薄荷脑油 2800t、薄荷素油 4300t。中国的产量占世界总产量的 65%，其余部分主要来自印度。水汽蒸馏干薄荷的得油率约为 2.5%。廉价的合成薄荷脑降低了薄荷油在美国、西欧和日本等主要市场的需求量。

2. 主要成分

薄荷素油主要成分，如表 3-17 所示。

表 3-17 薄荷素油的主要成分

成分	含量（质量分数）	香气特征
左旋薄荷醇	35%	清凉、明亮透发，薄荷香气
左旋薄荷酮	30%	浓烈的草药、薄荷香气
异薄荷酮	8%	浓烈的草药、薄荷香气
柠檬烯	5%	清淡、明亮透发、柑橘类香气
左旋乙酸薄荷酯	3%	香气弱、雪松、薄荷香气
薄荷酮	3%	药草香、薄荷香气
3-辛醇	1%	药草香、油脂气

明亮透发薄荷油中含 1%（质量分数）胡薄荷酮（具有与薄荷相似的香气），被认为有毒。通过精馏去除粗制薄荷油前后的馏分，仔细调和精馏馏分，可以去除粗劣刺鼻的薄荷气息，但其吸引力仍不如椒样薄荷油。薄荷油掺假在商业上缺乏吸引力。

3. 主要用途

薄荷油的应用很广泛，有时与椒样薄荷油混合使用。两种油混合使用时，比单独使用椒样薄荷油更有价格优势。

4. 安全管理

欧洲委员会限制胡薄荷酮在薄荷油中的浓度范围为：食品中用量为 25 mg/L，薄荷糖果中用量为 350mg/L。

十四、枯茗籽油（Cumin Seed Oil）

1. 植物原料

孜然（*Cuminium cyminum*）为枯茗籽油原料。枯茗籽油年产量约 12t，主要产自伊朗、西班牙、埃及。水汽蒸馏法处理孜然籽的得油率为 3%。主要应用市场在欧洲，需求稳定。

2. 主要成分

枯茗籽油主要成分，如表 3-18 所示。

表 3-18 枯茗籽油的主要成分

成分	含量（质量分数）	香气特征
枯茗醛	33%	甜香、辛香和莳萝香气

由于枯茗籽油的一些重要成分难以通过化学合成，掺假非常困难。

3. 主要用途

枯茗籽油主要用于调味料，特别是咖喱调味料，也用于天然柑橘和一些果香香精的调配。

4. 安全管理

枯茗籽油在香精中的使用没有法规限制。FEMA GRAS 编号为 2343，欧洲委员会将其标注为允许使用产品，GB 2760—2014《食品安全国家标准　食品添加剂使用标准》批准其为允许使用的食品香料。

十五、印蒿油（Davana Oil）

1. 植物原料

印蒿（*Artemisia pallens*）为印蒿油原料。印蒿油在印度年产量为 2t。水汽蒸馏法处理印蒿叶得油率为 0.4%。欧洲和美国主要市场需求不断增加。

2. 主要成分

印蒿油主要成分，如表 3-19 所示。

表 3-19　印蒿油的主要成分

成分	含量（质量分数）	香气特征
印蒿酮	40%	甜香、浆果香气

印蒿油常常出现掺假情况，但在不改变特征香气的情况下，掺假非常困难。

3. 主要用途

印蒿油具有特殊的果香、浆果香气，在香料工业以外少有人知道。主要应用于浆果型天然香料的调配，特别是覆盆子型天然香料。

4. 安全管理

印蒿油在香精中的使用中没有法规限制。FEMA GRAS 编号为 2359，欧洲委员会将其标注为允许使用产品，GB 2760—2014《食品安全国家标准　食品添加剂使用标准》批准其为允许使用的食品香料。

十六、莳萝油（Dill Oil）

1. 植物原料

莳萝（*Anethum graveolens*）为莳萝油原料。全世界年产莳萝草精油约 140t，其中美国产量约 70t、匈牙利产量约 35t、保加利亚产量约 20t，俄罗斯和埃及皆有少量生产。世界年产莳萝籽油 2.5t，主要来自俄罗斯、匈牙利、波兰、保加利亚和埃及。水汽蒸馏法处理莳萝全草的得油率为 0.7%，莳萝籽的得油率为 3.5%。主要应用市场在美国。

2. 主要成分

莳萝油主要成分，如表 3-20 所示。

表 3-20　莳萝油的主要成分

成分	含量（质量分数）	香气特征
右旋香芹酮	35%	暖香、留兰香、葛缕子香

续表

成分	含量（质量分数）	香气特征
α-水芹烯	25%	明亮透发、清新、胡椒气息
柠檬烯	25%	香气弱、明亮透发、柑橘类香气

莳萝草油可以用蒸馏橙萜掺假，但可以用气相色谱鉴别。

3. 主要用途

莳萝油主要用于调味料，部分用于泡菜。

4. 安全管理

莳萝油在香精中的使用没有法规限制。FEMA GRAS 编号为 2383，欧委会将其标注为允许使用产品，GB 2760—2014《食品安全国家标准　食品添加剂使用标准》批准其为允许使用的食品香料。

十七、桉叶油（Eucalyptus Oil）

1. 植物原料

蓝桉（*Eucalyptus globus*）为桉叶油原料。桉叶油年产量约 5000t，主要来自中国樟脑油的分馏馏分，而葡萄牙、南非和西班牙真正的桉叶油产量正在不断下降。中国每年从樟脑油的分馏馏分中得到 400t 桉叶油。水汽蒸馏法处理蓝桉叶的得油率为 1.5%。桉叶素型桉叶油需求量正稳步增长，主要应用市场在西欧（市场份额 60%）和美国（市场份额约 20%）。

2. 主要成分

桉叶油主要成分，如表 3-21 所示。

表 3-21　　桉叶油的主要成分

成分	含量（质量分数）	香气特征
1,8-桉叶素	75%	清新、桉叶香气
α-蒎烯	10%	明亮透发、松木香气
对伞花烃	2%	明亮透发、柑橘香气
柠檬烯	2%	明亮透发、微弱的柑橘香气

由于大量桉叶素的存在，桉叶油一般以固态形式存在。

3. 主要用途

桉叶油与薄荷油、茴香油混合使用，呈现出新鲜明亮、略带药香韵的香气，少量应用于如黑加仑天然香料的调配。

4. 安全管理

桉叶油在香精中的使用没有法规限制。FEMA GRAS 编号为 2466，欧洲委员会将其标注为允许使用产品，GB 2760—2014《食品安全国家标准 食品添加剂使用标准》批准其为允许使用的食品香料。

十八、大蒜油（Garlic Oil）

1. 植物原料

大蒜（*Allium sativum*）为大蒜油原料。大蒜油年产量约40t，主要来自中国，年产量约30t，其次是墨西哥。水汽蒸馏法处理蒜头的得油率约0.1%。主要市场在法国和西班牙，目前需求量正稳步增长。

2. 主要成分

大蒜油主要成分，如表3-22所示。

表3-22 大蒜油的主要成分

成分	含量（质量分数）	香气特征
二烯丙基二硫醚	30%	强烈的大蒜气味
大蒜素	15%	强烈、浓郁的大蒜气味
二烯丙基硫醚	15%	强烈、新鲜的大蒜气味

常用天然等同原料对大蒜油掺假，但可以用气相色谱鉴定。

3. 主要用途

主要用于调味料，少量用于含硫黄香气天然香料的调配。

4. 安全管理

大蒜油在香精中的使用没有法规限制。FEMA GRAS编号为2503，欧洲委员会将其标注为允许使用产品，GB 2760—2014《食品安全国家标准 食品添加剂使用标准》批准其为允许使用的食品香料。

十九、香叶油（Geranium Oil）

1. 植物原料

香叶天竺葵（*Pelargonium graveolens*）为香叶油原料。香叶油年产量约200t，主要产地为中国和埃及。水汽蒸馏处理花朵的得油率约0.1%；采用己烷浸提法浸膏得率为0.2%，从浸膏中提取净油得率为65%。

2. 主要成分

香叶油主要成分，如表3-23所示。

表3-23 香叶油的主要成分

成分	含量（质量分数）	香气特征
香茅醇	32%	新鲜、花香、玫瑰香气

续表

成分	含量（质量分数）	香气特征
香叶醇	12%	甜香、花香、玫瑰香气
异薄荷酮	6%	浓烈的草药香、薄荷香气

3. 主要用途

作为土耳其玫瑰油的廉价替代品，香叶油可用作糖果香料，但用量太大会使薄荷香气太突出；它也应用于天然果味香料，尤其是黑加仑香料，用于天然果味香料时薄荷香气不会造成影响。

4. 安全管理

香叶油在香精中的使用没有法规限制。FEMA GRAS 编号为 2508，欧洲委员会将其标注为允许使用产品，GB 2760—2014《食品安全国家标准　食品添加剂使用标准》批准其为允许使用的食品香料。

二十、生姜油（Ginger Oil）

1. 植物原料

姜（*Zingiber officinale*）为生姜油原料。生姜油年产量约 155t，主要产地为中国和印度，少量产于斯里兰卡、牙买加、澳大利亚和南非。姜主要从欧洲和美国进口。水汽蒸馏处理干姜的得油率为 2%。目前市场需求不断下降，主要应用市场在西欧、美国和日本。

2. 主要成分

生姜油主要成分，如表 3-24 所示。

表 3-24　　生姜油的主要成分

成分	含量（质量分数）	香气特征
姜烯	35%	温暖、木香
芳姜黄烯	10%	木香
β-倍半水芹烯	10%	木香
红没药烯	8%	木香、脂香
莰烯	6%	樟脑、明亮透发
β-水芹烯	3%	明亮透发、清新、胡椒香气
1,8-桉叶素	2%	清新、桉叶香气
醋酸冰片酯	0.5%	樟脑气息、壤香、果香
芳樟醇	0.5%	明亮透发、薰衣草香气
香叶醛	0.3%	柠檬香气

续表

成分	含量（质量分数）	香气特征
橙花醛	0.2%	柠檬香气
2-壬酮	0.2%	辛辣、蓝干酪香气
癸醛	0.1%	强烈、蜡香、香橙香气

产于澳大利亚的生姜油，含有较多的香叶醛和橙花醛。脱萜生姜油在软饮料中的溶解度会提高，但这种精油是用不同的精馏馏分混合而成的，香气强度和特征变化很大。商品生姜油很少掺假。

3. 主要用途

生姜油大量用于软饮料调配，少量用于面包、糖果香精的配制。生姜油缺乏松脂辣味特征香气，生产上往往两种精油混合使用。少量生姜油也可用于覆盆子型天然香料的调配。

4. 安全管理

生姜油在香精中的使用没有法规限制。FEMA GRAS 编号为 2522，欧洲委员会将其标注为允许使用产品，GB 2760—2014《食品安全国家标准　食品添加剂使用标准》批准其为允许使用的食品香料。

二十一、圆柚油（Grapefruit Oil）

1. 植物原料

葡萄柚（*Citrus paradisi*）为圆柚油原料。圆柚油全世界年产量约 700t，主要产地为美国、以色列，其次为阿根廷和巴西。冷压法处理葡萄柚皮出油率为 0.4%。主要市场在美国，需求稳定。

2. 主要成分

圆柚油主要成分，如表 3-25 所示。

表 3-25　圆柚油的主要成分

成分	含量（质量分数）	香气特征
柠檬烯	90%	淡甜味、典型橘类香气
月桂烯	2%	清淡、未熟芒果香气
辛醛	0.5%	强烈、清新、香橙皮香气
癸醛	0.4%	强烈、蜡香、香橙皮香气
芳樟醇	0.3%	明亮透发、薰衣草香气
诺卡酮	0.2%	强烈、香橙皮气息、柚香
香茅醛	0.1%	强烈、柑橘、青香

续表

成分	含量（质量分数）	香气特征
香叶醛	0.1%	柠檬香气
橙花醛	0.1%	柠檬香气
β-甜橙醛	0.02%	强烈、香橙果酱香气

圆柚油香气类似于橙油，而不是葡萄柚香气。诺卡酮是常用于鉴别圆柚油的重要指标。果汁浓缩可得到少量圆柚净油，这种净油更有新鲜果汁的特征香气，但对氧气不稳定。浓缩、脱萜，结合萃取分离，解决了净油易氧化、难溶解的问题，但所得产品与圆柚油香气不太像。可用橙萜掺假圆柚油，但真正的圆柚油有令人难忘的柑橘香气，采用气相色谱比香气评定更易鉴定。

3. 主要用途

圆柚油广泛应用于具有圆柚特征香气精油的配制，有时与柑橘香料混合使用。通过添加天然等同精油（猫样的气息、青香、果汁香气）可以调配圆柚香料，许多香料产品属于这种类型。

4. 安全管理

圆柚油在香精中的使用没有法规限制。FEMA GRAS 编号为 2530，欧洲委员会将其标注为允许使用产品，GB 2760—2014《食品安全国家标准　食品添加剂使用标准》批准其为允许使用的食品香料。

二十二、茉莉浸膏和净油（Jasmine Concrete and Absolute）

1. 植物原料

茉莉花（*Jasminum officinale*）为茉莉浸膏和净油原料。茉莉浸膏和净油年产量约10t，主要产地为墨西哥、埃及和意大利。采用己烷浸提茉莉花朵，制备浸膏的得率为0.3%，用乙醇萃取浸膏，制备净油的得率为50%。净油由于溶解度非常好，可直接用于香精的调配。主要市场在欧洲、美国，且需求量不断增长。

2. 主要成分

茉莉花净油主要成分，如表 3-26 所示。

表 3-26　茉莉花净油的主要成分［16%（质量分数）浸膏］

成分	含量（质量分数）	香气特征
乙酸苄酯	11%	果香、花香
芳樟醇	3%	明亮透发、薰衣草香气
顺式茉莉酮	1.4%	药草香
茉莉酮酸甲酯	0.9%	强烈花香、茉莉香气
吲哚	0.5%	强烈的动物气息

茉莉净油经常出现掺杂，掺假复杂程度很高。采用气相色谱能够分析重要组分的浓度变化。

3. 主要用途

茉莉净油具有清新的茉莉花香特征香气，是天然果味香料调配的重要成分，尤其在草莓、覆盆子香料中。

4. 安全管理

茉莉净油在香精中的使用没有法规限制。FEMA GRAS 编号为 2598，欧洲委员会将其标注为允许使用产品，GB 2760—2014《食品安全国家标准　食品添加剂使用标准》批准其为允许使用的食品香料。

二十三、杜松籽油（Juniperberry Oil）

1. 植物原料

欧洲刺柏（*Juniperus communis*）为杜松籽油原料。杜松籽油年产量 12t，主要产地为克罗地亚。水汽蒸馏处理杜松果，得油率为 1.2%。

2. 主要成分

杜松籽油主要成分，如表 3-27 所示。

表 3-27　杜松籽油的主要成分

成分	含量（质量分数）	香气特征
α-蒎烯	34%	明亮透发、松木香气

3. 主要用途

杜松籽油常与芫荽油及其他精油一起使用，用于生产杜松子酒香料。

4. 安全管理

杜松籽油在香精中的使用没有法规限制。FEMA GRAS 编号为 2604，欧委会将其标注为允许使用产品，GB 2760—2014《食品安全国家标准　食品添加剂使用标准》批准其为允许使用的食品香料。

二十四、柠檬草油（Lemongrass Oil）

1. 植物原料

曲序香茅（*Cymbopogon flexuosus*）和柠檬草（*Cymbopogon citratus*）是柠檬草油原料。曲序香茅又称东印度柠檬草，原产于南非；柠檬草主要种植于中美洲和南美洲，又称为西印度柠檬草。柠檬草油年产量 10t，主要产于印度和中国，其次是危地马拉、巴西、斯里兰卡、海地和俄罗斯。水汽蒸馏处理柠檬草干草的得油率为 0.5%。由于山苍子油作为天然柠檬醛的来源，柠檬草油需求量不断降低。主要市场在西欧（30%）、美国（20%）和俄罗斯（20%）。

2. 主要成分

东印度柠檬草油主要成分，如表 3-28 所示。

表 3-28　　东印度柠檬草油的主要成分

成分	含量（质量分数）	香气特征
香叶醛	40%	柠檬香气
橙花醛	30%	柠檬香气
香叶醇	7%	果香、花香、玫瑰香气
乙酸香叶酯	4%	果香、花香、玫瑰香气
柠檬烯	2%	明亮透发、清淡、柑橘香气
石竹烯	1.4%	辛香、木香
甲基庚烯酮	1.1%	辛辣、果香、草本香
芳樟醇	0.9%	明亮透发、薰衣草香气
香茅醛	0.5%	强烈、柑橘、青香

山苍子油出现以前，柠檬草油是天然柠檬醛的主要来源。从柠檬草油分馏得来的其他精油组分也带有特征香气。若掺杂合成的柠檬醛可通过气相色谱检测。

3. 主要用途

柠檬醛用于配制柠檬香料。一些传统柠檬水香料需要通过香茅来修饰特征香气，用少量柠檬油与合成柠檬醛配制可得。

4. 安全管理

柠檬草油在香精的使用没有法规限制。FEMA GRAS 编号为 2624，欧洲委员会将其标注为允许使用产品，GB 2760—2014《食品安全国家标准　食品添加剂使用标准》批准其为允许使用的食品香料。

二十五、柠檬油（Lemon Oil）

1. 植物原料

柠檬（*Citrus limon*）是柠檬油原料。柠檬油年产量约 3600t，主要产地为阿根廷、美国和意大利，其次在巴西、科特迪瓦、希腊、西班牙、以色列、塞浦路斯、澳大利亚、秘鲁、几内亚、印度尼西亚、委内瑞拉和智利。一般采用冷压法处理柠檬皮，得油率为 0.4%。水汽蒸馏法所得的柠檬精油的价格更低，但品质不够好，主要用于制备无萜精油。果汁浓缩时也可以得到少量柠檬汁油。来源植物的种类不同会影响柠檬油的品质，但是引起精油特征香气不同的更重要的原因在于不同地区的不同的地形、气候和产油方式。产于西西里岛的精油有最好的香气。市场对柠檬油的需求稳步增长，欧洲占 40%，美国占 35%，日本占 8%。

2. 主要成分

柠檬皮油主要成分，如表 3-29 所示。

表 3-29　　冷压法得到柠檬皮油的主要成分

成分	含量（质量分数）	香气特征
柠檬烯	63%	香气弱、明亮透发、柑橘香气
β-蒎烯	12%	明亮透发、松木香气
γ-松油烯	9%	明亮透发、柑橘、草本香气
香叶醛	1.5%	柠檬香气
橙花醛	1.0%	柠檬香气
乙酸橙花酯	0.5%	果香、花香和玫瑰样香气
乙酸香叶酯	0.4%	果香、花香和玫瑰样香气
香茅醛	0.2%	强烈、柑橘、青香
芳樟醇	0.2%	明亮透发、薰衣草香气
壬醛	0.1%	强烈甜橙皮香气

美国柠檬油中柠檬醛（香叶醛和橙花醛）的含量低于正常水平，这种油含有独特的香气。冬季生产的柠檬油品质优于夏季产品，价格高出约 15%。生产方式同样影响精油质量，压榨精油的香气更好，是一种新鲜的柠檬香气，其颜色根据柠檬的成熟度从黄绿色渐变到黄橙色，价格比冷磨精油平均高 15%。冷磨精油品质差，有草香气息，精油颜色随着季节的变换从深绿色、黄色渐变至黄色、棕色。

3. 主要用途

含有萜烯碳氢化合物的精油不溶于水，且易氧化，通过萃取、浓缩、脱萜工艺可生产出稳定性好、溶解性好的无萜精油。无萜精油能呈现出自然的柠檬香气特征，可用于配制软饮料。掺杂蒸馏油和萜烯的冷压柠檬油可以通过色谱分析鉴别。柠檬油得到了广泛应用，但是柠檬汁油应用并不广泛。这是由于柠檬汁油不含有吸引人的新鲜柑橘特征香气，但可通过添加天然等同组分模拟新鲜果汁香韵。柠檬油也可用于其他香料的调配，如奶油、菠萝、香蕉等。

4. 安全管理

柠檬油在香精中的使用没有法规限制。FEMA GRAS 编号为 2625，欧洲委员会将其标注为允许使用产品，GB 2760—2014《食品安全国家标准　食品添加剂使用标准》批准其为允许使用的食品香料。

二十六、白柠檬油（Lime Oil）

1. 植物原料

来檬（*Citrus aurantifolia*）为白柠檬油原料。水汽蒸馏白柠檬油年产约 1000t，主要产地为墨西哥、秘鲁、海地，其次有巴西、古巴、科特迪瓦、多米尼加共和国、危地马拉、牙买加、加纳、斯威士兰和中国。冷压法年产 160t，其中巴西 90t、美国 40t、墨西哥 25t，剩余产量来自牙买加。其中，巴西酸橙油年产量为 10t 左右。来檬皮得油率为 0.1%，市场需求不断增长。主要应用市场在美国（67%）、英国（10%）。

2. 主要成分

白柠檬油主要成分，如表 3-30、表 3-31 所示。

表 3-30　　水汽蒸馏白柠檬油的主要成分

成分	含量（质量分数）	香气特征
柠檬烯	52%	明亮透发、香气弱、柑橘香气
γ-松油烯	8%	明亮透发、柑橘、草本香气
α-松油醇	7%	甜香、花香、丁香香气
异松油烯	5%	清新、松木香
对伞花烃	5%	明亮透发、柑橘香气
1,4-桉叶素	3%	新鲜的桉树香气
1,8-桉叶素	2%	新鲜的桉树香气
β-蒎烯	2%	明亮透发、松木香气
红没药烯	1%	木香、香脂香气
葑醇	0.7%	樟脑、壤香、酸橙香
松油烯-4-醇	0.7%	强烈的草本、肉豆蔻香气
龙脑	0.5%	樟脑、壤香、松木香
2,2,6-三甲基-6-乙烯基四氢吡喃	0.4%	明亮透发、酸橙香

表 3-31　　冷压白柠檬油的主要成分

成分	含量（质量分数）	香气特征
柠檬烯	45%	明亮透发、香气弱、柑橘香气
β-蒎烯	14%	明亮透发、松木香气
γ-松油烯	8%	明亮透发、柑橘、草本香气
香叶醛	3%	柠檬香气
橙花醛	2%	柠檬香气

水汽蒸馏所得白柠檬油明显不同于冷压法所得的白柠檬油，这是由于蒸馏可能导致产物酸化。蒸馏导致大部分柠檬醛（香叶醛、橙花醛）氧化变质，与之相应的原始、新鲜的柠檬皮特征香气会随之减少，取而代之的紫丁香、松木香、樟脑气息、壤香混合而成的特征香气，通常被认为是白柠檬油的特征香气。脱萜白柠檬油在软饮料中的溶解度

提高。对白柠檬油掺杂造假通常是向酸橙萜烯中添加合成松油醇、异松油烯和其他成分。但可以轻易通过嗅辨、气相色谱检测判断精油品质。

3. 主要用途

水汽蒸馏白柠檬油是可乐香料的主要成分，也可用于传统清新的柠檬酸橙软饮料。冷压白柠檬油最近更多用于柠檬酸橙饮料。白柠檬油很少用于其他天然香料的配制。

4. 安全管理

白柠檬油在香精中的使用没有法规限制。FEMA GRAS 编号为 2631，欧洲委员会将其标注为允许使用产品，GB 2760—2014《食品安全国家标准　食品添加剂使用标准》批准其为允许使用的食品香料。

二十七、山苍子油（Litsea Cubeba Berry Oil）

1. 植物原料

山苍子（*Litsea cubeba*）为山苍子油原料。中国山苍子油年产量约 1100t。用水汽蒸馏法处理果实的得油率为 3.2%。市场需求增长迅速，主要应用市场在中国，其次在美国、西欧和日本。

2. 主要成分

山苍子油主要成分，如表 3-32 所示。

表 3-32　　山苍子油的主要成分

成分	含量（质量分数）	香气特征
香叶醛	41%	柠檬香气
橙花醛	34%	柠檬香气
柠檬烯	8%	香气弱、明亮透发、柑橘香气
甲基庚烯酮	4%	辛辣、果香、草木香
月桂烯	3%	清淡、未熟芒果香气
乙酸芳樟酯	2%	花香、果香，薰衣草香气
芳樟醇	2%	明亮透发、薰衣草香气
香叶醇	1%	甜香、花香、玫瑰香气
橙花醇	1%	甜香、花香、玫瑰香气
石竹烯	0.5%	辛香、木香香气
香茅醛	0.5%	强烈、柑橘香气、青香

山苍子油中的柠檬醛（橙花醛和香叶醛）极易被其他成分（尤其是甲基庚烯酮和香茅醛）影响。

经过分馏，山苍子油中的柠檬醛含量可达 95%（质量分数）以上，柠檬香气更加纯正。也可以用柠檬醛与亚硫酸氢钠进行加成反应，生成水溶性不稳定的磺酸盐，从而可使之与其他组分分离开；然后在碱性介质中分解磺酸盐，使柠檬醛被还原出来，经减压分馏得到纯度较高的产品，达到分离柠檬醛的目的。这样得到的柠檬醛的气味更具吸引力。但采用此化学方式分离、纯化得到的柠檬醛不能再被标识为“天然”。若掺杂合成柠檬醛，可用气相色谱检测。

3. 主要用途

从山苍子油分馏得到的柠檬醛精油可广泛用于柠檬香料，其在终端产品中会呈现出较好的稳定性，精油中的微量杂质正好反映了柠檬醛精油本身的微量组分。柠檬醛精油也可用于一些天然果香香料，特别是香蕉香料的配制。

4. 安全管理

山苍子油是欧委会允许使用的产品。FEMA GRAS 编号为 3846，欧洲委员会将其标注为允许使用产品，GB 2760—2014《食品安全国家标准　食品添加剂使用标准》批准其为允许使用的食品香料。

二十八、肉豆蔻油（Nutmeg Oil）

1. 植物原料

肉豆蔻（*Myristica fragrans*）是肉豆蔻油原料。肉豆蔻油年产量 300t，主要产地为印度尼西亚和斯里兰卡，一些欧洲国家的肉豆蔻油由格林纳达肉豆蔻蒸馏而得。水汽蒸馏处理肉豆蔻的得油率为 11%，有包裹层的肉豆蔻得油率为 12%，但产量很少。肉豆蔻油市场需求稳定，其中美国占 75%，其次是西欧。

2. 主要成分

肉豆蔻油主要成分，如表 3-33 所示。

表 3-33　肉豆蔻油的主要成分

成分	含量（质量分数）	香气特征
香桧烯	22%	明亮透发、胡椒味、草本气息
α-蒎烯	21%	明亮透发、松木香气
β-蒎烯	12%	明亮透发、松木香气
肉豆蔻醚	10%	暖香、木香、脂香
松油烯-4-醇	8%	强烈的、草木气息、肉豆蔻香气
γ-松油烯	4%	明亮透发、柑橘、草本香气
月桂烯	3%	明亮透发、未熟芒果香气
柠檬烯	3%	清淡、明亮透发、柑橘气息
1,8-桉叶素	3%	新鲜的桉树香气
黄樟素	2%	暖香、甜香、樟木香气

其中，黄樟素和肉豆蔻醚被怀疑为有毒化合物。从西印度肉豆蔻中以水汽蒸馏得到的肉豆蔻油中肉豆蔻醚通常含量很低，但这种油在交易中并不常见。脱萜肉豆蔻油在软饮料中的溶解度提高。掺杂萜烯和天然等同原料的肉豆蔻油，可通过嗅辨、气相色谱检测判断。

3. 主要用途

肉豆蔻油是可乐香料的重要组成部分，在全球范围内广泛应用。肉豆蔻油也应用于肉类调味品和烘焙产品香料中，少量用于天然果味香料中。

4. 安全管理

肉豆蔻油的 FEMA GRAS 编号为 2793，肉豆蔻衣油的 FEMA GRAS 编号为 2653，欧委会限制黄樟素在食品中含量要小于 1mg/kg，在肉豆蔻油和肉豆蔻衣油产品中的含量应小于 15mg/L。GB 2760—2014《食品安全国家标准　食品添加剂使用标准》批准其为允许使用的食品香料。

二十九、洋葱油（Onion Oil）

1. 植物原料

洋葱（*Allium cepa*）为洋葱油原料。洋葱油年产 3t，主要产地为埃及。水汽蒸馏处理新鲜洋葱的得油率为 0.015%。

2. 主要成分

洋葱油主要成分，如表 3-34 所示。

表 3-34　洋葱油的主要成分

成分	含量（质量分数）	香气特征
二丙基三硫醚	22%	强烈、浓郁的洋葱气味
二丙基二硫醚	20%	强烈、洋葱气味
二丙基四硫醚	5%	强烈、腐败、洋葱气味

蒸馏过程对洋葱油组分产生很大的影响。长时间蒸馏提高了精油中三硫醚、四硫醚含量，所得精油更具有熟食和腐败气息。

3. 主要用途

洋葱油主要应用于调味料混合物，也可用于天然果味香料（浓度很低）。

4. 安全管理

洋葱油在香精中的使用没有法规限制。FEMA GRAS 编号为 2817，欧洲委员会将其标注为允许使用产品，GB 2760—2014《食品安全国家标准　食品添加剂使用标准》批准其为允许使用的食品香料。

三十、鸢尾油凝脂（Orris Oil Concrete）

1. 植物原料

德国鸢尾（*Iris germanica*）为鸢尾油凝脂原料，少量产于意大利、法国和北非。水汽蒸馏处理干燥的成年根茎，得油率为0.2%，由于所得蒸馏油冷却后为固态，所以称作鸢尾油凝脂。从凝脂中分离所得净油中，α-鸢尾酮的浓度升高。

2. 主要成分

鸢尾油凝脂主要成分，如表3-35所示。

表3-35 鸢尾油凝脂的主要成分

成分	含量（质量分数）	香气特征
α-鸢尾酮	15%	强烈、紫罗兰香气

鸢尾油凝脂很少出现掺假现象，可以用气相色谱分辨。在天然香料的配制中，净油的品质优于凝脂，它赋予产品纯洁紫罗兰香气。

3. 主要用途

特别用于草莓和浆果香料。

4. 安全管理

鸢尾油凝脂在香精中的使用没有法规限制。FEMA GRAS编号为2829，欧洲委员会将其标注为允许使用产品，GB 2760—2014《食品安全国家标准　食品添加剂使用标准》批准其为允许使用的食品香料。

三十一、椒样薄荷油（Peppermint Oil）

1. 植物原料

胡椒薄荷（*Mentha piperita*）为椒样薄荷油原料。椒样薄荷油年产量4500t，大部分产于美国，其中84%产于美国偏远的西部各州；剩余16%产于中西部各州。近年来，印度产薄荷素油产量不断增加，少量薄荷素油来自一些欧洲国家。水汽蒸馏法的得油率为0.4%。椒样薄荷油需求增长缓慢，主要市场在美国。

2. 主要成分

椒样薄荷油主要成分，如表3-36所示。

表3-36 椒样薄荷油的主要成分

成分	含量（质量分数）	香气特征
左旋薄荷醇	50%	清凉、明亮透发、薄荷香气
左旋薄荷酮	20%	浓郁的草本、薄荷香气
左旋乙酸薄荷酯	7%	香气弱、雪松薄荷香气

续表

成分	含量（质量分数）	香气特征
1,8-桉叶素	5%	新鲜的桉树香气
薄荷呋喃	4%	甜香、干草香、薄荷香气
柠檬烯	3%	香气弱、明亮透发、柑橘类香气
异薄荷酮	3%	浓烈的草药气息、薄荷香气
辛-3-醇	0.4%	草药、油脂气
1-辛烯-3-醇	0.1%	生蘑菇香气
薄荷内酯	0.03%	乳香、甜香、薄荷香气

椒样薄荷油含1%（质量分数）胡薄荷酮（薄荷香气），被认为有毒。薄荷呋喃是区分椒样薄荷油与价格便宜、香气类似的薄荷油的主要参数，但不是一个质量控制指标。通常，通过分馏去除粗油中的前、后馏分。但经过这种处理之后精油的品质差别很大。因此，业内达成了一个普遍共识：重组分精油被称为无萜精油，可用于利口酒或甜酒的配制，得到一种清澈的终端产品。通过对椒样薄荷油分馏，截取不同馏分混合物，然后重新混合，可大幅降低异胡薄荷酮含量，使精油香气更加柔和。

常用薄荷油和萜烯对椒样薄荷油掺假，但可以通过香气分析，比较检测。

3. 主要用途

椒样薄荷油通常与留兰香精油或者其他普通精油混合使用，比如桉树油、冬青油和茴香脑。少量用于天然果香香料的调配，可产生一种奇妙的效果。

4. 安全管理

FEMA GRAS编号为2848，欧洲委员会限制胡薄荷酮在椒样薄荷油中的浓度范围：食品中25mg/kg，薄荷糖果中350mg/kg，GB 2760—2014《食品安全国家标准 食品添加剂使用标准》批准其为允许使用的香料。

三十二、苦橙叶油（Petitgrain Oil）

1. 植物原料

酸橙（*Citrus auranthium*）为苦橙叶油的原料。巴拉圭年产苦橙叶油150t。水汽蒸馏苦橘树枝、树叶的得油率为0.2%。

2. 主要成分

苦橙叶油主要成分，如表3-37所示。

表3-37 苦橙叶油的主要成分

成分	含量（质量分数）	香气特征
乙酸芳樟酯	35%	花香、果香、薰衣草香气

续表

成分	含量（质量分数）	香气特征
芳樟醇	30%	明亮透发、薰衣草香气
2-甲氧基-3-异丁基吡嗪	0.002%	浓郁的青香、胡椒香

3. 主要用途

精油具有薰衣草特征香气，适合制备天然果香香料。其中胡椒香韵尤其重要，赋予黑醋栗香精一种真实的青香香韵。

4. 安全管理

苦橙叶油在香精中的使用没有法规限制。FEMA GRAS 编号为 2855，欧洲委员会将其标注为允许使用产品，GB 2760—2014《食品安全国家标准　食品添加剂使用标准》批准其为允许使用的食品香料。

三十三、玫瑰油（Rose Oil）

1. 植物原料

大马士革玫瑰（*Rosa damescena*）是玫瑰油原料。玫瑰油来自大马士革玫瑰（*Rosa damascena*）和百叶蔷薇（*Rosa centifolia*）的精油和浸膏，年产量 15t，主要来源于土耳其（4t）、保加利亚（3t）、俄罗斯（2t，大马士革玫瑰）和墨西哥（3t，百叶蔷薇），其次来源于印度、沙特阿拉伯、法国、南非和埃及。水汽蒸馏处理玫瑰花的得油率为 0.02%；采用已烷萃取玫瑰花，制备浸膏的得率为 0.2%；浸膏经过进一步处理，得净油的得率为 50%。目前市场需求不断增长，主要市场在美国和西欧。

2. 主要成分

玫瑰油主要成分，如表 3-38 所示。

表 3-38　玫瑰油的主要成分

成分	含量（质量分数）	香气特征
香茅醇	50%	新鲜花香、玫瑰香气
香叶醇	18%	甜香、花香、玫瑰香气
十九烷	10%	无气味
橙花醇	9%	甜香、花香、玫瑰香气
甲基丁香酚	2%	暖香、霉味
乙酸香叶酯	2%	果香、花香和玫瑰样香气
丁香酚	1%	浓郁的暖香、丁香气味
2-苯乙醇	1%	甜香、蜜香、玫瑰样香气
玫瑰醚	0.6%	暖香、草本香气

续表

成分	含量（质量分数）	香气特征
芳樟醇	0.5%	明亮透发、薰衣草香气
突厥酮	0.04%	强烈的、莓果香、李子香

玫瑰浸膏和净油中含有2-苯乙醇［含量约60%（质量分数）］，其挥发性很好。利用水汽蒸馏法制备的玫瑰精油中2-苯乙醇含量很低，原因是2-苯乙醇不能随水蒸气一同馏出。蒸馏油中十九烷和其他玫瑰蜡几乎没有香气，但在冷却时，可导致精油固化，影响精油溶解度。对玫瑰油掺假，通常添加天然等同化合物，如香茅醇、香叶醇等，可轻易通过嗅辨、气相色谱判断出次品油。

3. 主要用途

玫瑰油单独用于土耳其软糖香料和许多其他亚洲产品，是许多天然香料重要的原材料。在许多果香香料，尤其覆盆子香料中，少量添加可产生奇妙的效果。

4. 安全管理

玫瑰油在香精中的使用中没有法规限制。FEMA GRAS 编号为 2989，欧洲委员会将其标注为允许使用产品，GB 2760—2014《食品安全国家标准　食品添加剂使用标准》批准其为允许使用的食品香料。

三十四、迷迭香油（Rosemary Oil）

1. 植物原料

迷迭香（*Rosmarinus officinalis.*）为迷迭香油原料。迷迭香油年产量约250t，主要产地为西班牙（130t），其次为墨西哥（60t）、突尼斯（50t）、印度、俄罗斯、南斯拉夫、葡萄牙、土耳其。用水汽蒸馏法处理新鲜迷迭香得油率为0.5%。近年来，市场需求不断萎缩，主要应用市场在西欧。

2. 主要成分

迷迭香油主要成分，如表3-39所示。

表3-39　迷迭香油的主要成分

成分	含量（质量分数）	香气特征
α-蒎烯	20%	明亮透发、松木香气
1,8-桉叶素	20%	新鲜、桉树气息
樟脑	18%	新鲜、樟脑样香气
莰烯	7%	明亮透发、樟脑香气
β-蒎烯	6%	明亮透发、松木香气
龙脑	5%	樟脑、壤香、松木香

续表

成分	含量（质量分数）	香气特征
月桂烯	5%	清淡、未成熟的芒果香气
乙酸龙脑酯	3%	樟脑、壤香、果香
α-松油醇	2%	甜香、花香、丁香香气

摩洛哥和突尼斯迷迭香油通常含有40%（质量分数）的1,8-桉叶素，而相应的α-蒎烯、樟脑、莰烯含量较低。

迷迭香油掺假时，可由气相色谱分析检测鉴别。

3. 主要用途

迷迭香油可用于调味品香料和医药用香精油。

4. 安全管理

迷迭香油在香精中的使用没有法规限制。FEMA GRAS 编号为 2992，欧洲委员会将其标注为允许使用产品，GB 2760—2014《食品安全国家标准　食品添加剂使用标准》批准其为允许使用的食品香料。

三十五、留兰香油（Spearmint Oil）

1. 植物原料

留兰香（*Mentha spicata*）为留兰香油原料。留兰香油世界年产量 1500t，大部分产于美国，其中85%产于美国偏远的西部诸州，剩余产于中西部各州，其他国家和地区如中国、意大利、巴西、日本、法国和南非也有少量生产。超过50%产于美国的留兰香油来源于留兰香（*Mentha spicata*），被称为“原生”油。其余的油来自苏格兰留兰香（*Mentha cardiaca*），香气柔和而且优于留兰香油，被称作苏格兰留兰香油。近年来，苏格兰留兰香精油生产量增长迅速。西欧是最大的留兰香油使用市场，但增长缓慢。

2. 主要成分

留兰香油主要成分，如表3-40所示。

表3-40　　留兰香油的主要成分

成分	含量（质量分数）	香气特征
左旋香芹酮	70%	暖香、留兰香
柠檬烯	13%	香气弱、明亮透发、柑橘香气
月桂烯	2%	清淡、未熟芒果香气
1,8-桉叶素	2%	新鲜的桉树香气
乙酸香芹酯	2%	甜香、清新留兰香
乙酸二氢香芹酯	1%	甜香、清新留兰香

续表

成分	含量（质量分数）	香气特征
二氢香芹醇	1%	木香、薄荷香气
辛烯-3-醇	1%	草药、油脂气
顺式茉莉酮	0.04%	暖香、草本香气

粗油通过分馏处理，去除刺激硫化物前馏产物和部分柠檬烯得无萜精油。随着放置时间延长，留兰香特征香气增强。用左旋香芹酮和其他原料混合掺杂的留兰香油，可通过嗅辨、气相色谱检测判断。

3. 主要用途

留兰香油主要用于留兰香口香糖和口腔卫生产品，也常与薄荷和其他香料混合使用。

4. 安全管理

留兰香油在香精中的使用没有法规限制。FEMA GRAS 编号为 3032，欧洲委员会将其标注为允许使用产品，GB 2760—2014《食品安全国家标准　食品添加剂使用标准》批准其为允许使用的食品香料。

三十六、八角茴香油（Star Anise Oil）

1. 植物原料

八角（*Illicium verum*）为八角茴香油原料，八角茴香油年产量 400t，大部分来自中国。水汽蒸馏处理八角干果的得油率为 8.5%。不要将八角茴香油与茴香籽油（年产量仅 8t）相混淆。尽管二者的化学性质相似，但是来自不同的植物。茴香油来自伞形花科植物茴香芹（*Pimpinella anisum*）。八角茴香油市场用量不断萎缩，主要市场在法国。

2. 主要成分

八角茴香油主要成分，如表 3-41 所示。

表 3-41　八角茴香油的主要成分

成分	含量（质量分数）	香气特征
反式茴香脑	87%	强烈的茴香气息、味甜
柠檬烯	8%	香气弱、明亮透发、柑橘气息
茴香醛	1%	甜香、花香、山楂香气
芳樟醇	0.8%	明亮透发、薰衣草香气
胡椒酚甲醚	0.5%	强烈的龙蒿香气，味甜

粗油重蒸之后，仅含少量柠檬烯，可以用于调配透明饮料。用茴香脑掺杂八角油，可用气相色谱分析分辨。

3. 主要用途

八角油大量用于含酒精饮料，也广泛用于糖果类香料，特别是用于一些药物和口腔卫生用品的加香。仅少量用于天然香精调配，如樱桃香精。

4. 安全管理

八角茴香油在香精中的使用没有法规限制。FEMA GRAS 编号为 2096，欧委会将其标注为允许使用产品，GB 2760—2014《食品安全国家标准　食品添加剂使用标准》批准其为允许使用的食品香料。

三十七、甜罗勒油（Sweet Basil Oil）

1. 植物原料

罗勒（*Ocimum basilicum*）为甜罗勒油原料。甜罗勒油年产量只有几吨，主要产地在法国。水汽蒸馏新鲜罗勒的得油率为 0.1%。

2. 主要成分

甜罗勒油主要成分，如表 3-42 所示。

表 3-42　　甜罗勒油的主要成分

成分	含量（质量分数）	香气特征
芳樟醇	45%	明亮透发、薰衣草香气
胡椒酚甲醚	25%	强烈的龙蒿香气、味甜

来自科摩罗的罗勒油比甜罗勒油含有更高的胡椒酚甲醚，但芳樟醇含量较少。

3. 主要用途

甜罗勒油常用于调味品香料，少量用于其他天然香料的配制。

4. 安全管理

甜罗勒油在香精中的使用没有法规限制。FEMA GRAS 编号为 2119，欧洲委员会将其标注为允许使用产品，GB 2760—2014《食品安全国家标准　食品添加剂使用标准》批准其为允许使用的食品香料。

三十八、甜小茴香油（Sweet Fennel Oil）

1. 植物原料

小茴香（*Foeniculum vulgare* Miu. var. *dulce* D. C.）为甜小茴香油原料。甜小茴香油年产量 25t，主要产地为西班牙。水汽蒸馏处理茴香籽的得油率 3%。

2. 主要成分

甜小茴香油主要成分，如表 3-43 所示。

表 3-43　　甜小茴香油的主要成分

成分	含量（质量分数）	香气特征
反式茴香脑	70%	香气强烈、茴香气味、味甜

续表

成分	含量（质量分数）	香气特征
柠檬烯	9%	香气弱、明亮透发、柑橘气息

3. 主要用途

甜小茴香油以无萜形式用于酒精饮料，少量用于调味品和天然香料的配制。

4. 安全管理

甜小茴香油在香精中的使用没有法规限制。FEMA GRAS 编号为 2483，欧洲委员会将其标注为允许使用产品，GB 2760—2014《食品安全国家标准　食品添加剂使用标准》批准其为允许使用的食品香料。

三十九、甘牛至油（Sweet Marjoram Oil）

1. 植物原料

牛至草（*Origanum majorana*）为甘牛至油原料。甘牛至油年产量 30t，主要产地为摩洛哥。水汽蒸馏处理新鲜牛至草的得油率为 0.4%。

2. 主要成分

甘牛至油主要成分，如表 3-44 所示。

表 3-44　甘牛至油的主要成分

成分	含量（质量分数）	香气特征
松油烯-4-醇	31%	强烈的草本、肉豆蔻香气
γ-松油烯	15%	明亮透发，柑橘、草本香气
α-松油烯	8%	明亮透发，柑橘、甘草香气
对伞花烃	6%	明亮透发，柑橘、油脂香气
芳樟醇	3%	明亮透发，薰衣草香气

3. 主要用途

甘牛至油主要用于调味品香料，通常与固体提取物配合使用；同时，松油烯-4-醇作为配制肉豆蔻香精的天然原料，可消除肉豆蔻油中黄樟素和肉豆蔻醚。

4. 安全管理

甘牛至油在香精中的使用没有法规限制。FEMA GRAS 编号为 2663，欧委会将其标注为允许使用产品，GB 2760—2014《食品安全国家标准　食品添加剂使用标准》批准其为允许使用的食品香料。

四十、甜橙油（Sweet Orange Oil）

1. 植物原料

甜橙（*Citrus sinenis*）为甜橙油原料，甜橙油年产量超过 26000t，主要产地为巴西、美国，其次为以色列、澳大利亚、阿根廷、摩洛哥、西班牙、津巴布韦、塞浦路斯、希腊、几内亚、俄罗斯、南非、印度尼西亚和伯利兹。大部分精油采用果皮冷压法制备，仅少量采用水汽蒸馏获取，果汁浓缩可得到与前两种类型不同的精油。在这些操作中，橘子汁或精油来源于油相中的挥发组分。通常情况下，甜橙果皮的得油率为 0.28%、橙汁的得油率为 0.008%。树的品种不同，果实成熟的时间也不同，分为早、中、晚季。据说成熟时间比较晚的所产的精油品质最好，主要来自瓦伦西亚。甜橙油需要稳定增长，主要市场在美国（30%）、西欧（30%）、日本（20%）。

2. 主要成分

甜橙油主要成分，如表 3-45 所示。

表 3-45　　冷压法甜橙油的主要成分

成分	含量（质量分数）	香气特征
柠檬烯	94%	香气弱、明亮透发、柑橘气息
月桂烯	2%	清淡、未熟芒果香气
芳樟醇	0.5%	明亮透发、薰衣草香气
辛醛	0.5%	强烈、清新、香橙皮香气
癸醛	0.4%	强烈、脂蜡香、香橙皮香气
香茅醛	0.1%	强烈、柑橘香、青香
橙花醛	0.1%	柠檬香气
香叶醛	0.1%	柠檬香气
香橙烯	0.05%	甜橙汁香气
β-甜橙醛	0.02%	强烈、甜橙酱香气
α-甜橙醛	0.01%	强烈、甜橙酱香气

总醛量历来作为甜橙油产品的质量指标。巴西甜橙油醛含量较低；相反，津巴布韦甜橙油醛含量则是一般甜橙油的两倍。醛含量是确定无萜精油产量的重要因素，但它不能确保产品质量。其他微量成分，如甜橙醛，也对甜橙油的产品质量起着重大贡献。

一些国家生产的甜橙油具有特征香气，价格奇高。西西里岛和西班牙产甜橙油就是重要例子。那里出产的橙汁油具有新鲜果汁香气，包含更多的香橙烯［2%（质量分数）］，并含有痕量的丁酸乙酯、己醛和其他成分，这些成分使得橙汁油具有更新鲜、多汁的气味。甜橙油主要成分为 d-柠檬烯，香气阈值低，水中的溶解性差，易被氧化，生成令人不愉快的气息。在浓缩、脱萜的过程中，同时除去了辛醛和一些挥发性物质，所得精油香气平淡，产品新鲜气息降低。可通过回收辛醛，重新添加到精油中，来提高精油的香气品质。经萃取、层析处理之后的甜橙油的质量更好。橙萜是所有这些过程的副产物，也是市场上香料和香精的溶剂。

掺假甜橙油很少，这是由于生产厂家的定价本来就很低；较高价格甜橙油有时用廉价甜橙油稀释掺假，也很难判别。

3. 主要用途

甜橙油因其甜橙香气而得到广泛应用。加入部分甜橙果汁油，可产生新鲜的效果。在天然等同香料调配中，甜橙油作为基础香料。在橙汁中发现的一些香料成分可作为制备新鲜果汁香料的重要原料。甜橙油中一些吸引人的头香可以巧妙地体现其他以甜橙油为基础的香气，包括紫罗兰、柠檬和香草等香料。甜橙油也用于杏、桃、芒果和菠萝等香料的调配。

4. 安全管理

甜橙油在香精中的使用没有法规限制。FEMA GRAS 编号为 2821，欧洲委员会将其标注为允许使用产品，GB 2760—2014《食品安全国家标准　食品添加剂使用标准》批准其为允许使用的食品香料。

四十一、红橘油（Tangerine Oil）

1. 植物原料

柑橘（*Citrus reticulata*）为红橘油原料。世界年产红橘油 300t，主要产地为巴西（250t）和美国（45t），其他如俄罗斯、南非、西班牙。与之相关的橘皮油（Mandarin oil），世界年产量为 120t，主要产自意大利（50t）、中国（40t）、阿根廷（10t）、巴西（10t）、科特迪瓦、美国和西班牙。冷压法生产橘皮的得油率为 0.5%。红橘油在美国、西欧和日本等主要市场需求稳步增长。橘皮油具有强烈的芳香和霉香气息，因此其价格比红橘油高出很多，香气更能令人想起柑橘。

2. 主要成分

红橘油和橘皮油主要成分，如表 3-46、表 3-47 所示。

表 3-46　红橘油的主要成分

成分	含量（质量分数）	香气特征
柠檬烯	93%	香气弱、透发、柑橘气息
γ-松油烯	2%	明亮透发，柑橘、草本香气
月桂烯	2%	清淡、未熟芒果香气
芳樟醇	0.7%	明亮透发、薰衣草香气
癸醛	0.4%	强烈、脂蜡香、香橙皮香气
辛醛	0.3%	强烈、清新、香橙皮香气
百里酚甲醚	0.1%	甜香，百里香、草本香气
α-甜橙醛	0.05%	强烈、甜橙酱香气
百里香酚	0.03%	甜香、酚香、百里香香气

表 3-47 橘皮油的主要成分

成分	含量（质量分数）	香气特征
柠檬烯	72%	香气弱、明亮透发，柑橘气息
γ-松油烯	18%	明亮透发、柑橘、草本香气
N-甲基邻氨基苯甲酸甲酯	0.8%	强烈、霉香、橙花香气
芳樟醇	0.5%	明亮透发、薰衣草香气
癸醛	0.2%	强烈、脂蜡香、香橙皮香气
百里香酚	0.1%	甜香、酚香、百里香香气
α-甜橙醛	0.05%	强烈、甜橙酱香气

经浓缩、除萜，结合萃取，所得精油仍保留原油的许多特征香气，可用于澄清软饮料的配制。掺杂时往往向甜橙油中加入合成香料，例如 *N*-甲基邻氨基苯甲酸甲酯，充当橘皮油。可通过气相色谱简单鉴别。

3. 主要用途

红橘油广泛用于软饮料和糕点香料或与甜橙油结合使用，也可用于其他天然香料的调配，特别是芒果和杏香料的配制。

4. 安全管理

红橘油在香精中的使用没有法规限制。红橘油 FEMA GRAS 编号为 3041，橘皮油 FEMA GRAS 编号为 2657，欧委会将其标注为允许使用产品，GB 2760—2014《食品安全国家标准　食品添加剂使用标准》批准其为允许使用的食品香料。

四十二、百里香油（Thyme Oil）

1. 植物原料

银斑百里香（*Thymus vulgaris*）为百里香油原料，产品有原油（红色）和蒸馏油（白色）两种。西班牙年产百里香油 25t，来源于银斑百里香（*Thymus vulgaris*）和西班牙百里香（*Thymus zygis*）；另有 10t 百里香油，产自西班牙奥勒冈草（*Thymus capitatus*）和铺地百里香（*Thymus serpyllum*），又称牛至油，其香芹酚含量大于百里香酚含量，但与其他百里香油香气类似。百里香油的主要市场在欧洲。

2. 主要成分

百里香油主要成分，如表 3-48 所示。

表 3-48 百里香油的主要成分

成分	含量（质量分数）	香气特征
百里香酚	50%	甜香、酚香、百里香香气
对伞花烃	15%	明亮透发，柑橘、油脂香气
γ-松油烯	11%	明亮透发，柑橘、草本香气

3. 主要用途

主要用于调味品香料，有时用于天然香料的调配。百里香油容易掺假。

4. 安全管理

百里香油在香精中的使用没有法规限制。FEMA GRAS 编号为 3064，欧洲委员会将其标注为允许使用产品，GB 2760—2014《食品安全国家标准　食品添加剂使用标准》批准其为允许使用的食品香料。

四十三、紫罗兰叶净油（Violet Leaf Absolute）

1. 植物原料

香堇菜（*Viola odorata*）为紫罗兰叶净油原料。紫罗兰叶净油产自法国。采用己烷萃取香堇菜叶制备浸膏的得率为 0.1%。处理浸膏可得净油（得率为 40%）或挥发性油（得率为 8%，非正常商品）。

2. 主要成分

紫罗兰叶净油主要成分，如表 3-49 所示。

表 3-49　紫罗兰叶净油的主要成分

成分	含量（质量分数）	香气特征
反-2-顺-6-壬二烯醛	14%	强烈的青香、黄瓜香气

3. 主要用途

紫罗兰叶净油价格昂贵，商业上偶尔有用菠菜叶净油掺假。因其具有青香、黄瓜特征香气，所以广泛应用于天然香料的制备，尤其在香瓜、黄瓜香料的配制中。此外，也用于香蕉和草莓等果类香料的配制中。

4. 安全管理

紫罗兰叶净油在香精中的使用没有法规限制。FEMA GRAS 编号为 3110，欧洲委员会将其标注为允许使用产品，GB 2760—2014《食品安全国家标准　食品添加剂使用标准》批准其为允许使用的食品香料。

思考题

1. 精油的定义是什么？
2. 精油是通过哪些方式得到的？
3. 精油主要有哪些化学成分？
4. 尝试列举 5~10 种常用精油的来源及其用途。

第四章
浸膏、油树脂、酊剂、净油及二氧化碳萃取物

【学习目标】

1. 了解天然植物加工的不同品种和来源。
2. 掌握浸膏、净油、油树脂、酊剂和萃取物的定义、加工方式、使用的溶剂种类。
3. 理解溶剂的性质如何影响萃取物的组成成分和香气、香味。

天然香料植物生长的环境、地区、土壤、温度、阳光和季节等，都会影响植物体的组成成分的含量和香气特征，很多香料植物的花、叶片等香气优美，但是受季节性及地域性影响，人们不能随时随地使用它，因此，为了方便使用，人们将这些植物的不同部位采用不同的方法加工成不同的植物提取物制品，第三章详细地介绍了精油制品，本章介绍采用溶剂萃取法得到的浸膏、油树脂、酊剂和净油等，以及使用二氧化碳作为萃取剂提取得到的其他萃取物。表 4-1 所示为浸膏、油树脂、酊剂等和萃取物的定义及其制备原料。表 4-2 列出了一些天然植物原料的不同部位采用不同的加工方法得到的提取物得率。

表 4-1　　浸膏、油树脂、酊剂等和萃取物的定义及其制备原料

种类	定义	制备原料
浸膏	新鲜植物组织的萃取物；含所有碳氢化合物和可溶性物质；通常是固体或蜡状物	各种花（茉莉、橘花、玫瑰和康乃馨等）
净油	浸膏的酒精提取物，去除了蜡质、萜烯和倍半萜烯碳氢化合物	各种花（茉莉、丁香、荜澄茄、小茴香、薰衣草和黄春菊等）

续表

种类	定义	制备原料
香脂	从树或者植物分泌出的天然原料；其中苯甲酸、苯甲酸酯和肉桂酸酯的含量较高	秘鲁、枸杞、加拿大冷杉等
树脂	天然和合成的均有；天然树脂是树木或者植物分泌而来的，是通过萜烯氧化天然生成的；合成树脂是脱除油树脂中的精油的剩余物	鸢尾草、乳香、柏和各种花
油树脂	天然油树脂是从植物分泌出的；合成油树脂是植物的液体提取物经挥发而来的	龙脑香、独活草、圆葱、胡椒和草木犀等
萃取物	溶剂萃取天然产物后的浓缩产品	圣约翰面包、拉旦尼根、马黛茶和胡芦巴等

表 4-2　一些天然植物原料的不同部位采用不同的加工方法得到的提取物得率　单位:%

植物	部位	来源	原产地	水汽蒸馏法	液态 CO_2	超临界 CO_2	溶剂浸提（特定溶剂）
杏	种子	*Prunus amygdalus*	意大利	0.5	3.5	—	20
黄葵	种子	*Hibiscus abelmoschus*	非洲	0.2~0.6	1.5	—	—
当归	种子	*Angelica archangelica*	欧洲北部	0.3~0.8	3	—	—
茴香	种子	*Anisum pimpanellum*	欧洲北部	2.1~2.8	4.3	7①	15（乙醇）
八角茴香	种子	*Illicium verum*	中国	8~9	10	—	28（乙醇）
山金车	根	*Arnica montana*	—	—	—	—	—
罗勒	叶	*Ocimum basilicum*	欧洲北部	0.3~0.8	—	1.3	1.5（乙醇）
西印度月桂油	叶	*Pimenta racemosa*	印度西部	1~2	1	—	—
布枯	叶	*Barosma betulina*	南非	1~2.8	2	—	—
葛缕子	种子	*Carum carvi*	欧洲北部	3~6	3.7	5④	20（乙醇）
小豆蔻	种子	*Elletaria cardamomum*	危地马拉	4~6	4	5.8②	10（乙醇）
角豆	果实	*Ceratonia siliqua*	非洲	<0.01	0.1	—	40（水-乙醇）
胡萝卜	根	*Daucas carota*	俄罗斯	—	2.7	—	—
胡萝卜	种子	*Daucas carota*	欧洲	0.2~0.5	1.8	3.3	3.3（乙醇）
肉桂	树皮	*Cinnamonum cassia*	中国	0.2~0.4	0.6	—	5（二氯甲烷）
黑醋栗	芽	*Ribes nigrum*	欧洲	<0.01	0.7	—	3.7（丙酮）
根芹菜	根	*Celeriac* sp.	俄罗斯	—	7	—	—
芹菜	种子	*Apium graveolens*	印度	2.5~3.0	3	—	13（乙醇）
罗马洋甘菊	花	*Anthemis nobilis*	俄罗斯	0.3~1.0	2.9	—	—
母菊	花	*Matricaria chamomilla*	德国	0.3~1.0	0.5	1.4④	—

续表

植物	部位	来源	原产地	水汽蒸馏法	液态 CO_2	超临界 CO_2	溶剂浸提（特定溶剂）
辣椒	果实	*Capsicum annum*	印度	<0.1	4.9	—	10（丙酮） 30［60%（体积分数）乙醇］
桂皮	树皮	*Cinnamonum zeylanicum*	斯里兰卡	0.5~0.8	—	1.4①	4（二氯甲烷）
丁香花蕾	花	*Syzygium aromaticum*	马达加斯加岛	15~17	16	20③	20（乙醇）
可可（脱脂）	种子	*Theobroma cacao*	非洲	<0.01	0.5	—	1（乙醇）
咖啡	种子	*Coffea arabica*	阿拉伯半岛	<0.01	5	—	30（水-乙醇）
芫荽	种子	*Coriandrum sativum*	罗马尼亚	0.5~1.0	1.3	3④	20（乙醇）
荜澄茄	果实	*Piper cubeba*	印度东部	10~16	13	—	12（乙醇）
孜然	种子	*Cuminium cyminum*	印度	2.3~2.6	4.5	—	12（乙醇）
孜然	种子	*Cuminium cyminum*	伊朗	2.3	—	2.6	—
土茴香	叶	*Anethum graveolens*	欧洲西部	0.3~1.5	—	—	—
土茴香	种子	*Anethum graveolens*	俄罗斯	2.3~3.5	3.6	—	—
桉树	叶	*Eucalyptus globulus*	俄罗斯	1~1.5	1.8	—	—
茴香	种子	*Foeniculum dulce*	欧洲	2.5~3.5	5.8	—	15（乙醇）
胡芦巴	种子	*Trigonella foenum graecum*	印度	<0.01	2	—	8（乙醇）
大良姜	根	*Alpinia galanga*	印度	0.5~1.0	1.4	—	—
白松香	树脂	*Ferula galbaniflua*	伊朗	12~22	—	20⑤	—
生姜	根	*Zingiber officinalis*	澳大利亚	1~2	2	—	5（丙酮）
生姜	根	*Zingiber officinalis*	中国	1~2	2	—	5（丙酮）
生姜	根	*Zingiber officinalis*	西印度群岛	1.5~3.0	2.5	—	6（丙酮）
生姜	根	*Zingiber officinalis*	牙买加	1.5~3.0	2.5	—	6.5（丙酮）
生姜	根	*Zingiber officinalis*	尼日利亚	1.5~3.0	3	4.6①	7（丙酮）
榛子	坚果	*Corylus avellanae*	欧洲	—	2	—	—
啤酒花	果实	*Humulus lupulus*	英格兰	0.3~0.5	12	16④	20（乙醇）
金丝桃	叶	*Hypericum* sp.	俄罗斯	—	2.2	—	—
牛膝草	叶	*Hyssopus officinalis*	欧洲南部	0.1~0.3	—	—	—
大花茉莉	花	*Jasminum grandiflorum*	印度	1.2~1.5	1.4	—	3（己烷）

续表

植物	部位	来源	原产地	水汽蒸馏法	液态 CO_2	超临界 CO_2	溶剂浸提（特定溶剂）
刺柏	浆果	*Juniperus communis*	南斯拉夫	0.7~1.6	2.7	7.2②	—
岩胶蔷薇	树脂	*Cistus ladaniferus*	西班牙	1~2	—	—	—
月桂	叶	*Laurus nobilis*	俄罗斯	0.6	2.5	—	—
醒目薰衣草	叶	*Lavandula grosso*	法国	1~2	—	3.5④	—
柠檬	果皮	*Citrus limonum*	欧洲	0.5~1	0.8	0.9①	1（榨出液）
柠檬草	叶	*Cymbopogon citratus*	中国	0.3~0.4	0.8	—	—
欧丁香	花	*Syringa vulgaris*	欧洲	不可能	—	0.0024①	—
山谷百合	花	*Convallana majalis*	欧洲	不可能	—	0.25①	—
欧当归	根	*Levisticum officinale*	欧洲	0.1~0.2	0.9	—	8（乙醇）
肉豆蔻皮	假种皮	*Myristica fragrans*	西印度群岛	4~15	13	—	40
马郁兰	叶	*Majorlana hortensis*	欧洲北部	0.2~2.0	—	1.7②	—
蘑菇	干燥的	*Boletus edulis*	意大利	—	—	2.5⑤	—
没药	树胶	*Commiphora molmol*	索马里	4~6	—	—	—
肉豆蔻	种子	*Myristica fragrans*	西印度群岛	7~16	13	—	45（榨出液）
乳香	树胶	*Boswellia* sp.	索马里	4~6	—	—	—
香根鸢尾	根	*Iris pallida*	意大利	0.2~0.3	0.7	—	—
欧芹	种子	*Petroselinum crispum*	印度	2.0~3.5	3.6	9.8③	20（乙醇）
胡椒	果实	*Piper nigrum*	印度	1.0~2.6	6.7	—	18（丙酮）
胡椒	果实	*Piper nigrum*	马来西亚	1.0~2.0	3.5	10	10（丙酮）
椒样薄荷	叶	*Mentha piperita*	美国	—	—	—	—
秘鲁香膏	树脂	*Myroxylon pereirae*	南美	3.3~4.5	4.5	5.3⑤	50（乙醇）
西班牙甜椒	浆果	*Pimenta officinalis*	牙买加	3.3~4.5	4.5	5.3②	6（乙醇）
罂粟	种子	*Papaver somniferum*	印度	—	2.5	—	50（乙醇）
迷迭香	叶	*Rosemarinus officinalis*	欧洲	0.5~1.5	1.9	7.5②	5（甲醇）
鼠尾草	叶	*SaIvIa officinalis*	欧洲	0.5~1.1	—	4.3②	8（乙醇）
檀香	木质	*Santalum album*	印度	3~6	4.8	—	—
檀香	木质	*Santalum spicatum*	澳大利亚	2~4	—	—	—
夏季风轮菜	叶	*Satureja hortensis*	欧洲	1~2	0.8	—	—

续表

植物	部位	来源	原产地	水汽蒸馏法	液态 CO_2	超临界 CO_2	溶剂浸提（特定溶剂）
荷兰薄荷	叶	*Mentha spicata*	美国	—	—	—	—
茶	叶	*Thea sinensis*	非洲	<0. 01	0. 2	—	35（乙醇/水）
百里香	叶	*Thymus vulgaris*	欧洲	1~2	2. 1	—	10（乙醇）
烟叶	叶	*Nicotinia* sp.	美国	—	—	—	—
姜黄	根	*Curcuma longa*	印度	5~6	3. 4	—	—
香荚兰	果实	*Vanilla fragrans*	马达加斯加岛	<0. 01	4. 5	—	25~45（乙醇/水）
香根草	根	*Vetiveria zizanoides*	西印度群岛	0. 5~1	1. 0（1. 0）	—	—
苦艾	根	*Artemesia absinthum*	欧洲	0. 5~1	1. 0	—	—
蓍	叶	*Achillea millefolium*	俄罗斯	—	1. 1	—	—

注：①超临界 CO_2 文献报道的得率；
②超临界 CO_2 和夹带剂的得率；
③亚临界 CO_2 的得率；
④超临界 CO_2 的总得率；
⑤超临界分馏得率。

第一节　浸膏

浸膏是用挥发性有机溶剂从芳香植物中提取芳香成分，然后将溶剂去除后保持原芳香植物香气的膏状物质，与水汽蒸馏法制作的精油相比，制作浸膏时可以将高沸点的发香成分萃取出来，因此香气饱满自然，如茉莉浸膏、桂花浸膏、玫瑰浸膏等。

一、制作浸膏的溶剂

浸膏生产中最常用的挥发性有机溶剂有：石油醚、乙醇、乙醚、丙酮、二氯甲烷等；鲜花一般都采用石油醚作为溶剂。表 4-3 列出了一些溶剂的物性参数比较。

表 4-3　溶剂物性参数比较

溶剂	黏度/（mPa·s）		蒸发潜热/（J/g）	沸点/℃	极性/ε
	0℃	20℃			
二氧化碳	0. 10	0. 07	177. 5	-56. 6	0
丙酮	0. 40	0. 33	524. 5	56. 2	0. 47
苯①	0. 91	0. 65	394. 7	80. 1	0. 32
乙醇	1. 77	1. 20	855. 2	78. 3	0. 68
乙酸乙酯	0. 58	0. 46	393. 5	77. 1	0. 38

续表

溶剂	黏度/（mPa·s）		蒸发潜热/（J/g）	沸点/℃	极性/ε
	0℃	20℃			
己烷	0.40	0.33	343.2	68.7	0
甲醇	0.82	0.60	1100.0	64.8	0.73
二氯甲烷	—	0.43	329.4	40.8	0.32
戊烷	0.29	0.24	351.6	36.2	0
异丙醇	—	2.43	699.0	82.3	0.63
甲苯①	0.77	0.59	360.0	110.6	0.29
水	1.80	1.00	2260.3	100.0	>0.73
丙二醇	—	56.00	170	784.4	>0.73
甘油	12110.0	1490.0	239	1213.9	>0.73

注：①非食品级溶剂。

（一）溶剂的极性

溶剂的极性和被萃取物成分组成是紧密相关的。了解了植物的组成就可能预测一定提取条件下提取物的成分。例如，对同一种植物叶片，采用非极性溶剂萃取时，可能提取出叶蜡，而使用极性溶剂就能避免萃取到叶蜡。

（二）溶剂的沸点

在指定压力或真空下，溶剂回流的温度也会影响提取物的成分组成。例如，常压下用甲醇、乙醇、异丙醇和丁醇为溶剂，萃取所得物质分子质量分布是不同的。回流温度越高，高沸点分子质量较大的物质也将被萃取出来。

（三）溶剂的黏度

溶剂渗入植物原料的能力取决于其流动性，即黏度。溶剂的黏度决定了萃取效率。因为渗透性越强，需要接触的时间就越短；溶剂黏度越低，萃取效率就越高。

（四）溶剂的蒸发潜热

萃取的成本主要来自能耗。溶剂的蒸发潜热低，有利于溶剂的去除，在后续处理中的能耗较低。

（五）溶剂的温度和压强

溶剂回流的温度除了和沸点相关，还与大气压相关。一般气压下降一半，蒸馏温度就会下降15℃，所以只要真空度足够高，在室温下就可以蒸馏一些溶剂。这个特性应用在“降膜蒸发器”中去除残留溶剂。这项技术在“分子蒸馏”或称短程蒸馏中发挥到了极致。

二、浸提工艺

以芳香植物的花、叶、枝、茎、皮、根、干、草、果、籽或树脂等为原料，用挥发性有机溶剂浸提（萃取），蒸馏回收溶剂，所得的蒸馏残余物即为浸膏制品。浸膏能保持植物原料原有的香气，几乎不含或少含萜类和倍半萜类成分；具有较高的化学稳定性，可以保证新鲜香气长时间不变；因含有不挥发或难挥发成分而具有良好的留香作用，因此其香气更饱满自然，同时也含有较多的植物蜡质和色素等，所以在室温下呈深色蜡状。浸膏产品有茉莉浸膏、桂花浸膏、菊花浸膏、玫瑰浸膏、香荚兰豆浸膏、树苔浸膏、香根浸膏、酒花浸膏、红枣浸膏、生姜浸膏、胡芦巴籽浸膏等，在日用化学品、食品、医药、纺织等行业中均有广泛用途。图4-1所示为浸膏生产工艺流程。

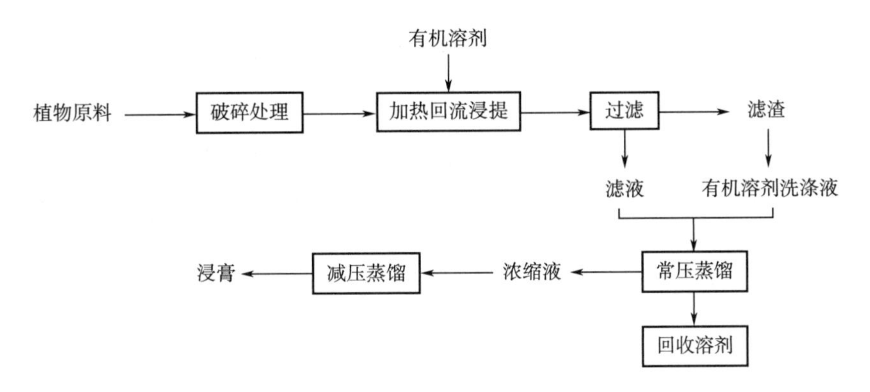

图4-1 浸膏生产工艺流程

第二节 油树脂

油树脂是指用挥发性的溶剂（乙醇、水、丙酮、己烷等），萃取适当粉碎的辛香料，然后在常压或减压下回收溶剂，制成的深色黏稠具有一定香气的物质，一般用作食用香料。制备油树脂所用的溶剂最好是食品级，且油树脂标准对溶剂残留量要求较严，一般在30~60mg/L。

有些油树脂是自然地从树和植物中分泌出的胶或渗出液，例如，安息香（*Styrax benzoin*）、没药（*Commiphora molmol*）、苦瓜（*Copaefera* sp.）、乳香（*Boswellia frereana*）以及其他香脂。它们通常溶于某些溶剂，处理后可使用，称为“加工油树脂”。

一、制作油树脂的溶剂

通常使用的溶剂，如乙醇、水（及其混合物）、异丙醇、甲醇、乙酸乙酯和丙酮等，前面已经列出。油树脂的制备方法与浸膏的制备方法接近。

油树脂、树脂和浸膏是要尽量脱除所使用溶剂的，只可以有极少量的溶剂残留。脱除这些最终残留的微量溶剂，会导致“头香”的损失。对于那些味道辛辣的油树脂，残留微量溶剂不会影响产品质量，例如辣椒（*Capsicum annuum*）油树脂。但对于大多数其他香料而言，如胡椒和姜油树脂，一般宁可在产品中残留少量溶剂也不会考虑损失头香，因为原料的头香对食品的香气贡献非常大。浸膏和油树脂的制备技术相同，两者的区别在于浸膏的结晶度比油树脂更高。鸢尾草（*Iris pallida* 和 *Iris germanica*）浸膏是一个例外，它是通过水汽蒸馏得到的，由于产品中含肉豆蔻酸（十四酸）而在常温下呈膏状，但从技术层面来看它是一种精油。

由于溶剂的沸点、极性不同，随着萃取时间推移，植物原料成分的相对分子质量和溶剂极性之间会逐渐达到平衡，香气物质将逐渐被溶剂萃取出来。例如，在使用碳氢化合物作溶剂时，低分子质量和低极性的成分首先被萃取出来；如果有足够的溶剂且在溶液处于未饱和状态时，中等分子质量低极性成分和低分子质量极性成分被萃取出来；然后，高分子质量低极性成分和中等分子质量极性成分依次被萃取出来，直至达到溶液饱和。在实际工作中，有足够的溶剂来循环萃取所有需要的成分，因此观察不到这种分馏效应。

二、油树脂产品及其加工工艺

表 4-4 列出的是一些商业化油树脂产品。这些产品在香料、食品、医药等工业中被广泛使用。

表 4-4　商业化油树脂产品

实例	来源	应用
胡椒油树脂	*Piper nigrum*	快餐、咖喱、酱汁、泡菜酱
青椒油树脂	*Pimenta officinalis*	泡菜酱、酸辣酱、酱汁、混合香辛料
零陵香浸膏	*Dipteryx odorata*	烟草香料（有限制）
香荚兰油树脂	*Vanilla fragrans*	酒、天然烘烤食品、甜酱
姜油树脂	*Zingiber officinale*	烘烤食品
胡芦巴油树脂	*Trigenella foemum-graecum*	混合香辛料、咖喱
拉维纪草油树脂	*Levisticum officinale*	汤、咸味酱
肉豆蔻油树脂	*Myristica fragrans*	汤、咸味和甜味酱
姜黄油树脂	*Curcuma longa*	混合香辛料、天然色素

续表

实例	来源	应用
牛至油树脂	*Origanum vulgare*	披萨馅料、香草酱
迷迭香油树脂	*Rosemarinus officinalis*	天然抗氧化剂、肉酱

图 4-2 是典型的标准化香辛料油树脂加工工艺流程图。

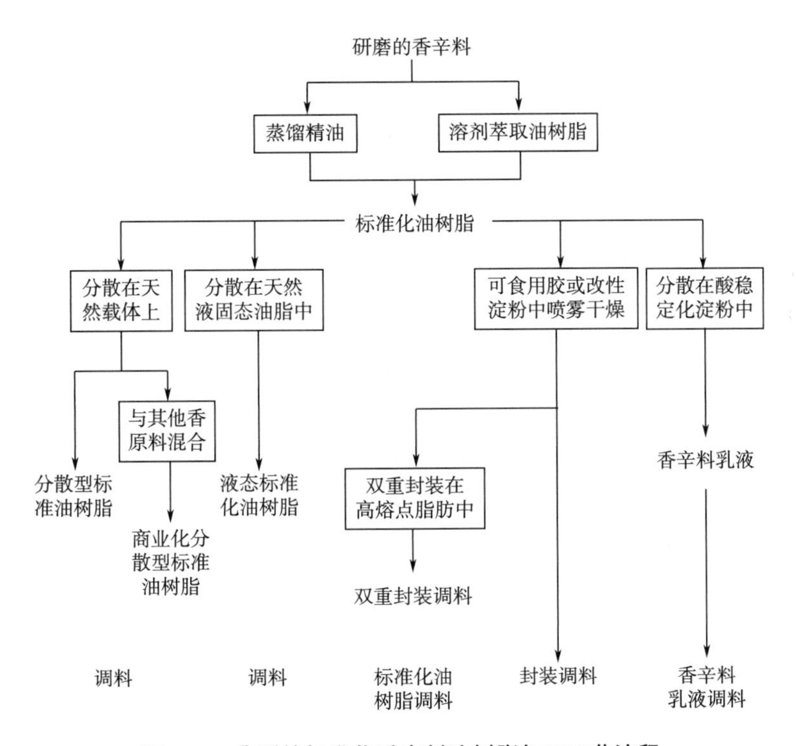

图 4-2 典型的标准化香辛料油树脂加工工艺流程

第三节 酊剂

酊剂也称乙醇溶液，是以乙醇为溶剂，在室温或加热的条件下，浸提植物原料、天然树脂或动物分泌物，将所得到的乙醇浸出液，经冷却、澄清、过滤而得到的产品，如枣酊、咖啡酊、可可酊、黑香豆酊、香荚兰酊、麝香酊等。酊剂和油树脂不一样，酊剂的溶剂是作为产品的一部分，直接添加到食品、饮料或药品中的。

“浸渍”技术有些时候也会有所改动。例如，把切片的植物原料包在纱布里，然后让溶剂浸透其中。这种“循环浸渍”方式通常比静止过滤更快，对香荚兰豆和其他比较贵的原料更有利。

很多草药和香辛料的酊剂在软饮料和酒业中使用可增强口感和味觉。当然，在这个过程中，酊剂成为酒精溶液。酊剂产品很多，例如，具有异国情调的青蒿、克里特岛的牛至和菊花，以及常见的姜、苦木皮等产品。表4-5所示为一些酊剂产品。

表 4-5 酊剂产品

实例	来源	应用
安息香树脂	*Styrax benzoin*	烟草、巧克力和香草香料
苦木皮	*Picrasma excelsa*	软饮料和含醇原料的苦味剂
布枯叶油	*Barosma betulina*	黑加仑香料
草莓叶	*Fragaria vesca*	"青" 草莓香料
黑加仑叶	*Ribes nigrum*	黑加仑香料
接骨木花	*Sambucus nigra*	饮料
香蕉	*Musa* sp.	热带水果香料
姜	*Zingiber officinale*	饮料
鸢尾草	*Iris pallida*	烟草香料、软饮料

第四节　净油

用乙醇萃取植物原料，首先得到浸膏，再用乙醇将浸膏稍微加热溶解和洗涤，合并溶解液和洗涤液，混合液再经过冷冻处理，滤去不溶的蜡质等杂质，经减压蒸馏除去乙醇，所得到的流动或半流动的油状液体称为净油。净油代表了原料的主体香气，比较纯净，是调配化妆品、香水的佳品。净油的制备工艺流程如图4-3所示。

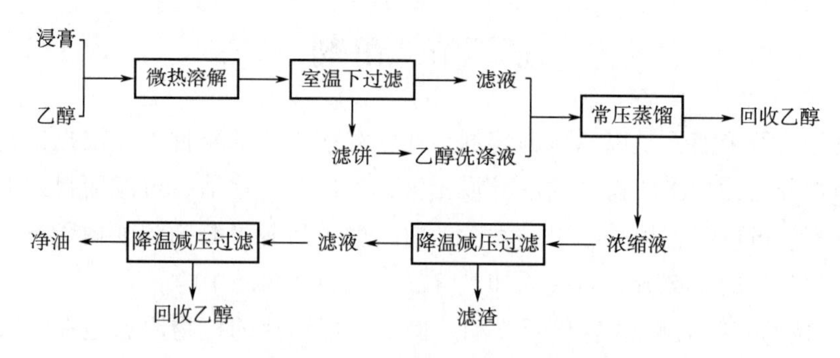

图 4-3　净油生产工艺流程

表4-6列出了以乙醇为溶剂经过浸提和纯化得到净油的一些实例。

表 4-6 **净油产品**

实例	来源	应用
玫瑰净油	*Rosa centifolia*（de Mai）/*Rosa damascena*	甜食、软饮料
茉莉净油	*Jasminum grandifolia*	果香头香
烟草净油	*Nicotiana* sp.	烟草
姜净油	*Zingiber officinalis*	饮料、酒
薄荷净油	*Mentha spicata*	口腔卫生用品
芸香净油	*Borornia megastigma*	果香
鹿舌草净油	*Trilisa odoratissima*	烟草
香荚兰净油	*Vanilla fragrans*	乳制品、酒
薰衣草净油	*Cistus ladaniferus*	无核小水果（如草莓）
黑醋栗净油	*Ribes nigrum*	天然黑加仑
含羞草净油	*Acacia decurrens*	果香
香猫净油	*Spartium junceum*	果香

在绝大多数情况下，净油呈液态，它应全部溶于乙醇中，净油这个词，相当于英语中的“Absolute”。与浸膏相比，净油中蜡质（极性小的油脂类物质）明显减少。净油的得率与浸膏中蜡质的多少有关，蜡质多，得率低，蜡质少则得率高。净油有茉莉净油、玫瑰净油等。

第五节 二氧化碳萃取物

一、概述

原则上含油或树脂的干的植物都能够用二氧化碳萃取。这个加压溶剂在萃取时的作用与前面讨论的其他有机溶剂是一样的。二氧化碳溶剂与其他溶剂相比，优势在于：①无色无味；②对食品安全，不燃；③二氧化碳流体的黏度很低，容易渗透进入植物组织；④二氧化碳流体的蒸发潜热低，容易脱除无残留；⑤通过改变萃取温度和压力，可以选择性萃取植物中的组分；⑥廉价易得。

二氧化碳萃取比传统萃取方法用途多。采用传统方法，干燥的植物经水汽蒸馏可以得到精油，用溶剂萃取可以得到浸膏、树脂、酊剂等；而采用二氧化碳萃取则可以先得到萃取物，然后进一步处理萃取物可以分别得到精油、浸膏和树脂等（图 4-4）。根据操作条件在二氧化碳临界温度之上还是之下，二氧化碳萃取有两种完全不同的操作模式。

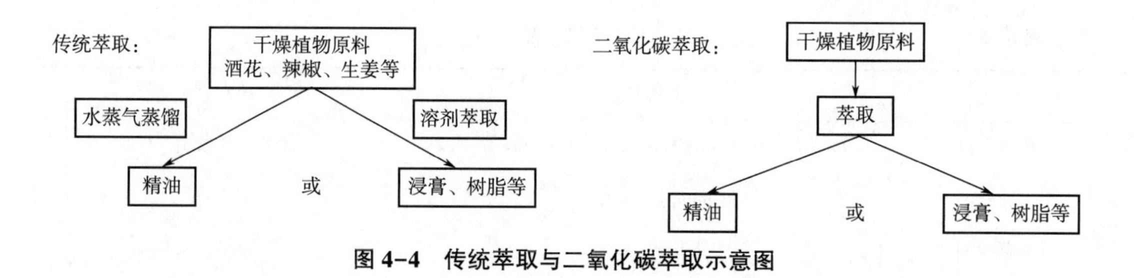

图 4-4 传统萃取与二氧化碳萃取示意图

商业上二氧化碳可用于两种不同的模式，这取决于二氧化碳在其相图（图 4-5）中是高于或低于临界点的状态。

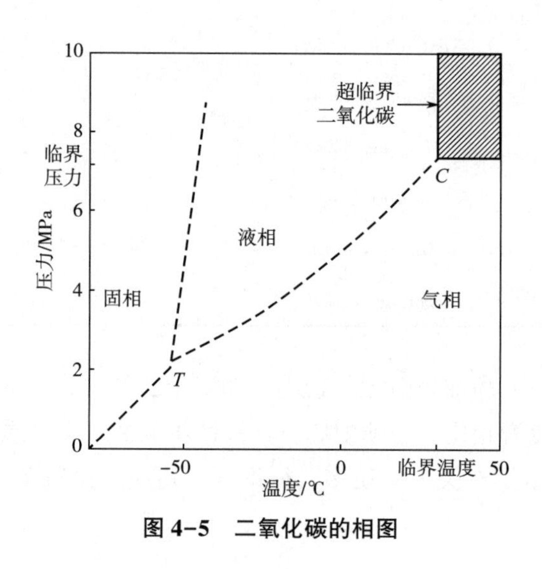

图 4-5 二氧化碳的相图

二、亚临界二氧化碳萃取

在压力为 5~8MPa、温度为 0~10℃条件下，二氧化碳可以代替水汽蒸馏法萃取精油。尽管二氧化碳萃取设备投资较大，但是这种技术能耗低，仍不失为一种可取的精油生产技术。

（一）成分的溶解性

表 4-7 列出了植物成分在液体二氧化碳中的溶解性。液体二氧化碳可以从植物原料中萃取出所有香气成分。

表 4-7 植物成分在液体二氧化碳中的溶解性

易溶	微溶	不溶
相对低分子质量烷烃、酮、酯、醚（如桉叶素）、醇、单萜和倍半萜	相对高分子质量烷烃和酯，取代萜烯和倍半萜，酸和极性含氮、含巯基化合物，碳原子数大于 12 的油脂	糖、蛋白质、多酚和蜡；无机盐；相对高分子质量化合物，如叶绿素、胡萝卜素和碳原子数大于 12 的油脂
相对分子质量低于 250	相对分子质量低于 400	相对分子质量大于 400

（二）二氧化碳萃取工艺

通过二氧化碳萃取工艺设备图（图 4-6）可以看到整个萃取过程。被萃取原料装入萃取釜，二氧化碳气体经热交换器冷凝成液体，用加压泵把压力提升到工艺过程所需的压力，同时调节温度，二氧化碳作为溶剂从萃取釜底部进入，与被萃取物料充分接触，选择性溶解出所需的化学成分。含溶解萃取物的二氧化碳流体经单向阀降压到二氧化碳临界压力以下，进入分离釜（又称解析釜）。由于二氧化碳溶解能力急剧下降而析出溶质，自动分离成溶质和二氧化碳气体两部分。前者为过程产品，定期从分离釜底部放出，后者为循环二氧化碳气体，经热交换器冷凝成二氧化碳液体循环使用。整个分离过程是利用二氧化碳流体在超临界状态下对有机物的溶解度有特殊增加，而低于临界状态下对有机物基本不溶解的特性，将二氧化碳流体不断在萃取釜和分离釜间循环，从而有效地将需要分离提取的组分从原料中分离出来。

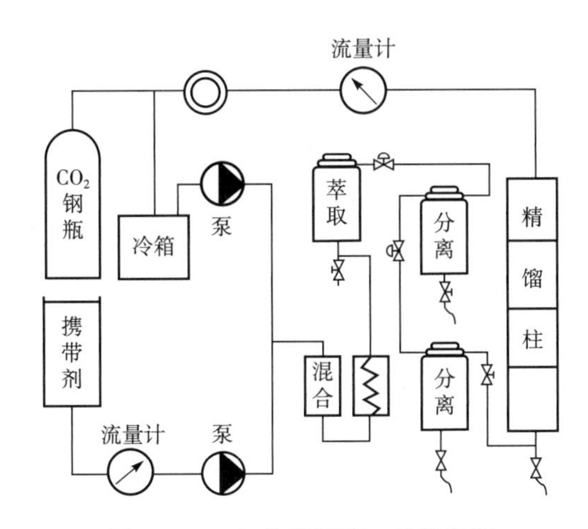

图 4-6 二氧化碳萃取工艺设备图

（三）夹带剂

在某些植物原料的二氧化碳萃取过程中需要添加“夹带剂”，以增强二氧化碳的极性，如对杜松籽油的提取。对于食品而言，乙醇是唯一合适的夹带剂。其他有机溶剂，如已烷等，可能在食品中有残留，会丧失二氧化碳萃取物在食品无溶剂残留、无毒、无害的优势。

（四）二氧化碳萃取物性质

二氧化碳流体萃取的产物中无溶剂残留，无异味，能获得更多的头香和尾香，所得芳香化合物的浓度高、溶解度高。

（五）应用

表 4-8 列出了亚临界二氧化碳萃取一些植物原料的应用。

表 4-8　　亚临界二氧化碳萃取物

实例	来源	应用
姜油	*Zingiber officinalis*	口腔卫生用品、饮料、酱汁
甘椒油	*Pimenta officinalis*	咸味酱、口腔卫生用品
丁香花蕾油	*Syzygium aromaticum*	肉、腌菜、口腔卫生用品
肉豆蔻油	*Myristica fragrans*	汤、酱、蔬菜汁
杜松籽油	*Juniperus officinalis*	含醇饮料、杜松子酒
芹菜籽油	*Apium graveolens*	汤、蔬菜汁（番茄）
香荚兰净油	*Vanilla fragrans*	酒、纯乳制品、烟草
小豆蔻油	*Elletaria cardamomum*	肉、腌菜、混合香辛料
茴香油	*Illicium verum*	酒、口腔卫生用品
芫荽油	*Coriandrum sativum*	咖喱、巧克力、果香

三、超临界二氧化碳萃取

超临界二氧化碳萃取的工作条件是压力为 10～30MPa，温度为 50～80℃。在某些情况下，在压力 8～10MPa、温度 10～50℃条件下，也可以进行分馏。

（一）成分的溶解性

一般而言，超临界二氧化碳流体能够像有机溶剂从香料植物中萃取可溶成分得到油树脂那样，从植物中萃取出所有可溶性成分。这些油树脂没有有机溶剂残留，而且能够进一步分馏得到精油。任何“超临界二氧化碳萃取”的条件都必须认真研究，以确保需要的成分都没有损失。

（二）成本

超临界二氧化碳流体萃取得到的油树脂没有溶剂残留，但是这种萃取技术与传统溶剂萃取技术相比成本高得多。日常操作成本差不多，但商业规模的高压超临界工厂固定成本高达几百万美元，而溶剂萃取设备仅需要几千美元。溶剂萃取油树脂比超临界萃取油树脂的成本低。

（三）分馏

超临界二氧化碳萃取技术与亚临界二氧化碳萃取技术、溶剂萃取技术相比，还有一个特殊的优势，即能够通过改变超临界二氧化碳流体的工作压力对油树脂进行分馏，“切出”需要的部分。这个概念是由 Brogle 在 1989 年报道的，其他人把这个概念应用于一些实验中，其中包括 Sankar 从胡椒油树脂超临界二氧化碳萃取制备胡椒油的实验。

（四）应用

一些超临界二氧化碳萃取物的应用实例，如表 4-9 所示。

表 4-9　超临界二氧化碳萃取物

实例	来源	应用
胡椒油树脂和精油	*Piper nigrum*	香辛料、肉、沙拉酱
丁香花蕾油树脂	*Syzygium aromaticum*	口腔卫生用品、肉
姜	*Zingiber officinale*	香辛料、甜品
桂皮	*Cinnamomum zeylanicum*	烘烤食品、甜品
丁香花	*Syringa vulgaris*	—
孜然	*Cuminium cyminum*	墨西哥和印度菜
墨角兰	*Majorana hortensis*	汤、咸酱
香薄荷	*Satureja hortensis*	汤、咸酱
迷迭香	*Rosemary officinalis*	抗氧化剂、汤
鼠尾草	*Salvia officinalis*	肉、酱、汤
百里香	*Thymus vulgaris*	肉、药品

思考题

1. 天然植物加工的产品主要有哪几类？它们的定义是什么？
2. 在植物原料萃取之前有哪些技术可以用来优化其香气？
3. 溶剂的哪些性质会影响萃取物的成分组成？
4. 试比较超临界二氧化碳萃取、亚临界二氧化碳萃取和有机溶剂萃取的优劣。

第五章
食品用热加工香料

【学习目标】

1. 了解食品用热加工香料的定义、发展历史和美拉德反应的机制。

2. 熟悉食品用热加工香料生产时发生的化学反应、香味的形成、生产过程和应用以及热加工产生的香味物质。

3. 重点掌握食品用热加工香料的加工、应用、质量要求和安全性问题。

第一节 概述

食品香味发展和创造的历史起始于天然提取物和化学合成物质的使用。本章论述香精发展史上一些突破性的时刻和在香精调配中使用的材料。最初用于调制香精的原料是草药、香料及水果的天然提取物，这些材料可以经过巧妙的搭配而形成独特的香味。天然香原料的特征香味来自天然物中含有的易挥发成分。尽管许多天然物中的易挥发成分含量很低，但是天然香原料的来源丰富，足够提供充足的可用物质。随着化学学科的发展，尤其是对有机化学和分析化学的深入研究，人们发现了许多天然提取物的“秘密”，并模拟出来，用于调配更高品质的香精。时至今日，已有2000种以上的化学合成物质被运用在香精调配上。

人们对香精的兴趣起源于用这些天然提取物或者化学合成物质来提高食物的香味品质。人们可以利用这些材料制造糖果制品或其他精制食品、饮料，或者加强其特征香味。然而，我们喜爱的食品大多是熟制的，其香味很多是来自烹调或其他处理。只有在极少数情况下人们才会食用生肉；咖啡豆也是同样情况，几乎没有人会食用未经处理的咖啡豆。我们所喜爱的很多香味是食物在一定的温度下，加热到合适的时间时产生的。人类一直钟爱熟肉，但在一些特殊情况（如战时）难以获得熟肉。大约 150 年前，荷兰的利比希（Liebig）和瑞士的马吉（Maggi）尝试用水解蔬菜蛋白（HVP）作为肉类香味的替代物，并且将该项发明应用到商业发展中。今天，雀巢公司仍在生产水解植物蛋白（HPP），并以 Maggi 命名。

这种在热加工条件下制作的香味物质被全世界食品生产商所使用。它们被称为水解蔬菜蛋白（HVP）或水解植物蛋白（HPP）及水解动物蛋白（HAP）。据估计，美国每年生产近 9000t 此类产品，与欧洲的情况类似。直到 20 世纪 50 年代后期，这种水解蛋白仍是唯一可用的食品用热加工香料。

香精行业用“食品用热加工香料”来归类那些经过烹调或加热处理而形成的调味品。世界上的许多组织，包括监管机构，已采纳这种分类方法来定义那些通过加热各种材料而产生其他物质特征香味的香味料，这些特征香味包括各种肉类、咖啡、可可甚至坚果香味。本章讨论食品用热加工香料生产时发生的化学反应、香味的形成、生产过程和应用及加工产生的香味物质。

第二节　食品用热加工香料的历史

最开始，水解植物蛋白作为肉类提取物的替代品是为拿破仑战争的需要而开发的，但是肉味香精真正的繁荣却是由第二次世界大战带来的。当时，英国政府开始启动花生计划来生产花生油，此计划的结果之一就是花生油的生产带来了大量蛋白质副产品，生产商试图让这些蛋白质副产品创造价值，因此推动了对蛋白质和氨基酸进行热处理产生香味的研究。

牛肉香味的研究开始于 1951 年，是由联合利华在英国贝德福德的柯沃斯实验室组织进行的。与此同时，世界各地的其他实验室也在运用科技手段试图了解肉类香气。

克罗克（Crocker）研究了肉中的化合物及其在热处理或烹调过程中形成的特征香味之间的关系。研究表明，肉中的水溶性化合物产生了肉类蒸煮及焙烤的香味。烹调肉类产生的特征香味与肉中存在的脂肪有关。

梅（May）在 1995 年发表了联合利华的早期研究结果。他从两个方面进行了阐述。一方面是分离和鉴定烹煮牛肉产生的香味物质，另一方面是分离和鉴定产生牛肉香味物质的前体物质。研究结果表明：烹调牛肉时产生的许多挥发性成分都是含硫化合物或者羰基化合物，且其中所含的小分子水溶性物质是产生烹煮牛肉香味的主要前体。这些小分子水溶性化合物以氨基酸、小肽及氨基糖、还原糖为主。他们发现，经过烹调后，牛肉中的一些氨基酸和糖类的量有所减少甚至消失，尤其是半胱氨酸和核糖。这些发现及对加热前体物质氨基酸和糖类产生肉类香味的研究，使联合利华获得了此类香精研究的首个专利。

第三节 美拉德反应

20世纪初，法国的美拉德最先对氨基酸和糖类基本反应进行了研究。至今，大量的出版物和论文在论及氨基酸和糖类反应机制的时候都以美拉德的名字对其命名，称其为“美拉德反应”。1953年，霍奇（Hodge）也报道了美拉德反应与食品香味之间关系。在他所建立的模型体系中，他认为还原糖的羰基和游离氨基酸（或是肽/蛋白质）最先反应生成了席夫碱（Schiff碱），而后Schiff碱经过环化和阿马道里（Amadori）重排生成了脱氧还原酮。美拉德反应的大致路径如图5-1所示。

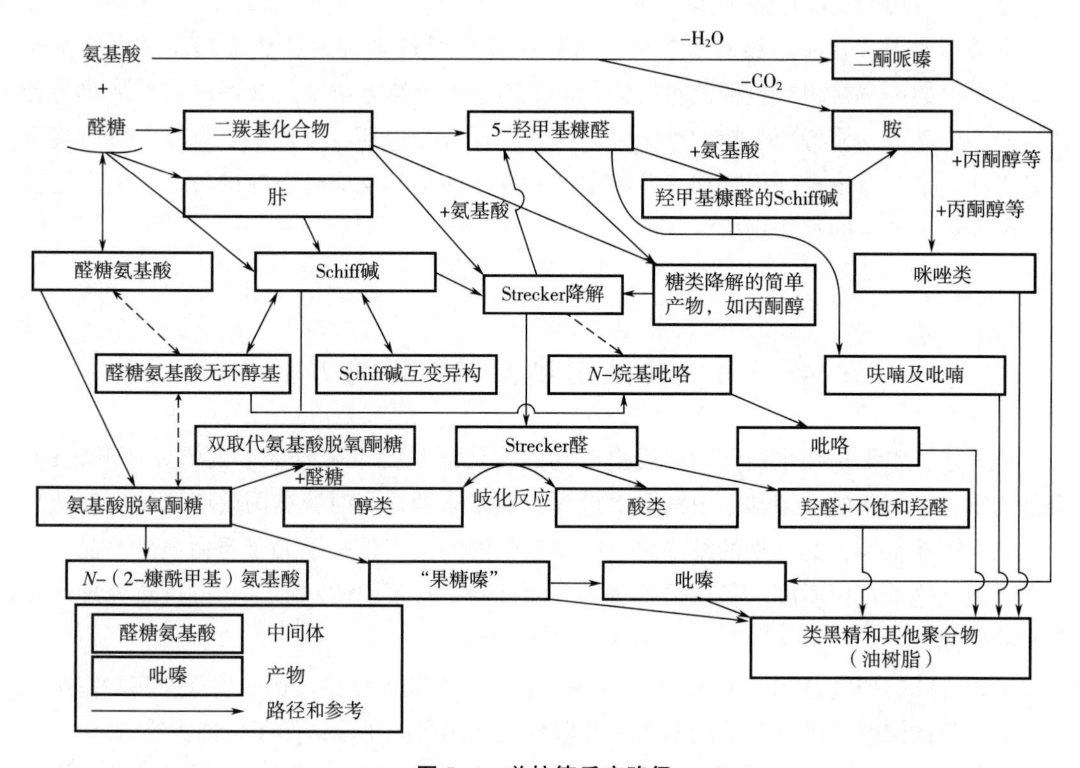

图5-1 美拉德反应路径

烹调食品在热处理过程中发生的反应类型、反应前体物质及发生的变化如表5-1所示。从人们开始研究肉类香味至今，近50年来已有数以千计的相关报道，同时也有相似数量的香味化合物被鉴定出来。随着分离技术（气相色谱法和液相色谱法）、定量技术（质谱法）及计算机技术的发展，这项曾经很艰难的科学项目已进入日常的分析研究行列。如表5-1所示。

表5-1 食品用热加工香料反应前体物质、反应类型及变化

前体物质	反应类型	变化
蛋白质	美拉德反应	香味生成

续表

前体物质	反应类型	变化
氨基酸	氧化反应	颜色形成
肽	斯特勒克（Strecker）降解	香气变化
脂肪	聚合反应	污染物产生
脂肪酸	硫代反应	不良香味形成
糖类	水解反应	口感强化
碳水化合物		质构变化
核苷酸		
维生素		

第四节 热加工芳香物质及其前体

本节介绍一些主要的芳香物质及其前体，这将使我们对食品用热加工香料的化学反应有一个基本的了解。

一、吡嗪

吡嗪是由美拉德反应中碳水化合物的裂解产生的。美拉德反应中主要的裂解途径是羟醛缩合反应。吡嗪是美拉德反应生成的易挥发性芳香物质中很重要的一种，直接参与形成烧烤香味。一些吡嗪类物质具有很低的阈值，例如2-异丁基-3-甲氧基吡嗪是一种具有灯笼椒香味的物质，它在水溶液中的阈值为0.002μg/L。

在许多烹调食品中都发现了吡嗪类物质，如2-甲基吡嗪、2,3-二甲基吡嗪、2,5-二甲基吡嗪、2,6-二甲基吡嗪、2-甲基-3-乙基吡嗪、2-甲基-5-乙基吡嗪、三乙基吡嗪、2,5-二甲基-3-乙基吡嗪、2,3-二甲基-6-乙基吡嗪、四甲吡嗪和2,5,6-三甲基-3-乙基吡嗪等。人们建立了许多反应模型体系来研究各种吡嗪的生成机制，如图5-2所示。

二、噻唑、噻唑啉和噻唑烷

噻唑是由维生素 B_1（硫胺素）热降解生成的，维生素 B_1 热降解时会生成3种噻唑衍生物，其大致反应机制如图5-3所示。噻唑是肉类香精中肉味的重要贡献者，被广泛应用于仿肉香精的生产中。

D-葡萄糖、氨及硫化氢混合反应会生成噻唑类物质，此反应体系的主要产物是2-乙基-6-甲基-3-羟基吡啶和2-乙基-3,6-二甲基吡嗪，另外还有2-甲基噻唑、4-甲基噻唑、2-正丙基噻唑、2-甲基-4-乙基噻唑、三甲基噻唑、2-乙酰基噻唑、2-甲基-4-

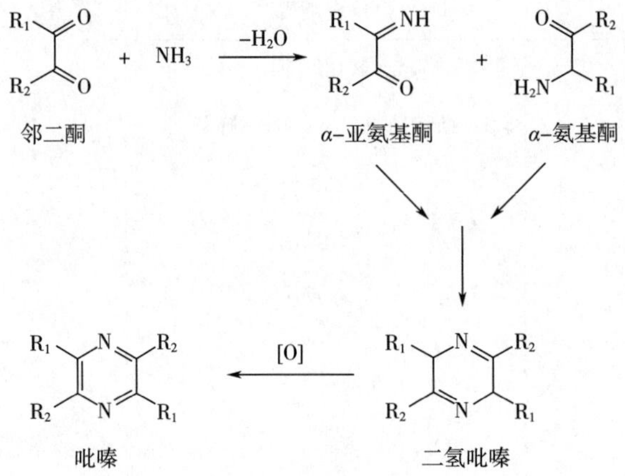

图 5-2　吡嗪生成机制

其中 R_1 = H、CH_3—或 CH_3CH_2—；R_2 = H、CH_3—或 CH_3CH_2—。

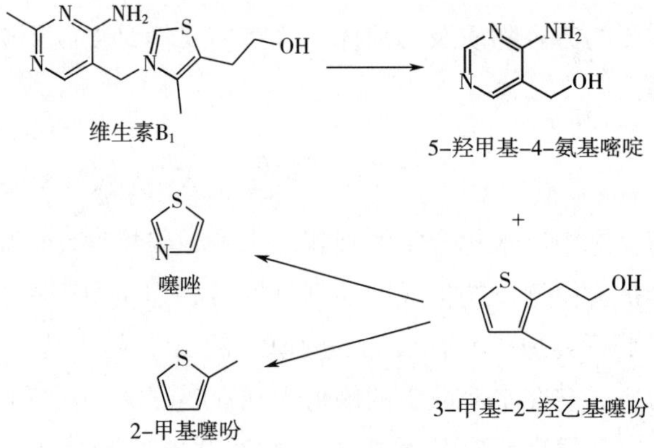

图 5-3　噻唑生成机制

丙基-5-乙基噻唑、4,5-二甲基-2-异丙基噻唑、2-丙基-4-乙基-5 甲基噻唑、2-丁基-4,5-二甲基噻唑、2-丁基-4-甲基-5-乙基噻唑、2-苯基-5-甲基噻唑、苯并噻唑和 2-乙酰基-2-噻唑等。

三、噻吩

噻吩广泛存在于洋葱等蔬菜中，在熟肉中也有发现。富含糖和含硫氨基酸的美拉德反应体系会生成大量的噻吩类物质。

噻吩的气味阈值很低，而且香味极其突出。但是由于噻吩类物质很不稳定，它们对食品用热加工香料的香味贡献不是很大。

四、呋喃和呋喃酮

呋喃是美拉德反应产物中最为丰富的易挥发性物质，它们具有碳水化合物加热时所产生的焦糖气味。许多食品用热加工香料和烹调食品的甜味都来自糖类物质的降解产物。此类物质中比较重要的有：麦芽酚、异麦芽酚、5-乙基-2-羟基-3(2H)-呋喃酮，2,5-二甲基-4-羟基-3(2H)-呋喃酮（Maggi 酯）和 3-甲基-2-羟基-3-甲基-2-环戊烯-1-酮；另外，还有糠醇、2-乙基呋喃、5-甲基糠醛、糠醛、2-乙酰基-5-甲基呋喃、5-甲基-2-丙酰呋喃、乙基糠基硫醚、2-丙酰基呋喃、4-(2-呋喃基)-3-丁烯-2-酮、3-(2-呋喃基)-2-甲基-2-丙烯醛、二糠基醚、2-丁基呋喃和 3-苯基呋喃等。呋喃酮的生成机制如图 5-4 所示。

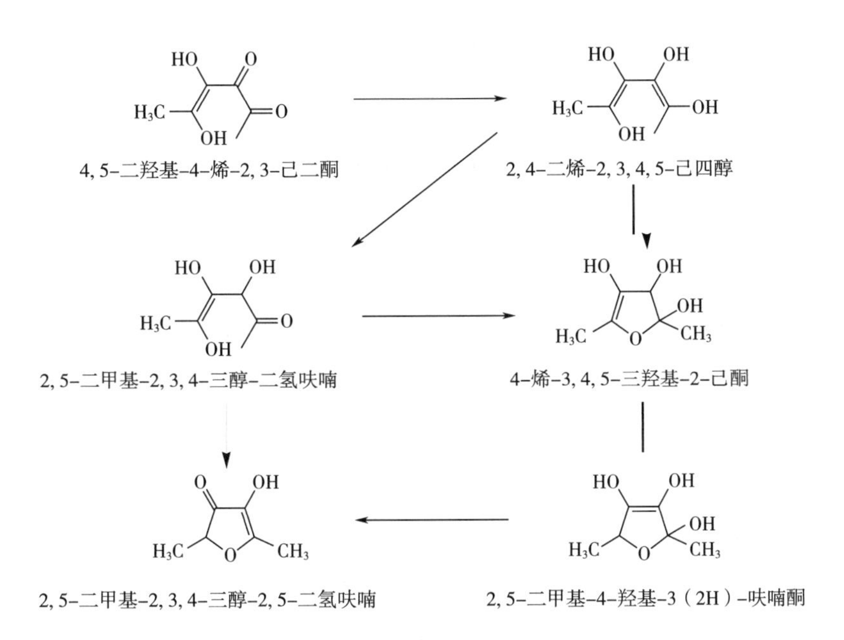

图 5-4 呋喃酮生成机制

有含硫物质存在时，呋喃酮会与之进一步反应生成噻吩酮和噻吩。此类物质存在于许多烹调食品中，并且为之提供特征香味。

呋喃酮形成了许多水解植物蛋白的香味，这可能是水解植物蛋白作为肉味香精的原料而流行的原因。

五、吡咯

吡咯是一种杂环化合物，它还没有被作为烹调食品的香味成分进行深入研究。由美拉德反应生成吡咯类物质的大致途径如图 5-5 所示。含有鼠李糖和氨的美拉德反应模型体系可以产生 8 种吡咯类物质。

吡咯类物质具有甜味和玉米香味，有些像呋喃酮一样有焦糖香气，如 2-乙酰基吡咯。一部分吡咯类物质作为香味物质加入食品中已被认为是安全的，常见的有2-丙基吡咯、2-乙酰基吡咯、3-甲基-4-乙基吡咯、*N*-甲基-2-吡咯甲醛、吲哚和*N*-甲基吡咯等。

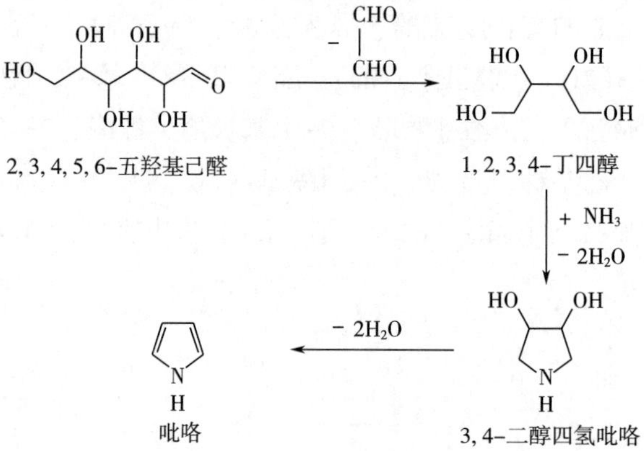

图5-5 吡咯生成机制

六、吡啶

从烤羊肉等熟制食品的脂肪中分离出许多乙酰基吡啶类物质，此类物质是由脂肪经过热反应生成的，可以产生肉类的特征香味。在牛脂/甘氨酸热反应体系中，来自牛脂的壬醛和甘氨酸生成的氨相互作用可以生成2-丁基吡啶。

吡啶具有独特的香味，可以作为一种香精添加剂；但也可以带来不良气味，吡啶的浓度对此起着极其重要的作用。

七、氨基酸

蛋白质水解液能够很好地代替肉味香精的原因有很多，其中一个原因是蛋白质水解液中含有多种氨基酸，这些氨基酸的分子结构与肉类中的氨基酸分子结构相似，并且价格低于肉类提取物。在蛋白质水解液的生产过程中，使用强无机酸（通常是盐酸）来催化蛋白质降解作用，可得到自由氨基酸或者小的多肽。在反应过程中产生的异味可以用活性炭去除。从不同蛋白质源得到的各种蛋白质水解液中的氨基酸如表5-2所示。此外，氨基酸还可以来源于自溶酵母提取物、肉类提取物和由提取或发酵、合成而来的氨基酸纯化物。

表5-2 各种蛋白质水解液中氨基酸组成（每100g） 单位：g

氨基酸	精牛肉	小麦蛋白	大豆	酵母（自溶产物）
天冬氨酸	7.3	3.8	11.7	10.1
苏氨酸	4.4	2.6	3.6	0.5

续表

氨基酸	精牛肉	小麦蛋白	大豆	酵母（自溶产物）
丝氨酸	3.7	5.2	4.9	4.5
脯氨酸	4.3	10.0	5.1	5.1
谷氨酸	15.9	38.2	18.5	11.6
甘氨酸	4.0	3.7	4.0	5.4
丙氨酸	5.6	2.9	4.1	7.3
缬氨酸	4.3	2.9	5.2	6.0
异亮氨酸	4.3	1.6	4.6	4.6
亮氨酸	7.3	2.8	7.7	6.9
酪氨酸	2.5	0.2	3.4	2.9
苯丙氨酸	3.0	3.3	5.0	3.9
赖氨酸	7.5	1.9	5.8	7.1
组氨酸	2.4	2.0	2.4	2.2
精氨酸	6.0	3.4	7.2	7.1
甲硫氨酸	2.1	1.1	1.2	1.6

只是将氨基酸简单地混合起来，发生反应，并不能保证一定能得到特定种类的肉味香精。这就突出了香味化学的复杂性。虽然科学研究已经初步探索了肉类香精的基本情况，但是细节之处仍然需要依靠香味化学家进行不断完善，这需要研究者具有艺术和科学两方面的知识。

香精的另一个性质是具有增强味觉（来源于其中的氨基酸）的效果，这种味觉感受被称为鲜味。大约一个世纪以前，研究者就发现了氨基酸增强味觉的作用，并加以研究和商业化应用。在大多数蛋白质中都能发现大量的*L*-谷氨酸一钠盐，尤其在蔬菜蛋白中含量特别高，是一种广泛存在的香味增强剂。从20世纪50年代早期开始，全世界都把氨基酸盐应用于食品工业。由于使用广泛，公众和监督管理者担心过度使用谷氨酸钠（通常称为味精）可能危害食品安全。美国食品药品管理局（Food and Drug Administration，FDA）已经做过几次对使用谷氨酸钠安全性的审查，但还没有对它的使用采取任何措施。FDA的政策是：对于谷氨酸钠的拟定用途是安全的，但是由于公众存在担忧，所以谷氨酸单钠（MSG）必须标示在所有使用它的食品的标签上；但在香精的标签上不标，这是因为FDA规定，香精中不允许使用香味增强剂，特别是MSG。美国农业部和FDA的商标规定要求谷氨酸钠必须标示在产品成分明细中。这项政策已经扩展到复合香精的大部分商标中。在整个欧洲也实行这种要求。

人们发现被称为鲜味的香味增强效果在高品质咸味香精的整体发展中发挥着重要作

用。底物（羹汤、肉汁或者酱汁）与添加的谷氨酸钠之间存在协同作用，这样会提高最终产品的整体香味和口感。然而，单独使用谷氨酸钠并不能得到产生肉香味的效果。

八、核苷酸

核苷酸是一般食物的组成部分，和谷氨酸钠一样，核苷酸也具有鲜味效果。它们不仅比谷氨酸钠的鲜味效果更强，而且与谷氨酸钠有协同作用，所以将少量的两种物质同时加入食物中时，就能得到很好的鲜味提高效果。两种主要的核苷酸是5′-肌苷酸二钠（肌苷-5′-单磷酸，IMP）和5′-鸟苷酸二钠（鸟苷-5′-单磷酸，GMP）。从20世纪50年代后期开始，这种利用发酵过程制备的5′-肌苷酸二钠和5′-鸟苷酸二钠50∶50混合物就被广泛应用，开始商业化生产。

核苷酸不仅是很好的鲜味增强剂，它们还参与肉香味的实际形成。联合利华的另一个团队对肉化学科学做了重要的补充，他们证明硫化氢与4-羟基-5-甲基-3(2H)-呋喃酮反应时会产生一系列具有肉香味的巯基呋喃和噻吩衍生物，并认为二氢呋喃是由核糖核苷酸中核糖-5-磷酸衍生而来的。有证据显示呋喃也可以来自糖类的热分解。

九、醛和酮

尽管醛和酮在所有烘烤产品中都已被发现，但是它们对肉香味的形成并不起主要作用，而是对其他一些烘烤食品，比如咖啡或者巧克力有着重要作用。糖与氨基酸发生strecker降解反应产生α-氨基酮。具有不同化学结构的strecker醛类物质可以经转氨反应和脱羧反应，由不同的前体氨基酸生成2-甲基丙醛、2-苯乙醛、2-和3-甲基丁醛。一些在肉类香精挥发物中发现的醛和酮有3-己酮、4-甲基-2-戊酮、己醛、2-己烯醛、3-甲基-4-庚酮、2-庚酮、3-庚烯醛、(*E*)-2-辛烯醛、2-壬烯醛、4-乙基苯甲醛、癸醛、2,4-壬二烯醛、2-十一酮、十一醛、2,4-癸二烯醛、5-十三酮、2-十二烯醛（醇）、十二烯醛（醇）、2,4-十一二烯醛、十四醛、2,4-癸二烯醛、苯甲醛、壬醛、辛醛和庚醛等。

第五节　熟食中的香味成分

为了创造新的香精，调香师应该了解食物香味中每种挥发性成分的作用。以下讲解各种熟食中的重要香味成分，以及它们在呈现香味中的作用。

一、牛肉中的香味成分

劳里（Lawrie）在1982年发表了对牛肉香味成分的研究结果：吡咯并[1,2-a]吡嗪、4-乙酰基-2-甲基嘧啶、4-羟基-5-甲基-3-(2H)-呋喃酮、2-烷基噻吩、3,5-二甲基-1,2,4-三硫环戊烷。

另外，表5-3中列出了一些肉类中的挥发性化合物。这些化合物中有许多是香味化学家用来调配香精的（经过美国FDA、FEMA GRAS或欧洲理事会注册审批）。但是有些物质无法用来调配香精，香味化学家已经找到相似的化合物来代替这些物质；还有一些成分是在香精反应过程中产生的。

表5-3 **肉类挥发物中各种化学成分的占比** 单位：%

化合物种类	牛肉	鸡肉	羊肉	猪肉	熏肉
醇类和酚类	64	32	14	33	10
醛类	66	73	41	35	29
羧酸类	20	9	46	5	20
酯类	33	7	5	20	9
醚类	11	4	—	6	—
呋喃	40	13	6	29	5
烃类	123	71	26	45	4
酮类	59	31	23	38	12
内酯	33	2	14	2	—
含氮杂化物	6	5	2	6	2
含硫杂化物	90	25	10	20	30
噁唑和噁唑啉	10	4	—	4	—
吡嗪	48	21	15	36	—
吡啶	10	10	16	5	—
噻唑和噻唑啉	17	18	5	5	—
噻吩	37	8	2	11	3

二、鸡肉中的香味成分

熟鸡肉的香味与熟牛肉的香味有很大不同。肉中被烹饪的脂肪部分是影响最终香味组成的决定性因素。鸡肉也是这样的，鸡肉脂肪的分解产物对香味会产生重要的影响。熟鸡肉香味特征的形成很大程度上与（Z）-4-癸烯醛、反-2-顺-5-十一碳二烯醛和反-2-顺-4-反-5-十三碳三烯醛有关。这些化学物质在香精配方中都会用到。此外，尽管不饱和醛具有十分重要的作用，但是其他成分也影响香味。

三、猪肉中的香味成分

猪肉香味与牛肉或者鸡肉的香味有很大的不同。主要的特点是其具有硫的香韵。维

生素 B_1 的分解对猪肉香味影响很大。3-巯基丙醇、3-乙酰基-3-巯基丙醇、4-甲基-5-乙烯基噻唑等化合物形成了猪肉香味的特点。

四、培根中的香味成分

早期对香味的研究工作主要强调对火腿、香肠和熏肉的香味分析，近来的工作致力于分析油炸培根的挥发物质。已经鉴别出超过 135 种化合物。

烃类、醇类和羰基化合物占已发现的化合物中最大的部分，但这些化合物很多都没有培根或肉类的香味或味道。已经发现的化合物，如 2-羟基-3-甲基-2-环戊烯-1-酮（俗称甲基环戊烯醇酮）和乙酰丙酰（2,3-戊二酮）提供了培根香味中较多的焦甜香和黄油味特征。此外，在熏培根的挥发物中发现了通常在木材烟雾中出现的苯酚、愈创木酚和 4-甲基愈创木酚等酚类物质。

在炸培根中发现了 22 种吡嗪，包括 2,6-二甲基吡嗪、三甲基吡嗪和 5,6,7,8-四氢喹喔啉；12 种呋喃，包括 2-正戊基呋喃；以及 3 种噻唑、2 种噁唑和 6 种吡咯，包括 2-乙酰基吡咯。在其他肉类（尤其是猪肉）的挥发物中也鉴别出了这些化合物。

五、烤坚果和种子中的香味成分

烤制的坚果和种子的香味特征来自前体物质的高温反应处理。

在经过水汽蒸馏法处理的芝麻油提取物中已经鉴别出超过 221 种挥发物。烤种子香味的总体特点，通常被描述为烤香和坚果香，这种香味一般对烘烤条件的依赖性很强。香味研究结果表明糠硫醇、愈创木酚、2-苯基乙硫醇和 4-羟基-2,5-二甲基-3(2H)-呋喃酮等化合物是其最重要的香味成分。

炒花生的研究比较详尽，已经有超过 279 种挥发成分被鉴别出来。鉴别出的化合物主要类别是吡嗪、硫化物、呋喃、噁唑、脂肪烃、吡咯和吡啶。

六、咖啡中的香味成分

烘焙咖啡豆产生的香精成分最复杂。这些香味物质是在咖啡豆的发酵过程和最后的烘焙过程中产生的。在烘焙咖啡中已经鉴别出了超过 1000 种化合物。研究表明这些化合物中的 60~80 种形成了烘焙咖啡的香味特征。在挥发物中发现了大量的吡嗪、醛类、呋喃、酸类和硫醇化合物。咖啡豆在烘焙过程中会形成超过 80 种吡嗪。具有浓烈的绿色蔬菜类气味的 2-甲氧基-3-异丙基吡嗪和 2-甲氧基-3-异丁基吡嗪都存在于绿色未焙炒的咖啡豆中，并且最后形成了烘焙咖啡的香味效果。这些吡嗪和其他由氨基酸与还原糖经美拉德反应得到的吡嗪组成了烘焙咖啡香味中挥发成分总量的 14%。

甲硫基丙醛是烘焙咖啡香味中的必要组成部分。甲硫基丙醛有一种类似煮过的马铃薯的香味，但是它可以经过分解形成更不稳定的甲硫醇。由新近烘焙或者研磨的咖啡产生的这种低浓度化合物会产生令人愉悦的香味。来源于含硫化合物的“臭鼬香韵”很容易让人想起新烘焙的咖啡。

有3种呋喃也被认为对烘焙咖啡香味特征的形成有重要作用。它们分别是3-羟基-4,5-二甲基-2(5H)-呋喃酮、3-羟基-4-甲基-5-乙基-2(5H)-呋喃酮和4-羟基-2,5-二甲基-3(2H)-呋喃酮。这些化合物具有焦糖香味，并且存在于多种经热处理的食物中。

七、可可/巧克力中的香味成分

可可香味的产生来自发酵过程释放出的氨基酸和糖类及其随后的烘焙过程。在可可挥发物中发现的化合物与在咖啡香气中发现的大体相同。发酵和烘焙条件（时间和温度）对香味特征有重要的影响。吡嗪类物质仍然是可可香味的特征物质。在120~135℃烘焙15min会产生最大量的吡嗪类化合物。与咖啡一样，可可和巧克力的香味十分复杂，是由多种化合物共同形成的整体香味以及香味的品质。

没有报道证实在可可豆中发现胱氨酸或者半胱氨酸。相对于发酵后可可豆中的其他氨基酸来说，唯一的含硫氨基酸——甲硫氨酸的含量比较低。如果存在更多的含硫氨基酸，那么可可就会具有非常不同的香味类型。

一种名为St. John′s Bread的可可替代物是以烘焙的角豆树（槐豆）豆荚为原料进行商业生产的。它是生产槐树豆胶的副产物。去除种子的豆荚经过筛选、干燥（烘焙）和粉碎或者研磨可制成一种可可类原料。其香味类型与较低品质可可粉相似。

八、焦糖、糖蜜和枫蜜中的香味成分

焦糖、糖蜜和枫蜜香味都是由糖类的热分解，也就是由碳水化合物的热分解和重组形成的，所以有共同的香味类型。其中呋喃酮化合物，例如4-羟基-2,5-二甲基-3(2H)-呋喃酮和2-羟基-3-甲基-2-环戊烯-1-酮，是其香味的主要成分。

九、面包中的香味成分

从烤面包的香气中已经鉴别出将近300种挥发性化合物。含量最多的化合物构成香基，其次是醛类和酮类。据报道最具有饼干特征气味的化合物是2-乙酰基-1-吡咯。

十、水解植物蛋白

水解植物蛋白已经成为肉味香料的替代品，是食品用热加工香料的基础。蛋白质水解过程如图5-6所示。水解时氨基酸被释放，在随后的加热过程产生了挥发性化合物，这些挥发物也存在于其他经过烹调的或者烘焙的食物中。一些比较重要的挥发物如下所述。①吡嗪类：如吡嗪、2-甲基吡嗪、2,5-二甲基吡嗪、乙基吡嗪、2,6-二乙基吡嗪、2,3-二乙基吡嗪、2-异丙基吡嗪、2-乙基-6-甲基吡嗪、2-乙基-5-甲基吡嗪、2,3,5-三甲基吡嗪、2-乙基-3-甲基吡嗪、2-乙烯基吡嗪、2-乙烯基-6-甲基吡嗪、2-乙烯基-3,6-二甲基吡嗪、2-乙烯基-3,5-二甲基吡嗪、2-乙烯基-2,5-二甲基吡嗪、2-异丁基-6-甲基吡嗪、2-异丁基-5-甲基吡嗪、2（2′-呋喃基）-5(6)-甲基-吡嗪、2,3,5,6-

四甲基吡嗪和6,7-二氢-5H-环戊醇-吡嗪等；②含硫化合物：如甲硫醇、二甲基硫醚、乙基甲基硫醚、二乙基硫醚、2-甲基噻吩、二甲基三硫、糠基甲基硫醚、甲基苄基二硫醚和3-甲硫基-1-丙醇等；③呋喃酮类：如3-羟基-4-甲基-5-2(5H)-呋喃酮；④酚类化合物：如愈创木酚、4-乙基愈创木酚、对甲酚和间甲酚等；⑤醛类化合物：如5-甲基糠醛和苯甲醛等；⑥酸类化合物：如乳酸、琥珀酸、乙酸、甲酸、乙酰丙酸和焦谷氨酸等。

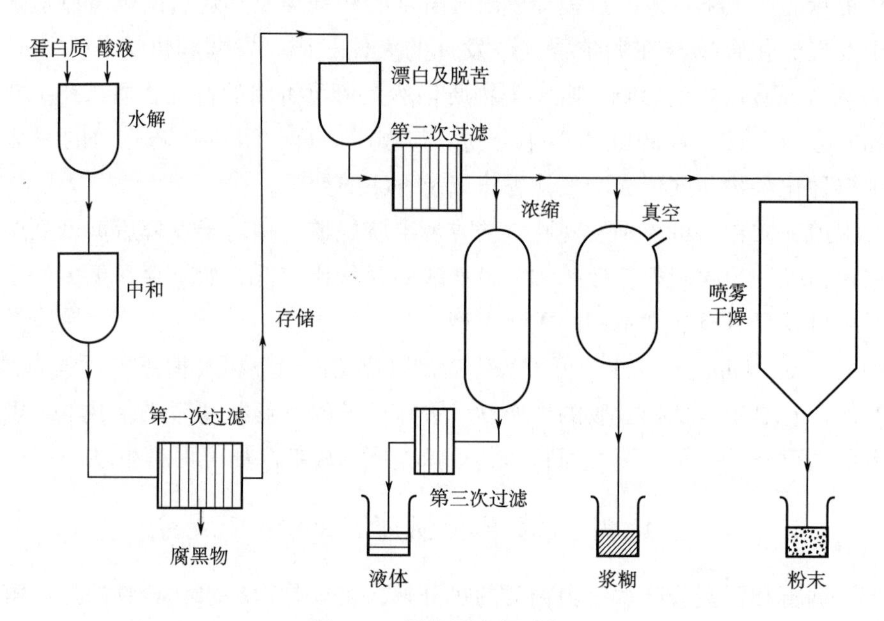

图5-6　蛋白质水解过程

第六节　食品用热加工香料的原料

香味学家用于合成香料的原材料范围十分广泛。他们的创造性发展的重点集中于一些重要的“模块”，这些“模块”具有熟食在制作时产生的一些重要香味类型。这些原材料可以被称为食品，例如肉类提取物或者可可粉，或者它们可以用作反应混合物或者芳香化学品的混合物（美国食品药物主管机构检验安全可靠的香料原料）。香味学家的选择要兼顾消费者所期望的香味类型、香精的用途（香精研发非常重要的一部分）和由消费者提出的成本参数。

一、肉类提取物

肉类提取物是许多食品用热加工香料的主要成分。肉味香精的前体氨基酸存在于肉类提取物中，因此它是与其他氨基酸、还原糖、水解产物、自溶产物和脂肪发生反应的良好基础原料。鉴于肉类提取物的费用较高，因此在制备食品用热加工香料时使用过多的肉类提取物会提高成本。而在很多情况下食品用热加工香料要模仿肉类提取物的香味。

二、水解蛋白

由于水解蛋白包含多种自由形式的氨基酸，这些氨基酸有助于产生肉类或烘烤的香味，所以水解产物是香精研发的一种重要底物。水解植物蛋白为香精制造商研发食品用热加工香料提供了廉价的氨基酸来源。

然而，一些食品企业已经要求香精中不能含有水解植物蛋白，因为在加工过程中会形成一些污染物。在美国，不含水解植物蛋白的香味物质才被认可作为"清洁标签"的香味物质。美国的标签规定允许在标签术语"天然香精""香精""人工香精"或混有其他香料（在美国称为"WONF 香料"）的"天然香精"的组合术语下捆绑某些香精成分。在这些标签条款下，某些成分不需要披露。尽管美国 FDA 认为水解植物蛋白是一种天然香料，但是若香料或食品中含有这类物质则必须在标签上标注出来。水解植物蛋白质的种类也必须披露出来。因此如果香精含有水解玉米蛋白和水解大豆蛋白就必须在其标签上标注水解植物蛋白来源于水解玉米和大豆蛋白。"清洁标签"的香精不能含有任何水解植物蛋白或者其他一些成分。

三、酵母产品

食品用热加工香料中的酵母原料，如自溶酵母提取物，也发挥着重要作用。为了香味品质培养的焙烤酵母（一级酵母）或去苦所用的酿酒酵母（二级酵母）都可以用于香精生产。酵母本身具有一种令人愉快的坚果香，有令人开胃的或苦味的特点，可以用于调香。如果酵母细胞破碎，使得原生内源性（自身溶解）或外加酶催化蛋白质降解成多肽和自由氨基酸，并且酵母中水溶性化合物被除去，最后得到的产物就被称为自溶酵母提取物（AYE）或者酵母提取物。在创香中，酵母提取物是非常有用的反应物。

AYE 和其他利用外源酶（市售酶类）得到的酵母材料具有良好的香味增强性能，这是因为它们本身就含有多种氨基酸和某些核苷酸。这些酵母产品是极好的肉味香精前体，并且可以添加到一种香精中以达到增强香味的效果。

四、氨基酸和多肽

20 世纪 60 年代就有研究者注意到了小分子水溶性前体物质在肉味香精中的作用。研究表明，这些小分子水溶性物质（包括氨基酸、肽、碳水化合物等）是肉味香精的重要前体物质，并且可以肯定，半胱氨酸是牛肉香精中最重要的前体物质之一。

梅（May）和希思（Heath）证实了这种观点，他们发现很多含硫芳香化合物的合成是由半胱氨酸提供硫原子。梅（May）发现在烹饪的时候半胱氨酸和核糖（也是肉类中的一种小的水溶性化学物质）完全消失了。牛肉、猪肉、羊肉或者蔬菜水解物中的氨基酸和还原糖的组成是十分相似的。第一批关于食品用热加工香料的专利中有一个是在1960年授予联合利华的，这个专利说明可以通过加热含有自由氨基酸、一种含硫化合物和一种单糖的水溶液生产肉味香精。从那以后的许多专利都是关于对各种底物的优化，比如优化氮源、硫源和脂肪的总量。

很多氨基酸可以用作开发浓厚香气的前体物质。所用的氨基酸主要是含硫氨基酸，比如半胱氨酸、胱氨酸和甲硫氨酸。谷胱甘肽（L-谷氨酸-L-半胱氨酸-甘氨酸）是肉味香精的重要前体，但是用于一般使用时价格高昂。很多的专利文献都有关于含硫氨基酸作为肉味香精前体的报道。4-羟基-5-甲基-3(2H)-呋喃酮与半胱氨酸反应生成硫代类似物，具有非常显著的肉类香味特征。

氨基酸与还原糖经美拉德反应生成的香味化合物常被用作食品用热加工香料。肉类提取物、水解植物蛋白和酵母提取物是作为香料前体的自由氨基酸和多肽极好的来源。

五、糖类和其他碳水化合物

通常很多还原糖可以用作反应物，例如核糖、木糖、阿拉伯糖、葡萄糖、果糖、乳糖和蔗糖等糖类被用于许多过程香精中。在美拉德反应中需要糖类参与 Strecker 分解反应。很多碳水化合物是某些糖类的廉价来源，因此它们在制作香精方面非常有用。这些原料包括糊精、阿拉伯胶、果胶和海藻酸盐。

六、芳香化合物

目前世界上常用的芳香化合物有近2000种，其中很多能用于合成香精。前面内容已经讨论过肉味食品用热加工香料的产生和在热处理过程中芳香化合物的形成。这些相同的成分也可以通过人工合成，并且作为香精成分也是安全的。在一种香精化合物中可能使用30~50种芳香化合物原料。表5-4列出了调香师在创香过程中会使用的主要芳香化合物。

表5-4　调香师在调香时使用的芳香化合物

分类	挥发物	FEMA 编号	CE 编号	CAS 编号
吡嗪类	2,3-二甲基吡嗪	3271	—	5910-89-4
	2,3,5-三甲基吡嗪	3244	735	14667-55-1
	2-乙酰基吡嗪	3126	2286	22047-25-2
	2-巯甲基吡嗪	3299	—	59021-02-2
噻唑类	噻唑	3615	—	288-47-1
	4-甲基-5-羟乙基噻唑	3204	—	137-00-8
	2-乙酰基噻唑	3328	4041	24295-03-2

续表

分类	挥发物	FEMA 编号	CE 编号	CAS 编号
噻唑类	2-异丁基噻唑	3134	—	18640-74-9
醛类	2-癸烯醛	2366	2009	3913-71-1
	3-甲硫基丙醛	2747	125	3268-49-3
	异戊醛（3-甲基丁醛）	2692	94	590-86-3
	异丁醛	2220	92	78-84-2
	反-2,4-癸二烯醛	3135	2120	25152-84-5
	呋喃甲醛（糠醛）	2489	2014	98-01-1
酮类	双乙酰	2370	752	431-03-8
	甲基乙酰甲醇（乙偶姻）	2008	749	513-86-0
	三硫丙酮	3475	2334	828-26-2
	2-(1-巯基-1-甲基乙基)-5-甲基环己酮	3177	—	38462-22-5
醇类	1-辛烯-3-醇	2805	72	3391-86-4
呋喃酮类	4-羟基-2,5-二甲基-3(2H)-呋喃酮	3174	536	3658-77-3
	3-羟基-4-甲基-5-乙基-2(5H)-呋喃酮	3153	—	698-10-2
吡啶类	吡啶	2966	604	110-86-1
	2-乙酰基吡啶	3251	2315	1122-62-9
内酯类	丙位癸内酯	2360	2230	706-14-9
	丙位十二内酯	2400	2240	2305-05-7
	丁位辛内酯	2796	2274	698-76-0
	丁位十二内酯	2401	624	713-95-1
	丁位癸内酯	2361	621	705-86-2
	丁位壬内酯	3356	2194	3301-94-8
酸类	油酸	2815	13	112-80-1
	异戊酸	3102	8	503-74-2
	2-巯基丙酸（硫代乳酸）	3180	1179	79-42-5
	4-甲基辛酸	3575	—	54947-74-9
酯类	丁酰乳酸丁酯	2190	2107	7492-70-8

续表

分类	挥发物	FEMA 编号	CE 编号	CAS 编号
酚类	苯酚	3223	—	108-95-2
	愈创木酚	2532	173	90-05-1
	异丁香酚	2648	—	97-54-1
硫化物	二甲基硫醚	2746	483	75-18-3
	二甲基二硫	3536	—	624-92-0
	2,3-丁二硫醇	3477	725	4532-64-3
	2-甲基-3-呋喃硫醇	3188	—	28588-74-1
硫醇类	甲硫醇	2716	475	74-93-1
	糠（基）硫醇	2493	2202	98-02-2
	苄基硫醇	2147	477	100-53-8
	2,5-二甲基-3-呋喃硫醇	3451	—	55764-23-3
	2-甲基-3-呋喃硫醇	3188	—	28588-74-1

当然也有例外［见附录——国际香料工业组织（IOFI）关于食品用热加工香料的生产和商标的指导方针］，行业规则不允许在热处理之前就将化学合成的芳香化合物加入食品用热加工香料中。这些成分大部分很容易挥发，可能会在热处理过程中损失掉。在反应后，将合成香料添加到食品用热加工香料中，可能产生一种特征明显的头香。

七、其他原料

某些其他食品原料允许在热处理操作之前加到反应混合物中，这一系列材料罗列在附录中。其中维生素 B_1 可以产生浓厚的肉香味，是一个重要原料。

第七节　食品用热加工香料加工工艺

目前已经有多种生产食品用热加工香料的成熟工艺。任何一种香料的生产工艺都会受到不同 pH 水平、水分活度、缓冲液、温度和调配次数的影响。例如，美拉德反应在 $5<pH<7$ 时生成吡嗪，在 $pH>7$ 时却生成棕色化合物，在较低 pH 条件下生成糠醛和一些含硫化合物。

商业上食品用热加工香料的制备方法非常多样化。生产商可以描绘出该产品的香味轮廓，可以控制所制备香精的反应终点。当然在香精生产中考虑得更多的还是经济因素。

一、液态反应（水浴锅、油浴锅或两者兼用）

液态反应在不锈钢容器或者用玻璃内衬的容器中进行。由于反应混合物的腐蚀性（酸、碱和高盐浓度），HVP 的生产要求在以玻璃内衬的容器中进行。可以采用电加热，但更常使用的是高压蒸汽加热。反应过程中，混合物需要搅拌均匀，可以使用带有刮擦面的刀片，也可以用没有刀片的搅拌器。常压反应会采用回流浓缩装置和一些空气净化装置，以使芳香物质返回到反应釜中，或者从反应混合物中分离出特定香气成分。在反应过程中所产生的香味是非常强的。超过回流温度时可以使用压力釜来更好地控制反应条件。一般情况下，反应温度最好低于 150℃，典型的温度为 100～120℃。太高的温度会产生反应控制、加工费用问题，提高初始资本消耗。以及我们后面将要讨论到的，高于 150℃的温度会造成安全隐患。在许多方面，这个过程类似于一种汤类产品的生产，只有能产生浓烈香味的重要成分才会被使用。

大多数食品用热加工香料都是以液态形式生产的，然后用下述方法中的一种直接进行干燥，或者先加入其他香精材料然后再进行脱水或包装。

二、滚筒式干燥器反应及干燥（低水分反应）

滚筒或鼓风干燥器可以使物料在一个连续的过程中发生反应并进行脱水干燥。对反应过程的控制是通过鼓风的温度、鼓风的时间和各种反应物的性质（如水分活度）调节的。就像烹饪一样，未加工过的材料在最终香味特征中扮演着重要角色。这种加工方式的主要缺点是转鼓表面温度过热将导致混合物中易挥发成分明显流失。

三、糊化反应（较高温度，高固形物含量）

糊化反应是一种处理高固形物含量混合物反应的方法。滚筒干燥器和压力锅的方法适用于流动性很好的反应混合物。高固形物含量浆料的糊化反应要求使用特别的设备，这些设备可以在高温下运转，并且可以转移高黏度材料。Lodiger 混合机、Z-混合机或者其他型号的糊化反应器可以处理这种产品。在这些设备旁边通常有旋转架和高速转头。如果设计合理，它们可以在很高温度下运作。这种加工方法最明显的优点是在反应混合物中可以保留大量的脂肪，尽管该工序可能使得易挥发的组分丢失，但脂肪可以保留重要的香味物质。这种加工方式特别适用于烤制、炒制、油炸等工序。

糊化反应方法的主要缺点在于对设备的原始投资和升温过程的消耗较大。由于反应物中存在一些腐蚀性物质（如高盐和氨基酸），在设计设备时要多加注意。例如，正常的轴承和固垫是无法承受生产食品用热加工香料所用的反应物的腐蚀性的。

四、挤压

挤压机提供了另外一种通过连续方式产生香精的方法。挤压机被设计成允许原料分别加入，在一个连续的过程中混合并发生热反应的机器。混合物的固形物含量高可以保证反应混合物的反应时间/温度可被极好地控制。这一过程被认为可以帮助保护香精成分。由于反应混合物到达挤压机加热栏末端时压力的显著不同，挤压工艺会损失一些挥发性的头香。

少数香精厂家利用挤压腔作为热稳定性香精的反应容器。挤压机中的热量、湿度和压力加速了这种香精的形成。加热时间、温度和 pH 等因素可能影响最终香精的产量。香味物质的前体如还原糖和氨基酸可以在挤压机中发生美拉德反应，生成香精终产品。因为材料已经经历了大量的热加工，后续的热处理对其影响较小，因此材料具有很好的热稳定性。

使用挤压工艺制作零食产品时，添加到混合物中的香味物质很容易消失或者改变特征香味。一般情况下，挤压温度为150~235℃。在此温度范围内极少的传统香精能够发挥作用。食品用热加工香料可以提高挤压食品中的香味，其香味物质的占比随着基本成分的不同而不同。挤压食品以大量的淀粉和蛋白质为基本原料，其中也含有少量的添加剂。在挤压过程中，淀粉和蛋白质受到加热、加压、剪切作用的影响，历经多种分子水平的变化。例如，淀粉会发生氢键的断裂、凝胶反应和/或糊精化，蛋白质会发生变性、交联反应和凝固。一般来说，在生产挤压食品的开始就应该加入难挥发性的物质。例如，开始就把用来反应形成一种香味的前体成分与主要原料相混合。而这些成分可以在最终产品的香味类型中用于加强或者补充香味。

五、喷雾干燥

一旦反应完成，就必须对混合物进行脱水干燥。脱水干燥是重要的一步，它可以确保原料以有用的、稳定的形式存在。把形成的香味物质与合适的载体混合，这些载体可以是淀粉、淀粉衍生物、胶或者是原料的混合物。虽然食品用热加工香料会再次暴露在高温下，但是喷雾干燥的时间通常很短且条件温和，不会产生其他香味成分。喷雾干燥得到的香精产品是自由流动的，不易吸湿。一些 HVP 或者盐分含量高的食品用热加工香料难以干燥，就是因为这些香料具有吸湿性。

喷雾干燥的起始成本是相当大的，而且它需要占据工厂很大的工作面积。然而，工作的高效性和对干燥工序的严格控制可以弥补这些缺点。

六、托盘干燥

托盘干燥法提供了一种不同的干燥方法，利用了一些食品用热加工香料的天然吸湿性。把产品放置在托盘中，托盘放在真空室的加热架上，室内的压力下降，架子的温度上升以除去水分。将“块状物”分散成特定的颗粒尺寸，然后包装起来。这种产品吸湿性非常强，需要在空调房间中处理。HVP 制造商发现托盘干燥对生产高品质香味特征的 HVP 非常有用。该工序可以除去一些不想要的香味，并生成更多有用的特征香味。

不同于喷雾干燥法，这种方法是分批操作的，确实存在缺点。它需要对原材料做进一步加工（研磨和定量），然后再包装。

第八节 食品用热加工香料配方

食品用热加工香料是暴露在高温条件下可产生一种特征香味类型的混合物。在大多数情况下，香精公司不直接出售食品用热加工香料，而是用它作为中间产物，制造可以商业出售最终香味产品。香味学家会在多组原料中选择不同的成分，在专家或职业厨师的帮助下，评价各种新产品，判断成品香精是否在食物基质或加工中起作用，是否可以满足消费者所希望的保质期，是否符合经济回报的要求。当这些工作完成后，香料配方就可以转变为完整的商业香精。

以下提供了一些食品用热加工香料配方的例子。

一、牛肉香精配方

牛肉香精配方，如表 5-5 所示。

表 5-5　牛肉香精配方

原料	用量
α-丁酮酸	0.25g
肌苷酸二钠	1.30g
谷氨酸钠	9.60g
氯化钠	10.00g
HVP	43.30g

制备方法：称取 20g 上述配方加入 684mL 的水中，加热到 98℃，15min，所得的产物有烤牛肉香味。建议使用量：牛肉汤中使用量为 4g/L。

二、烤牛肉香精配方

烤牛肉香精配方，如表 5-6 所示。

表 5-6　烤牛肉香精配方

原料	用量
HVP	22.00g
鸟苷酸钠	0.64g
苹果酸	0.38g
L-甲硫氨酸	0.31g
木糖	0.57g
水	76.10g

制备方法：将反应混合物在100℃的条件下回流2.5h，生成强烈的烤牛肉香味。建议使用量：最终食品的0.5%~2.0%（质量分数）。

三、鸡肉香精配方

鸡肉香精配方，如表5-7所示。

表5-7 鸡肉香精配方

原料	用量
水	60.0mL
L-半胱氨酸盐酸盐	13.0g
甘氨酸盐酸盐	6.7g
葡萄糖	10.8g
L-阿拉伯糖	8.0g
氢氧化钠（50%）	10.0mL

制备方法：将混合物加热到90~95℃，2h，用20mL的NaOH溶液调节pH到6.8。建议使用量：最终食品的0.2%~2.0%（质量分数），以到达烤鸡肉的香味。

四、猪肉香精配方

猪肉香精配方，如表5-8所示。

表5-8 猪肉香精配方

原料	用量
L-半胱氨酸盐酸盐	100g
D-木糖	100g
小麦蛋白水解液	1000g

制备方法：将混合物在回流温度下加热60min。

五、培根香精配方

培根香精配方，如表5-9所示。

表5-9 培根香精配方

原料	用量
L-半胱氨酸盐酸盐	5.0g

续表

原料	用量
硫胺素盐酸盐	5.0g
大豆蛋白水解物	1000.0g
葡萄糖或木糖	1.0g
烟味香精	1.0g
培根脂肪	20.0g

制备方法：将混合物在回流温度下加热 90min。

六、羊肉香精配方

羊肉香精配方，如表 5-10 所示。

表 5-10　　羊肉香精配方

原料	用量
L-半胱氨酸盐酸盐	100g
蛋白水解液	1500g
D-木糖	140g
油酸	100g

制备方法：将混合物在回流温度下加热 2h。

七、巧克力香精配方

巧克力香精配方，如表 5-11 所示。

表 5-11　　巧克力香精配方

原料	用量
L-亮氨酸	1.0g
L-酪氨酸	3.0g
L-丝氨酸	3.0g
L-缬氨酸	2.0g
单宁酸	0.5g
果糖	1.0g
可可提取物	5.0g

续表

原料	用量
甘油	10.0g
丙二醇	24.5g
水	50.0g

制备方法：将混合物在回流温度下加热 30min。

第九节　食品用热加工香料的应用

食品用热加工香料在食品加工中的应用非常广泛。例如，可以用在加工肉、汤、酱料、调味肉汁、调味品、烘焙食品、零食和主菜中。食品服务型行业的发展也提升了市场对于以食品用热加工香料为基础的咸味基料的需求。这一类香精的制备方法简单，质量可靠，稳定性好，使得该类香精成功应用于食品行业。在食物的热加工处理过程中，这些香精很有可能控制着食品的香味变化。在加热处理产品的时候，食品用热加工香料中的前体物质在分配之前就可以使产品的香味发生进一步的变化。食品用热加工香料还可以使从未经过烧烤的产品具有烧烤香味，或者使从未暴露在高温中的食物具有烘烤香味。食品用热加工香料可以提高、强化或者复制食品的真实香味。表 5-12 总结了多种食品用热加工香料在食品应用中的典型使用量。

表 5-12　　食品用热加工香料在食品应用中的典型使用量　单位：%（质量分数）

应用	食品用热加工香料的用量			
	PF	CF	PS	SB
汤粉	—	0.1~0.5	—	2.0~5.0
罐装汤汁	0.5~2.0	0.1~0.5	0.5~1.0	2.0~5.0
干酱料	—	0.1~0.5	—	1.0~3.0
精制酱料	1.0	0.1 ~1.0	0.2~0.5	2.0~4.0
干肉汤粉	—	0.1~1.0	—	0.5~1.0
精制肉汤	1.0	0.1 ~1.0	0.2~0.5	0.2~0.5
零食	—	0.25	—	4.0~8.0
素肉	1.0~5.0	0.2~1.0	0.5	0.5~1.0
重组肉制品	1.0~5.0	0.1~1.0	0.2~0.5	0.5~2.0
饮料	—	0.05~0.25	—	0.01~0.05

续表

应用	食品用热加工香料的用量			
	PF	CF	PS	SB
焙烤食品	1.0~2.0	0.1~2.0	0.25~1.0	0.05~0.50

注：PF：食品用热加工香料，本章所讨论产品的主要类型；

CF：混合香精，通过添加天然或人工合成的头香以及其他材料，如香味增强剂（谷氨酸钠等），以达到增强效果的香精；

PS：前体系统，一种混合原料，热处理时释放香味；

SB：咸味混料，食品用热加工香料和调味料或中草药的混合物。

一、汤类

汤类是食品用热加工香料的一个主要应用。主妇或厨师制作一道好汤的做法就是创造一种食品用热加工香料的基本方法。把肉、肉汁、肥肉、调味料、糖、盐和其他食物原料放入一个锅中，加热一段时间。在食物烹制过程中产生的香精与通过热加工处理产生的一样稳定。食品用热加工香料在制汤时可以提高食物的鲜味。生产商通常将食品用热加工香料与药草、香料、头香和香味增强剂结合使用，以生产出高品质汤类产品。

在加热之前添加前体系统，可以在加热或者烹制时产生香精。食品用热加工香料可以用来补充商业配方由于工序变化或者忽视了某种成分而引起的香味损失。即使生产食品的反应或配方不可能产生嫩煎、烧烤或炙烤香韵，但只要使用食品用热加工香料，就会将这些香韵带入最终的产品中，使产品的味道具有明显的“煎、烧、烤”的特征。

干汤料在冲泡时完全依靠食品用热加工香料来产生最终产品的香味、口感和品质。通常这些即食汤并不是通过对汤进行脱水干燥得到的。它们是由多种干的原料组成的，因此在不添加香精的前提下，它们本身是没有味道的。干汤料中会大量使用食品用热加工香料。

二、调味汁和肉汁

这些产品对食品用热加工香料的要求与汤料类似，但是它们的使用量相对较大。毕竟调味汁和肉汁是浓缩产品，具有很强烈的香味，能给人深刻的印象。大多数调味汁和肉汁有肉的香味特征，而这仅仅是由于使用了食品用热加工香料产生的。

三、零食产品

咸味零食（以咸味为基础或者大部分是不甜的）的滋味主要依靠调味料和香料，但许多零食也将食品用热加工香料加入其中，以得到独一无二的香味。多种多样的天然香精和人工合成香精已经用于零食产品中。培根、牛肉、鸡肉和干酪的香味配以烧烤、炙烤和炭烤的香韵已成为许多零食中常用的香味。薯条、改良土豆点心、坚果、挤压和油炸点心等零食，它们的香味主要是通过添加香精、调味料和香味增强剂形成的。在加工或煎炸之前，挤压或膨化零食允许加入一定量的食品用热加工香料或其前体物质。

四、其他食品

多种多样的其他食品，如素肉、改良肉类产品、饮料和烘焙食品都因使用食品用热加工香料获益。肉味香精、咸味香精或者焦味香精的特点和品质可以通过这些类型的食品用热加工香料进行增强。

第十节　食品用热加工香料、水解蛋白、自溶酵母和酵母提取物的质量要求

一、食品用热加工香料的质量要求

过程香料的复杂性使人们无法理解它们是如何被控制的。在美国，这些原料获得了“GRAS”资质认证。GRAS 物质包括一切被专家广泛认可的物质，要么经过了“具有充分科学背景的专家”所做的安全审查，要么是“经过长期的使用认为没有安全性问题”。1971 年的联邦政府管理条例（CFR）为市售食品中的使用物质奠定了法律依据，进一步明确了 GRAS 的概念：基于历史上对食品安全性的普遍认可，不需要食品添加剂所要求的具有相同质量和数量的科学证据，但通常应以普遍提供的数据和信息为基础。通过科学程序对安全的一般认可通常必须以已发表的文献为基础，并要求具有批准食品添加剂条例所需的同等质量和数量的科学证据。通过科学程序获得的对食品添加剂安全性的普遍认可必须以出版的文献为基础，并要求具有食品添加剂条例所需的质量和数量的科学证据。

FDA 已经表示，食品用热加工香料的 GRAS 认定是生产商的责任。这种认定是非 FDA 的个体作出的独立的 GRAS 认定。该认定具有这样的风险：FDA 可能会因食品中的一种成分是一个未经批准的食品添加剂而阻止其在食品中的使用。FDA 已经注意到食品用热加工香料可能由于以下原因被认为是 GRAS。

食品用热加工香料的生产即是模仿高温烹饪过程，比如烧烤。食品用热加工香料和烧烤产生的熟肉香味的主要区别在于：它们是由精选的食品配料混合而成，而不是未加工的农产品。大多数食品用热加工香料是在低于 150℃下生产的，温度比烧烤要低得多。当准备肉汁时，厨师将选定的食材混合在一起，在特定温度、特定时间下制作肉汁，这样的肉汁制作过程和食品用热加工香料的生产方式是类似的，但食品用热加工香料的使用量低，其他香精也是如此。

虽然 FDA 目前还没有对食品用热加工香料有一个合法的定义，但是 FEMA 和世界香精贸易组织、IOFI 共同制定了一个食品用热加工香料的行业定义（见附录）。

美国农业部（the United States Department of Agriculture，USDA）也为生产食品用热加工香料或者反应香精的合成物建立了指南。他们表示，在以下例外的情况和所描述的条件下，在反应中所消耗的成分可能会被列为反应香精（因为美国 FDA 的规则中已经有“反应香精”的定义，人们认为该香精应该是天然香精、含有其他天然香料的天然香精

或人工香精视情况而定）。

另外，这些成分必须根据其对香精香味的贡献按优势度降序排列在香精配方的公开声明里：①所有的动物源成分（由合适的物种和组织确定的），例如，牛肉脂肪、鸡肉提取物、明胶；②所有非动物蛋白质类物质，如味精、水解植物蛋白、自溶酵母提取物或酵母；③盐酸硫胺素、盐和复杂的碳水化合物；④任何在反应中没有被消耗的其他成分。

反应条件：①反应包含氨基酸、还原糖、蛋白质底物；②100℃处理或更高的温度加热至少 15min。

美国 FDA 在 1990 年的一项最终规定中引用公共健康（对某些蛋白质的过敏反应）、文化和宗教的理由要求调味品必须声明蛋白质成分以及发酵、水解、自溶和酶修饰的成分（联邦登记册，1990 年）。1993 年 1 月 6 日，美国 FDA 法规修订了对水解蛋白的标签要求，并要求明确蛋白质来源。

在欧洲，IOFI 指南中的详细信息逐渐成为欧盟（European Union，EU）的法规定义。欧盟已确立食品用热加工香料作为一种香精，必须在食品上被标注。

二、水解蛋白的质量要求

在《食品化学法典（1996 年版）》中有作为香味物质使用的水解蛋白的定义。水解植物蛋白的详细定义是：蛋白质的酸性水解物主要由氨基酸、小肽（由≤5 个氨基酸所组成的肽链）和盐构成，这些盐主要在热和/或食用酸的催化下由可食性的蛋白质材料经过肽链完全水解所产生。肽链的断裂程度通常从略低于 85%到近于 100%。在处理过程中，蛋白水解液会用安全和合适的碱性物质处理。作为原材料的食用蛋白质材料来源于玉米、大豆、小麦、酵母、花生、大米或其他安全适宜的蔬菜或者植物，或牛乳。个别产品可能是液状、膏状、粉状或颗粒状。

在食品中的作用：调味剂、香味增强剂、辅助剂。

要求：所有计算分析在干燥的条件下进行。在一个合适的配衡容器中，用蒸汽浴干燥液体和糊状样品，然后以粉状和颗粒状形式在 105℃下干燥至恒重。

含量（总氮，TN）：不低于 4.0%的总氮。

α-氨基酸态氮（AN）：不低于 3.0%。

α-氨基酸态氮/总氮（AN/TN）的比：在无氨氮的基础上计算时，不小于 62.0%且不超过 85.0%。

氨基氮（NH_3—N）：不超过 1.5%。

谷氨酸：以 $C_5H_9NO_4$ 计算时不超过 20.0%，且不超过氨基酸总量的 35.0%。

重金属（以 Pb 计）：不超过 10mg/kg。

不溶物：不超过 0.5%。

铅：不超过 5 mg/kg。

钾：不超过 30.0%。

钠：不超过 20.0%。

三、自溶酵母和酵母提取物的质量要求

在《食品化学法典（1996年版）》中也有对自溶酵母和酵母提取物的定义。它们的详细定义为：酵母提取物由酵母细胞中水溶性成分组成，其成分主要是氨基酸、多肽、碳水化合物和盐。酵母提取物通过食用酵母中自然产生的酶和加入的食品级酶一起使肽键水解而产生。可在加工过程中添加食品级盐。个别产品可能是液状、膏状、粉状或颗粒状。

食品中的作用：调味剂、香味增强剂。

要求：所有计算分析在干燥的条件下进行。在一个合适的配衡容器中，用蒸汽浴干燥液体和糊状样品，然后使样品以粉状和颗粒状形式在105℃下干燥至恒重。

含量（蛋白质）：不低于42.0%的蛋白质。

α-氨基氮/总氮（AN/TN）的比：不低于15.0%，不高于55.0%。

氨基氮：在干燥、无盐的情况下计算不超过2.0%。

谷氨酸：以$C_5H_9NO_4$计算时不超过12.0%，不超过氨基酸总量的28.0%。

重金属（以Pb计）：不超过10mg/kg。

不溶物：不超过2%。

铅：不超过3 mg/kg。

汞：不超过3 mg/kg。

微生物限度：菌落总数，每克不超过50000CFU；大肠菌群，每克不超过10CFU；酵母和霉菌，每克不超过50CFU；沙门氏菌，25g样品中检测应为阴性。

钾：不超过13.0%。

钠：不超过20.0%。

第十一节　食品用热加工香料及水解蛋白的安全性

香料工业对香味物质的安全性一直很关注。通过其贸易组织——FEMA，该行业已投入大量的研究，不断监测食品香精中使用的物质的安全性。

一、食品用热加工香料的安全性

食品用热加工香料在美国属于“GRAS”。美国FDA和FEMA已经对最早使用的食品用热加工香料进行了安全性评估。美国FDA审查了短期和长期牛肉香精、鸡肉香精（半胱氨酸/水解植物蛋白/木糖或葡萄糖）和烟熏火腿香精（半胱氨酸/水解植物蛋白/木糖/发烟液体制剂）的动物饲喂研究，并没有发现任何毒副作用。

20世纪70年代末，一个日本团队在烧焦的鱼和肉中发现了几个多环杂环胺（简称PHAAs）。这些材料的埃姆斯试验（Ames test）均表现其有诱发突变的活性。早期的研究表明了蒸煮时间-温度和TA1538沙门氏菌测试中突变体产生之间的相关性。

20 世纪 80 年代的进一步研究发现了超过 25 种具有不同诱变性的 PHAAs。已确定 PHAAs 的主要前体为肌酸氨基酸和肌酸酐。这两种氨基酸在动物的肌肉蛋白中都有发现。各种肉类的分析认为肉类在高温烹调后含有一种或更多 PHAAs。

20 世纪 80 年代后期，小鼠、大鼠和灵长类动物的致癌性研究中显示，PHAAs 是强力致癌物。由于食品用热加工香料的生产过程与肉类烹饪类似，美国的香精工业已经与美国 FDA 联合研究食品用热加工香料的化学性质及审查食品用热加工香料的生产制造过程。PHAAs 的定量分析方法已建立，用于食品用热加工香料的定量审查过程。一项工艺条件调查表明，只有极少种类的食品用热加工香料是在会产生 PHAAs 的温度下生产的。图 5-7 显示了在熟肉中发现并被选择用于分析研究的主要芳杂胺。

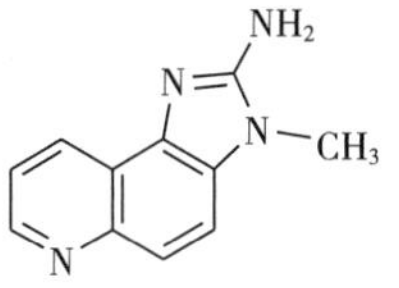

2-氨基-3-甲基-3H-咪唑并[4, 5-f]喹啉
IQ

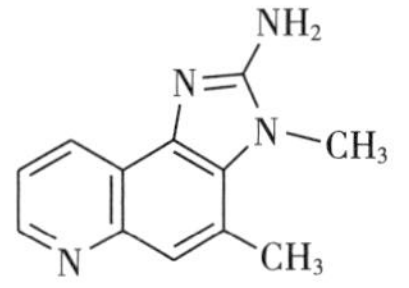

2-氨基-3, 4-二甲基-3H-咪唑并[4, 5-f]喹啉
MeIQ

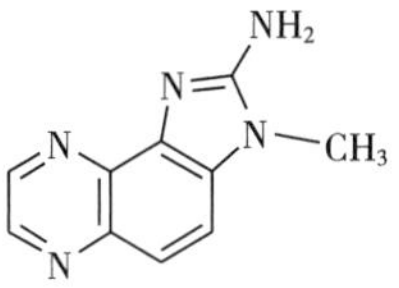

2-氨基-3-甲基-3H-咪唑并[4, 5-f]喹喔啉
IQ_X

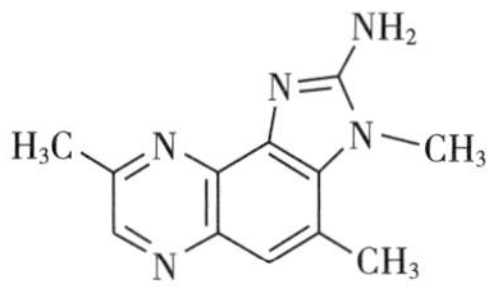

2-氨基-3, 4, 8-三甲基-3H-咪唑并[4, 5-f]喹喔啉
4, 8-$DIMeIQ_X$

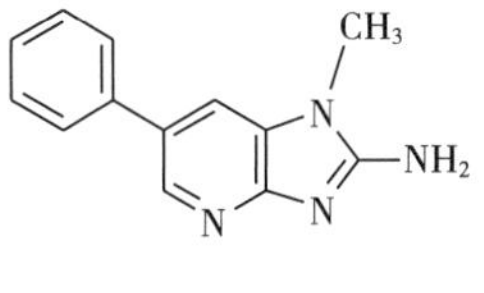

1-甲基-2-氨基-6-苯基-1H-咪唑并[4, 5-b]吡啶
PhIP

图 5-7 在肉类提取物中发现的芳杂胺

IOFI 指导方针控制食品用热加工香料的生产方法以确保香精中的有毒、致癌或致突变物质都在绝对最小水平，并提出了香精的分析标准。欧洲香精专家小组委员会已表示，食品用热加工香料中可接受的 PHAAs 是 50μg/g。这些香精通常在一些食品中占 1%（质量分数）或更低的值。这意味着其对消费者的风险非常小，与炸、烤甚至煮熟的肉类的风险相比它是微不足道的。

二、水解蛋白的安全性

据报道，在 20 世纪 70 年代末，生产水解植物蛋白的过程中产生了一些含氯化合物，这些化合物是由盐酸与残留在制造 HVP 的蛋白质中的脂质反应产生的。这些物质有单氯丙二醇（2-单氯-1,3-丙二醇和 2-单氯-1,2-丙二醇，MCP）、二氯丙醇（2,3-二氯丙-1-醇和 1,3-二氯丙-2-醇，DCP）。在 HVP 中发现的氯乙醇也是美国和欧盟国家的监管部门所关注的，这类物质主要有 1,3-二氯丙-2-醇（DCP）和 3-单氯-1,2-丙二醇（3MCP）。英国农业、渔业和食品部已分别确定了以 50μg/L 和 1μg/g 作为它们在商品中所允许的最大含量。

在美国，FDA 应用营养与安全中心委员会（CFSAN）在对 DCP 和 3MCP 的致癌风险评估中认为，这两种化合物均为具有遗传毒性的致癌物质，这一结论是基于几种国际组织（包括 FAO/WHO）的食品添加剂联合专家委员会（JECFA）的毒理学报告做出的。JECFA 的结论是：这两种氯丙醇是“不受欢迎的食品污染物”，并且它们在水解植物蛋白中的含量“应降低到技术可实现的最低水平”。在美国 1958 年食品添加剂修订法案中，“德莱尼条款”禁止使用任何被证明是致癌物质的物质作为食品添加剂。根据美国 FDA 的政策，这些物质被视为污染物。根据这一政策，如果一种污染物或者一种食品添加剂的成分本身不是已知的致癌物质，但被证明有致癌性，那么需要对其进行定量风险评估，以确定其在食物中的存在水平是否达到公众所关心的水平。

水解液制造商贸易组织、国际水解蛋白理事会（IHPC）正根据《食品化学法典》建立 DCP 和 3MCP 的分析规范（分别为 1mg/L 和 50μg/L），CFSAN 会把这一规范作为公众健康的保障。该行业正在主动降低所有的产品中氯丙醇含量到规范值以下。

尽管添加到食品用热加工香料中的 HVP 浓度不同，但通常远低于配方中 100%的含量。因此，食品用热加工香料中氯丙醇的量通常远低于公众关心的限量水平。食品用热加工香料的用量一般都低于食品中所含水解植物蛋白的量，这进一步降低了接触这些化合物的风险。

思考题

1. 什么是食品用热加工香料？
2. 水解植物蛋白是如何产生类似于肉类的香味和口感的？
3. 是什么推动了通过用蛋白质和氨基酸进行热处理产生香味的研究？
4. 什么是美拉德反应？大致过程是怎样的？
5. 食品用热加工香料制备中涉及的化学反应有哪些？
6. 食品用热加工香料的主要前体有哪些？分别产生了哪些芳香物质？
7. 熟食中的香气成分主要有哪些？
8. 食品用热加工香料的加工方法有哪些？如何控制加工反应的终点？
9. 简述食品用热加工香料在食品中应用的 4 种类型的香精特点。
10. 简述食品用热加工香料、水解蛋白、自溶酵母和酵母提取物的质量要求。
11. 如何安全使用食品用热加工香料和水解蛋白？

第六章 生物香料

【学习目标】

1. 掌握和了解发酵工程技术生产生物香料的一般工艺。
2. 了解酶工程技术生产生物香料常用酶制剂类型。

香精香料广泛应用于食品、饲料、化妆品、化工和制药。目前市场上的许多香料化合物仍然通过化学合成或从植物和动物中提取；然而，近年的趋势是采用生物技术生产和使用（微）生物来源的香料化合物——生物香料。生物香料是采用生物技术，以天然原料为底物制备的香物质。生物技术包括发酵工程、酶工程、细胞工程、蛋白质工程和基因工程。进入20世纪以来，生产风味化合物的主要研制方向就是利用生物技术，即通过植物组织细胞培养、微生物发酵或酶反应来完成生物合成的过程。风味物质的生物合成主要有两条途径：一是利用适当的前体物通过酶进行生物转化（酶既可以是从微生物或其他生物中提取的纯酶，也可以是微生物培养过程中分泌到培养基中的混合酶），通过酶转化可以将低附加值的前体物转化成具有高附加值的目的产物；二是从简单、便宜的营养物质开始，如葡萄糖和氨基酸等，经微生物发酵生产出目的风味物质。

微生物发酵或转化技术生产风味物质，克服了长期以来植物作为天然风味物质唯一来源而存在的有效成分含量低、分离困难、受气候和植物病害影响严重等缺陷。随着生物技术的不断发展，微生物基因工程和植物基因工程技术在风味物质的合成方面表现出很大的潜力。

发酵工程是指采用现代工程技术手段，利用微生物的某些特定功能，为人类生产有用的产品，或直接把微生物应用于工业生产过程的一种新技术。发酵工程是目前生物香料生产的主要手段之一。现代发酵一般使用工程菌而不是野生菌，工程菌是使用多种生物技术手段获得的高产菌种，但筛选工作量大、结果不稳定、产率低、成本高。并且发酵产品品种少，虽然产品的天然性没有问题，但品种数量不能满足多样化的市场。

酶工程是用生物酶作为催化剂将天然原料（如葡萄糖、玉米浆）转化为目标产物的生物技术。酶在食品、药物合成、化学工业、酶制剂等很多方面都有出色的应用，但由于有商品酶的品种少，酶促反应必须条件温和、对底物限制严格等因素限制，酶工程产品远不能满足各方面的需求。

第一节　现代发酵工程与香料生产

发酵是一个既古老又现代的生物技术。自古以来，面包、食醋、干酪、酱油、酸乳、酱、酒等都是深受人们喜爱的发酵食品。早在几千年前，我们祖先就已经开始使用发酵技术酿酒，周朝开始酿造酱油，汉代开始制曲，北魏时开始利用醋酸菌酶液酿醋。这些食品的生产原理主要是酵母分解了食品中的某些成分（主要是糖和蛋白质等大分子）从而产生了人们喜爱的香气和口味。现代发酵工程不但利用酵母，还利用霉菌生产抗生素、酶制剂，利用细菌生产香物质等，所有这些产品都是微生物的代谢产物。

长久以来，人们已在无意识的情况下利用了微生物来生产香料，尤其是在制备发酵食品和饮料时。在19世纪末20世纪初，人们才开始认识发酵食品、饮料的典型香味与所涉及的微生物之间的关系。人们对微生物发酵由最初的混合发酵变成了纯培养发酵，可更好地了解各种香料物质的代谢途径及其控制手段。

发酵的本质是生物转化，即利用生物（尤其是微生物）的作用将天然化合物或合成化合物转化为目标化合物（产品）。这些微生物包括酵母（酒类），德氏乳杆菌保加利亚亚种（*Lactobacillus delbrueckii* subsp. *bulgaricus*）、嗜酸乳杆菌（*Lactobacillus acidophillus*）（酸类），乳酸乳球菌乳亚种（双乙酰型）（*Lactococcus lactis* subsp. *lactis* biovar diacetylactis）等产香菌（双酮类），酵母、霉菌、真菌、细菌（内酯类），细菌、酵母（萜类花香）等。其产品主要有防腐保鲜剂、乳化剂、增筋剂、稳定剂、麦芽糊精、环状糊精、木糖醇、菌类多糖和硒酸酯多糖、葡萄糖和葡聚糖、食品增稠剂、黄原胶、海藻酸丙二醇酯等酶处理胶、植物性蛋白质转化动物性蛋白质、辅酶Q10和香物质（如乙偶姻、丁二酮、吡嗪、香兰素、叶酸等）。

发酵工程的内容包括菌种的选育、培养基的配制、灭菌、扩大培养和接种、发酵过程和产品的分离提纯等方面。发酵工程从工程学的角度把实现发酵工艺的发酵工业过程分为菌种、发酵和提炼（包括废水处理）3个阶段，这3个阶段都有各自的工程学问题，一般分别把它们称为发酵工程的上游、中游和下游工程。

上游工程包括优良种株的选育，最适发酵条件（pH、温度、溶氧和营养组成）的确定，营养物的准备等。中游工程主要指在最适发酵条件下，发酵罐中大量培养细胞和生产代谢产物的工艺技术。这里要有严格的无菌生长环境，包括发酵开始前采用高温高压对发酵原料和发酵罐以及各种连接管道进行灭菌的技术、在发酵过程中不断向发酵罐中通入干燥无菌空气的空气过滤技术、在发酵过程中根据细胞生长要求控制加料速度的计算机控制技术，还有种子培养和生产培养的不同的工艺技术。此外，根据不同的需要，发酵工艺还分批量发酵、流加批量发酵和连续发酵。批量发酵即一次投料发酵，流加批量发酵即在一次投料发酵的基础上，流加一定量的营养，使细胞进一步生长，或得到更多的代谢产物，连续发酵不断地流加营养，并不断地取出发酵液。在进行任何大规模工业发酵前，必须在实验室规模的小发酵罐中进行大量的实验，以得到产物形成的动力学模型，并根据这个模型设计中试的发酵要求，最后再根据中试数据再设计更大规模生产的动力学模型。由于生物反应存在复杂性，从实验室到中试，从中试到大规模生产过程中会出现许多问题，这就是发酵工程的工艺放大问题。下游工程指从发酵液中分离和纯化产品的技术包括固液分离技术（离心分离、过滤分离、沉淀分离等工艺）、细胞破壁技术（超声、高压剪切、渗透压、表面活性剂和溶壁酶等）、蛋白质纯化技术（沉淀法、色谱分离法和超滤法等），以及产品的包装处理技术（真空干燥和冰冻干燥等）。

使用发酵技术制备香物质的历史并不是很长，然而该技术却显现出强大的生命力和广阔的市场前景。发酵过程的本质是一种生物转化，即把某些前体化合物通过生物化学反应转化为产物。然而，发酵至今还没有达到像化学反应那样，可以从化石燃料出发合成任何期望的化学结构（如果不考虑成本）。发酵一般是从结构相似的化合物出发经过一两步生化反应（氧化、还原、异构化等反应）得到产物，如以阿魏酸为原料制备香兰素。发酵的另一个特点是它主要是一个降解过程，即把一些大分子降解为一些小分子，其中某些小分子就是期望的产物。发酵微生物生长所需要的碳源和氮源，有些被代谢成产物，有些被微生物消耗产生了副产物和能量。要认识微生物全部的代谢过程是一件不容易的事，仅检测发酵液成分，忽略中间代谢过程，把发酵过程当成一种“黑箱”处理，即仅关注输入和输出的关系，会相对容易些。

发酵是微生物进行的一系列生物化学反应，其反应错综复杂，因此发酵工业不同于其他化学工业，其主要特点如下。

（1）条件温和　微生物进行的是生物化学反应，通常在常温常压下进行，反应安全，没有易燃易爆物质参与，生产场地和设备没有防爆要求。发酵过程一般来说都是在常温常压下进行的生物化学反应，反应安全，要求条件也比较简单。

（2）原料来源广泛且可再生　发酵工业的主要原料通常是淀粉、糖蜜等农副产品，原料价格低廉、可再生，并且原料生产过程无污染。

（3）高度专一性和选择性　可以专一性选择底物、底物结合位点以及反应类型（氧化、水解、特定官能团导入等），发酵相对化学工业具有底物转化率高、副产物少等优点。由于生物体本身所具有的反应机制，发酵能够专一性地和高度选择性地对某些较为复杂的化合物进行特定部位的氧化、还原等化学转化反应，也可以产生比较复杂的高分子化合物。

（4）工艺简单　由于微生物具有很强的调节机制，在相同的条件下许多反应过程可以按照一定的顺序逐一完成。发酵过程是通过生物体的自动调节方式来完成的，反应的专一性强，因此可以得到较为单一的代谢产物。

(5) 环境友好　首先发酵工业的原料（淀粉等）简单易得，不产生污染；其次，发酵过程本身无有毒物质产生，环境友好；最后发酵产品分离后形成的“三废”少，而且固体废弃物（微生物菌体）可以用来生产菌体蛋白，广泛应用于饲料、食品等行业。发酵所用的原料通常以淀粉、糖蜜或其他农副产品为主，只要加入少量的有机和无机氮源就可进行反应。不同类别的微生物可以有选择地去利用它所需要的营养。基于这一特性，可以利用废水和废物等作为发酵的原料进行生物资源的改造和更新。

(6) 发酵设备具有通用性　一条发酵生产线可以用来生产不同的产品，提高了设备利用率，降低了设备投资。

(7) 无菌生产　染菌或噬菌体污染对发酵工业来说是致命的，无菌生产条件是发酵工艺成败的关键，灭菌过程要彻底是发酵过程不染菌的前提，良好的开始是成功的一半。发酵过程中对杂菌污染的防治至关重要。除了必须对设备进行严格消毒处理和空气过滤外，反应必须在无菌条件下进行。如果污染了杂菌，生产上就要遭到巨大的经济损失，要是感染了噬菌体，对发酵就会造成更大的危害。因此维持无菌条件是发酵成败的关键。

基于以上特点，发酵工业日益引起人们的关注。现代发酵技术不仅提供了一些化学方法无法合成的新物质，还为可持续发展提供了一种有效的途径。另外，随着人们对健康的日益关注，对天然的香料和食品添加剂的需求日益强烈，发酵工业可以部分满足这种需求，例如，生产天然的香料和天然的食品添加剂。由于发酵工业可用较廉价原料生产较高价值的产品，因此发展非常迅速。微生物种类繁多，繁殖速度快，代谢能力强，容易通过人工诱变获得有益的突变株。微生物的酶种类很多，能催化各种生物化学反应。同时，由于微生物能利用有机物、无机物等各种营养源，不受气候、季节等自然条件的限制，因此，可以利用简易的设备生产各类产品。微生物发酵的两大关键因素是菌种选育和培养基的设计。

一、菌种的选育

菌种的选育、发酵、提取精制是发酵工业的三个主要环节，其中以菌种选育的影响最大，它是发酵产品生产的关键。菌种选育不仅可提高目标产物的产量、极大降低生产成本、提高经济效益，还可以简化工艺、减少副产物、改变有效成分组成，并且以可用来开发新产品。菌种选育也是科研工作的主要内容，通过菌种选育可以了解菌种遗传背景、增加菌种遗传标记、分析生物合成机制和提供分子遗传学研究材料。

发酵工程所用的微生物来源包括两种：一是从自然界中筛选得到，即自然选育；二是通过遗传学手段对现有菌种进行改造，得到新的菌种，即诱变选育。

（一）自然选育

自然选育（或自然分离）是一种纯种选育的方法。微生物具有容易发生自然变异的特性，如果不及时进行自然选育，就有可能丢失所需要特性，使生产水平大幅下降。自然变异是偶然的、不定向的，而菌种退化变异的主要原因是微生物群体中自然变异的负变异（不利于目标产物的产生和积累）多于正变异（有利于目标产物的产生和积累），通过分离、筛选排除负变菌株，可从中选择较高生产水平的正变菌株，因此，菌种选育能达到纯化、复壮菌种，稳定生产的目的。自然选育有时也可用来选育高产量突变株，不过这种正突变的概率很低。

（二）诱变选育

诱变选育是微生物遗传和变异的综合结果。人工诱变是加速基因突变的重要手段。以人工诱变为基础的微生物诱变选育具有速度快、收效大、方法简单等优点，是菌种选育的一种主要方法，在发酵工业菌种选育上具有不可替代的作用，迄今为止，国内外发酵工业所使用的生产菌种绝大部分是人工诱变选育出来的。但是诱发突变缺乏定向性，因此诱发突变必须与大规模的筛选工作相配合才能收到良好的效果。目前比较常用的诱变剂为紫外线、亚硝基胍（NTG）、硫酸二乙酯（DES）、^{60}Co 等，近年来一些新型诱变因子在不断被开发，如微波、激光、红外射线、离子注入等，其诱变机制和效应的研究工作正在进行。

使用不同诱变剂的组合可以得到比单一诱变剂更理想的结果，其原因在于不同的诱变剂的作用机制不同，发生突变的位置不同。通过不同诱变剂的处理，菌株发生突变的方向比较广，筛选得到优秀突变株的概率比较大。

香料生产中常用的微生物及其发酵产物如表 6-1 所示。

表 6-1 香料中常用的微生物及其发酵产物

微生物	产物
细菌	乙偶姻、丁二醇、丁二酮、酸乳香味物质等
放线菌	香兰素等
酵母	内脂、苯乙醇等

微生物类别与其产物没有直接的关系，一般来说同一个产物既可以由细菌得到，也可以由放线菌或酵母获得，只是产率和途径不同。

二、培养基的设计

进行微生物发酵生产首先就要选择和设计培养基，培养基的制备是微生物学的一项基本技术，要掌握好该项技术就必须首先了解培养基设计的原则和方法。培养基设计的基本原则：目的性明确、营养比例协调、经济节约。设计方法主要是调研目的微生物的生态环境，在此基础上进行大量的实验比较，确定合适的培养基配方。

（一）培养基的设计原则和方法

培养基一定要适应目标微生物的营养要求和代谢特点，一般从以下六个方面考虑。

（1）调查目标微生物在自然界中的生态分布环境　自然界存在适合各种微生物生长繁殖的多种环境，凡是微生物生长繁殖最快、分布最广的地方，其环境就最有利于这种微生物的生存。例如，潮湿的麸皮、米糠上特别容易生霉，含糖量较高的水果的表皮上生长着大量的酵母菌，阴暗潮湿环境中的淀粉食品上生长根霉等。

（2）分析微生物的化学组分　有助于设计培养基时，确定各种营养因子的种类和比例，但是菌体成分的分析只能作为设计培养基时一种初步的参考资料，这是因为培养基不仅用来合成菌体，还要作为能源被利用或积累代谢产物，例如谷氨酸发酵培养基的碳氮比为100：（11~21），而放线菌发酵的培养基中碳氮比为（10~50）：1。

（3）根据产量常数来确定碳源的需要量　产量常数是指微生物生长达到稳定期时，每消耗1g葡萄糖生成的菌体干重的质量数。在好氧条件下，产量常数通常为0.4~0.6。

（4）通过生长图谱法寻找目标微生物最合适的碳源、氮源或生长因子　生长图谱法又称为生长图形法，是测定微生物对糖类、氨基酸等营养物质需求的一种简便方法，也可用于营养缺陷型的鉴定和菌种鉴定。

（5）合适的物化条件　在设计培养基时，良好的物理化学条件也是保证微生物的正常生长繁殖和累积代谢产物所必需的，如适宜的pH、缓冲性能及其氧化还原电位等。

（6）经济节约和环境友好　在设计生产培养基时应该考虑节约的原则，尽量选用来源广泛、价格低廉、环境污染小的原料。

（二）培养基的成分

培养基为微生物生长和繁殖过程中提供能量和构成特定产物需要的成分，主要包括碳源、氮源、无机盐、微量元素、生长因子、水等。

1. 碳源

碳源对微生物的作用主要有三个方面：能量的来源、合成菌体细胞的碳架结构、合成产物的碳架结构。常用的碳源物质主要有糖类、脂肪、有机酸等。不同微生物的酶系统存在差异，所以利用碳源的种类不同，有的可以直接利用淀粉，有的仅能利用单糖或双糖。工业生产中常用的培养基碳源有葡萄糖、乳糖、淀粉、糊精等。

2. 氮源

氮源是构成菌体细胞中的氨基酸、蛋白质、核酸及其含氮产物的营养物质。常用的氮源分为有机氮源和无机氮源，有机氮源主要是豆饼粉、玉米浆、蛋白胨、酵母粉、麸皮等；无机氮源主要是硫酸铵、氨水、尿素、氯化铵、磷酸氢二铵、硝酸铵等。有机氮源大多是农副产品，除了含有丰富的氮源外，还含有少量的糖、脂肪、无机盐和生长因子，是微生物的良好营养物质，但是有机氮源质量比较难以控制，产地、厂家、季节的不同均可引起质量的波动。有机氮源的作用包括四个方面：提供菌体生长需要的营养物质，作为产物的前体，少数微生物可以用作能源，提供微生物生长所需的生长因子。

3. 无机盐

无机盐为微生物生长提供必需的矿质元素。这些元素参与酶的组成，构成酶活性基、激活酶活性、维持细胞结构的稳定性、调节细胞渗透压、控制细胞的氧化还原电位，有时还可作为某些微生物生长的能源物质。由此可见，无机盐在调节微生物生命活动中起着重要作用。常用的无机盐有硫酸盐、磷酸盐、氯化物以及含有钾、钠、钙、镁、铁等元素的化合物。

4. 微量元素

所需浓度为 $10^{-8} \sim 10^{-6}$mol/L 的元素为微量元素，如铜、钴、镍、钼、锰、硅、碘、硼。微生物在生长过程中缺乏微量元素，会导致细胞生理活性降低甚至停止生长。由于不同微生物对营养物质的需求不同，微量元素这个概念也是相对的。微量元素通常混杂在天然有机营养物质、无机化学试剂、自来水、蒸馏水、普通玻璃器皿中，如果没有特殊原因，在配制培养基时没有必要另外加入微量元素。

5. 生长因子

凡是微生物本身不能自行合成，但对生命活动又不可缺少、必须外界添加的特殊营养物称为生长因子。天然培养基如麸皮、米糠、肉汤等已含有较丰富的生长因子，不需再补充。

6. 水

水是微生物细胞的重要组成部分，占微生物细胞的 85%（质量分数），它是微生物进行代谢活动的介质，也可直接参与一部分生化反应。营养物质的吸收、代谢产物与能量的排出均是以水为媒介的。微生物离开了水就不能进行生命活动。水是所有培养基的重要组成部分。

三、发酵过程控制与优化

发酵过程即细胞的生物反应过程，是指由生长繁殖的细胞所引起的生物反应过程。它不仅包括了以往“发酵”的全部领域，而且还包括固定化细胞的反应过程、生物法废水处理过程和细菌采矿等过程。

发酵工艺被认为是一门艺术，即使有多年的经验也不易掌握。微生物具有合成某种产物的潜力，但要想在生物反应器中顺利表达，即最大限度地合成所需产物却不是一件容易的事：发酵是复杂的生化过程，涉及诸多因素，除了菌种的生产性能，还与培养基的配比、原料的质量、灭菌条件、种子的质量、发酵条件和过程控制等因素有密切关系。同一生产菌种和培养基配方，不同厂家的生产水平也不一定相同，必须因地制宜，掌握菌种的特性，并根据工厂的实际条件，制订有效的控制措施。通常，高产菌种对工艺条件的波动比低产菌种更敏感，掌握生产菌种的代谢规律和发酵调控的基本知识对生产的稳定和提高产品质量具有重要的意义。因此，不论什么产品，都必须先从小试着手，将各因素的单独影响和因素之间的交互作用摸透，以考察其代谢规律、影响产物合成的主要因素，得到最优的发酵工艺条件。

微生物发酵的生产水平不仅取决于生产菌种本身的性能，还要有合适的环境条件才能使其发挥良好的生产能力。为此必须通过各种研究方法了解有关生产菌种对环境条件的要求，如培养基、培养温度、pH、氧的需求等，并深入地了解生产菌在合成产物过程中的代谢调控机制以及可能的代谢途径，为设计合理的生产工艺提供理论基础。同时，为了掌握菌种在发酵过程中的代谢变化规律，可以通过各种监测手段如取样测定随时间变化的菌体浓度，糖、氮消耗及产物浓度，以及采用传感器测定发酵罐中的培养温度、pH、溶解氧等参数的情况，并予以有效地控制，从而使生产菌种处于产物合成的优化环境之中。

目前较常测定的参数有温度、pH、溶氧、底物浓度、放罐、染菌控制等。

（1）温度　温度指在发酵整个过程或不同阶段中所维持的温度。温度对菌体的生长和生产的影响是各种因素综合表现的结果。从酶动力学角度看，温度升高，反应速率加快，生长代谢加快，生产周期会缩短。但酶本身很易因热而失去活性，温度越高，酶的失活也越快，表现为菌体易衰老，影响产物的最终产量。此外温度还影响生物合成的方向。

（2）pH　发酵过程中培养液的 pH 是微生物在一定环境条件下代谢活动的综合指标，是一项重要的发酵参数。它对菌体的生长和产品的积累有很大的影响。因此必须掌握发酵过程中 pH 的变化规律，及时对其进行检测并加以控制，使菌体处于最佳状态。

（3）溶氧　大多数发酵过程是好氧的，因此需要供氧。许多发酵的生产能力受到氧的可利用性的限制，因此氧成为影响发酵效率的重要因素。在发酵过程中需要保证发酵液中氧的供给，以满足生产菌对氧的需求。氧的供需成为发酵生产的限制因素、稳定和提高生产的关键。可以通过调整通风量、搅拌转速、罐压来调节发酵液中的溶解氧浓度，同时根据副产物的变化来了解发酵液中氧气的供给情况。

（4）底物浓度　底物浓度不仅影响微生物的生长速度，而且关系到产物的积累速度、底物转化率。解除底物过浓的抑制、产物的反馈抑制和葡萄糖分解阻遏，以及避免在分批发酵中因一次性投糖过多而造成细胞大量生长，耗氧过多而供氧不足，采用中间补料的培养方法是较为有效的。补料方式可以分为间歇补料、连续补料。连续补料又可以分为恒速、变速、指数速率流加等。

（5）放罐　发酵结束时将发酵液从发酵罐中释放出来称为放罐。发酵类型不同，要求达到的目标也不同，因此对发酵终点的判断标准也有所不同。发酵终点的判断需综合多方面的因素统筹考虑，要求既要高产量，又要低成本。无论是初生代谢产物还是次生代谢产物发酵，到了末期，菌体的分泌能力都要下降，使产物的生产能力下降或停止。在生产速率较低（或停止）的情况下，单位体积的产物产量增长有限，如果继续延长时间，会使平均生产能力下降，且动力消耗、管理费用支出、设备消耗等费用仍在增加，产物成本就会增加。有的产生菌在发酵末期，营养耗尽，菌体衰老并进入自溶阶段，释放出体内的分解酶会破坏已形成的产物。

（6）染菌控制　工业发酵稳产的关键条件之一是在整个生产过程中维持纯种培养，避免杂菌的入侵。行业上把过程污染杂菌的现象简称为染菌。杂菌对工业发酵的危害，轻则影响产品的质和量，重则颗粒无收，严重影响效益。染菌的发生不仅有技术问题，也有生产管理方面的问题。为了克服染菌，除了加强设备管理，还可以选育能抗杂菌的生产菌株，并改进培养基的灭菌方法和利用化学药剂来控制污染。

不同的工艺需要关注的参数不同，一条成熟的工艺需要从众多的参数中挑选少数几个关键参数进行监控，关键参数选择太多，工艺复杂，不利于该工艺进行工业化生产；若关键参数选择不准确，工艺可控性差，无法工业化。因此选择合适的参数进行控制是发酵工艺的重点。

四、发酵法生产天然癸内酯

γ-癸内酯是一种含有五元内酯环的十碳化合物，1969 年，γ-癸内酯被美国 FDA 认为是安全的食品添加剂和药物添加剂，FEMA 编号为 2360，FDA172. 515，CoE2230，GB 2760—2014《食品安全国家标准　食品添加剂使用方法》将其规定为允许使用的食用香料。γ-癸内酯以其诱人的桃香和低香阈值的特性被香料工业普遍应用。

γ-癸内酯天然存在于桃子、杏仁、草莓等水果中，具有强烈的果香香气，稀释时有桃子香气，在成熟的果实中，含量可达 15μg/kg，其中 89%是（*R*）-异构体。大量研究发现（*R*）-异构体和（*S*）-异构体具有不同的香气特征。手性 γ-癸内酯的生产在香精香料行业中得到了重视。但是目前市场上销售的 γ-癸内酯仍主要是以化学合成的无旋光活性的外消旋混合物为主，如日本 SODA 公司的产品。

1930 年，德尔克斯（Derx）从感染的橘子树叶中分离和培养得到了一株粉红色的微生物，并且描述了培养基中具有桃子气味。Derx 将该菌株命名为 *Sporobolomyces odorus*，现称为鲑色锁掷酵母（*Sporidiobolus salmonicolor*）。1972 年，其中的香味组分被证实为 γ-癸内酯和 γ-十二内酯。至今，已有许多关于微生物法生产 γ-癸内酯的专利和文献报道。

从报道上看，能发酵产生 γ-癸内酯的菌株较多，但能用于工业化生产的却很少。研究人员认为从蓖麻油或蓖麻油酸甲酯转化为 γ-癸内酯的转化率普遍较低，主要是有三点原因。①蓖麻油酸酯（C_{18}）不完全转化成 γ-癸内酯的前体（C_{10}）；②其他内酯（如 3-羟基-γ-癸内酯、2-癸烯-4-内酯和 3-癸烯-4-内酯）的积累；③γ-癸内酯的进一步被代谢。另外，由于发酵产物 γ-癸内酯是一种对菌体有较大毒性的物质，γ-癸内酯在发酵液中的积累会造成菌体的大量死亡，这也是发酵产率较低的原因之一，因此目前的研究较倾向于采用对 γ-癸内酯有较大耐受力的酵母类菌株进行发酵生产。同时研究人员也对一些降低 γ-癸内酯毒性的方法进行了研究，如在发酵液中添加油类物质使 γ-癸内酯溶于其中，减少内酯与菌体的接触，膜分离与有机溶剂萃取相结合的 Pertraction 方法；原位分离方法（*in situ* product removal，ISPR）——将具有很高产物吸附能力的朊藻酸基质悬浮于发酵液中与油相底物形成乳浊液，产物可以及时被吸附在这种基质上并定期更换，这些方法均取得了较好的效果。

为了提高发酵产率，周瑾等使用有油脂水解活性的地霉属菌株 PL-4 与有内酯合成能力的棒状杆菌属菌株 RS105 进行协同发酵，转化蓖麻油生产 γ-癸内酯。使用有较高酯酶活性的微生物进行蓖麻油水解，可以使水解产物羟基脂肪酸在培养一段时间后大量富集。而这时接种具有内酯化活性的微生物进行内酯合成将不再受蓖麻油水解能力这一因素的影响，从而可获得较高的合成效率；尼科（Nicaud）等认为，菌体在转化蓖麻油酸为 γ-癸内酯的过程中仍然生长，导致了转化率的低下。为了使微生物代谢的效率达到最大，就必须使香味物质的产量尽可能大，而菌体细胞的生长量尽可能少。菌体细胞在培养基中不能生长，可以使蓖麻油酸的一个旁路代谢途径（即细胞生长代谢）受到抑制，从而转回内酯的合成途径。因此他们采用了一株尿嘧啶缺陷型的基因工程菌——解脂耶氏酵母（*Yarrowia lipolytica*）菌体在不含尿嘧啶的培养基中进行生物转化生成蓖麻油酸甲酯，菌体生长受到抑制，转化率比原菌株提高了 10~20 倍。

在所有的专利和文献报道中，比较值得注意的是，德国 H&R 公司的拉本霍斯特（Rabenhorst）等使用 *Yarrowia lipolytica* HR145（DSM 12397）菌株，以蓖麻油为前体分别进行 10L 和 300L 规模的发酵试验，在 27℃下发酵 50~70h，发酵液中 γ-癸内酯的浓度分别达到了 12g/L 和 12.3g/L。该过程已具备了工业化生产的条件，因此，通过微生物转化生产 γ-癸内酯在商业上是可行的。

关于微生物代谢蓖麻油酸形成 γ-癸内酯的代谢途径，一般认为是蓖麻油首先经历了 3 个 β-氧化循环，形成 6-羟基-3-十二烯酸，然后在酵母的作用下，将碳碳双键加氢还原，形成 6-羟基十二酸，接着第 4 个 β-氧化过程将 6-羟基十二酸变为 4-羟基癸酸，最后成环，形成 γ-癸内酯（图 6-1）。

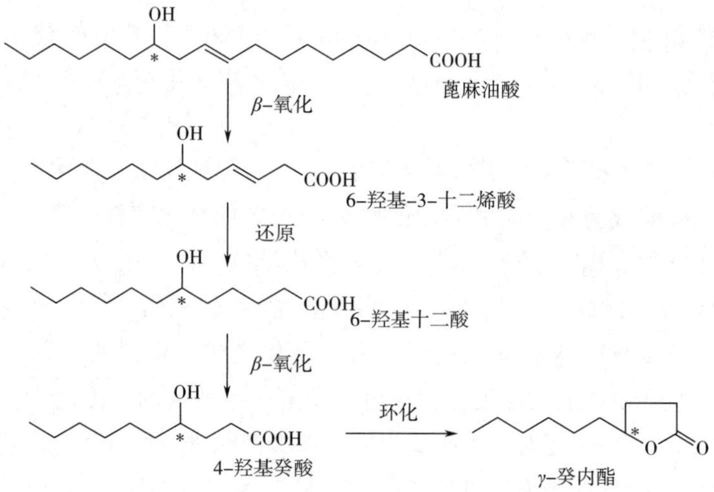

图 6-1 蓖麻油酸转化成 γ-癸内酯示意图

蓖麻油酸酯酰辅酶 A 经 β-氧化至乙酰辅酶 A，共有 27 个中间体形成，酵母中通常进行的过氧物酶β-氧化不像线粒体β-氧化那么高效和组织化，因此β-氧化的中间体根据底物和辅酶A的浓度可以进行一定的积累。

内酯是香精香料中一类重要的化合物，对它的研究已经成为一个世界性课题。目前市场上虽然合成产品占主导地位，但其香气、留香时间无法和天然内酯相比，生物法制备天然内酯越来越受到人们的关注和重视。

除了癸内酯外，还有一些其他微生物香料也在研发中（表6-2）。

表6-2　其他微生物香料

微生物	香料
长喙壳属（*Ceratocystis*）	香茅醇、香叶醇、沉香醇、橙花醇、松油醇
绿色木霉（*Trichoderma viride*）、哈茨木霉（*Trichoderma harzianum*）	内酯6-戊基-α-吡喃酮（6-PP）
乳酸克鲁维酵母（*Kluyveromyces lactis*）	香茅醇、香叶醇
土星拟威尔酵母木拉克变种（*Williopsis saturnus* var. *mrakii*）	乙酸3-甲基丁酯
克氏地霉（*Geotrichum klebahnii*）	2-甲基丁酸乙酯
谷氨酸棒状杆菌（*Corynebacterium glutamicum*）	吡嗪

第二节　酶工程与香料生产

香料生物技术是香料工业化生产的重要组成部分，其中酶催化反应是基于微生物的方法之外的又一种方法。自然界中大约有25000种酶，其中约有400种酶用于立体选择性有机合成和香料化合物的生物技术生产。在整个国际市场上，酶工业总产值已超过10亿美元。

酶是一种生物催化剂，其化学结构为蛋白质或多肽。酶可以催化很多反应，包括氧化反应（饱和烷烃、不饱和烷烃的氧化，醇类脱氢，烃类脱氢等）、还原反应（羰基化合物和不饱和烷烃的氢化等）、异构化反应（顺反异构、空间异构等）。

生物体内的酶有分解和聚合两种作用，例如，蛋白酶把蛋白质水解为氨基酸，然后蛋白聚合酶再把氨基酸聚合为生物体所需的蛋白质。目前工业使用的商品酶中分解酶居多，其产物可以分为两种：单一化合物和混合物，它们都可能成为香物质，例如利用脂肪酶合成各种酯类（单一化合物）、利用酶技术生产乳香精基料（混合物）等。除了生产香料，酶类还可用于提炼干酪或酒中的香味。酶的最大优势在于其具有立体选择性，以及具有在有可利用的“天然”底物的情况下产生“天然”香味的能力。

食品生物技术中的主要酶类包含水解酶、氧化还原酶、转移酶和裂解酶。

一、水解酶

（一）脂肪酶（EC 3.1.1.X）

脂肪酶能够催化脂质水解为脂肪酸和甘油。

脂肪酶在有机合成以及在香料生物技术中起着重要的作用。猪胰腺提取物，特别是许多微生物脂肪酶可以用于催化酯水解、酯化作用（醇和酸）、转酯作用（酯和醇）、相互酯化作用（酯和酸），以及将酰基从酯转移至其他亲核物质上，如胺类或硫醇类物质。

对于酶催化的反应来说，底物选择性、区域选择性、立体选择性（内/外区分、*Z/E* 区分、对映选择性、内消旋区分和前手性识别），都会影响反应效率。

在许多情况下，酶在水中和在有机溶剂中的立体选择性是一样的，因此在催化反应后会生成互补的立体异构体。但是如果一种酶偏好手性酯的 *R* 对映异构体而不是 *S* 酯，那么在水解反应后就可得到 *R* 醇和 *S* 酯。由于该酶的立体化学偏好相同，则在有机溶剂中的转酯反应将生成 *S* 醇和 *R* 酯。

1. 脂解作用

经脂解得到的乳脂肪，是人类利用酶制造香料的典型实例之一。最初的工艺是基于对奶油的可控的脂肪酶催化水解。例如，米黑毛霉（*Mucor miehei*）脂肪酶对香原料活性短链脂肪酸具有高度选择性。另外，还可找到偏好长链脂肪酸的脂肪酶或没有特定偏好的脂肪酶。所产生的游离脂肪酸可通过水汽蒸馏来分离，并进一步进行纯化，从而，有可能获得纯的短链脂肪酸如丁酸、己酸、辛酸和癸酸。

经脂解得到的乳脂肪产物可以用作制备类似奶油/黄油类产品的风味剂。

2. 外消旋化合物的动力学拆分

脂肪酶的立体选择性通常被用于从外消旋前体得到纯的旋光性香料化合物。例如，(-)-薄荷醇（对-薄荷烷-3-醇）是最重要的风味剂之一，是天然薄荷油中的主要化合物。(-)-薄荷醇独有的特征薄荷气味及典型的清凉效果比其他的异构体好很多。薄荷醇的外消旋混合物的清凉效果居中，但是清凉效果仍然是可感知的。有几种生物化学方法和化学方法可以用于拆分薄荷醇的外消旋混合物。许多微生物脂肪酶可水解薄荷基酯，并偏好（-）-薄荷基酯，而（+）-薄荷基酯根本不水解。薄荷基酯的这种不对称水解可用青霉（*Penicillium*）、根霉（*Rhizopus*）、木霉（*Trichoderma*）和多种细菌的脂肪酶来进行。

重组皱褶念珠菌（*Candida rugosa*）脂肪酶 LIP1 对外消旋苯甲酸薄荷酯（一种工业上重要的化合物）进行对映选择性水解，会生成旋光纯的 *l*-(-)-薄荷醇；对映体过量（ee）>99%。这对薄荷醇合成的工业合成非常重要。利用微生物脂肪酶，可以将市售的外消旋反式-茉莉酸酯拆分成（-）-反式-茉莉酸酯。2,5-二甲基-4-甲氧基-3(2H)-呋喃酮［（+）-mesifuran］是北极树莓中的一种重要的香料化合物，也存在于草莓和菠萝中。利用南极假丝酵母（*Candida antarctica*）对乙酸烯醇酯进行脂肪酶催化，*Antarctica*

经过对映面差异水解后，可以获得纯的旋光性（+）-mesifuran。

绵羊和山羊的乳中均含有4-甲基辛酸，它使得乳酪表现出不同的绵羊和山羊风味。在固定化南极假丝酵母脂肪酶B的作用下，外消旋的4-甲基辛酸与乙醇发生酯化反应，只能得到*R*酯，而（*S*）-4-甲基辛酸不被转化（图6-2）。

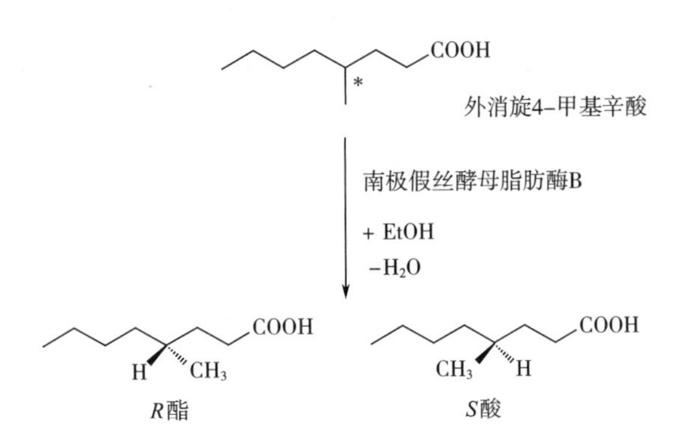

图6-2 南极假丝酵母脂肪酶B对外消旋4-甲基辛酸的动力学拆分

3. 在有机介质中的催化作用

在芳香化合物的合成方面，脂肪酶催化的酯化反应和转酯反应非常重要。

反应条件对于在有机介质中的酶催化反应有着极大的影响，决定反应收率和选择性。

为了保留酶的生物活性，在有机溶剂中需要有单分子水相。水相的pH、温度、溶剂类型和固定化技术对酶催化反应有影响。

当然，选择合适的酶是极其重要的，各种酶的收率和选择性相差甚大。例如，皱褶念珠菌脂肪酶参与的反应收率高，但选择性低；相比之下，黑曲霉（*Aspergillus niger*）脂肪酶的选择性更高。

在用生物技术法生产香料化合物中，应特别关注的是酯和内酯。米黑毛霉的脂肪酶是研究得最多的真菌脂肪酶。已用米黑毛霉、曲霉菌、褶皱念珠菌、无根根霉菌（*Rhizopus arrhizus*）和发酵性丝孢酵母（*Trichosporum fermentans*）的脂肪酶合成了从乙酸到己酸的酸与从甲醇到己醇、香叶醇和香茅醇的酯。

丁酸甲酯和甲基丁基酯是水果香味中的基本香料化合物，它们可通过生物技术方法生产。乔得利（Chowdary）等描述了一种水果味香料即异戊酸异戊酯的生产：将米黑毛霉脂肪酶固定在弱阴离子交换树脂上，在己烷中催化异戊醇和异戊酸的酯化反应。

在有机溶剂中，可由尖孢镰刀菌（*Fusarium oxysporum*）的酯酶催化合成短链香叶酯。

（*Z*）-乙酸-3-己烯酯具有水果味，并显示出明显的青香韵味。它可以利用固定化于丙烯酸树脂的南极假丝酵母脂肪酶或利用固定化的米黑毛霉脂肪酶来生产。转化率可达90%左右。

苯甲酸甲酯是某些奇异水果和浆果香味中的成分。通过褶皱念珠菌脂肪酶的催化作用，可以在己烷/甲苯中将苯甲酸和甲醇直接酯化，生产苯甲酸甲酯。

加菲尔德（Gatfield）等于2001年报道了一种生产天然（*E*,*Z*）-2,4-癸二烯酸乙酯的方法。这种酯是梨的特征香气化合物。利用固定化的南极假丝酵母脂肪酶，在乙醇存在下，对乌桕油进行转酯作用，生成复杂的乙酯混合物。经过分馏，可以从该混合物分离得到高纯度的（*E*,*Z*）-2,4-癸二烯酸乙酯，总收率约为5%。因为反应前体是天然物质，采用物理和生物学方法，依据欧盟法规，所获得的香味物质可贴上“天然”标签。

2004年，莱（Ley）等报道了立体选择性酶促合成顺式墙草碱［*N*-异丁基癸-(2*E*,4*Z*)-二烯酰胺］的反应，该物质是茵陈蒿中天然存在的风味活性烷酰胺。反应物是（*E*,*Z*）-2,4-癸二烯酸乙酯和异丁胺。该反应由南极假丝酵母脂肪酶B催化，收率约80%。这种酶对（*E*,*Z*）-2,4-酯显示出显著的选择性。

生物技术法合成内酯已经达到了很高的标准。除了用微生物生产，还可以用酶法生产内酯。例如，4-羟基-羧酸酯在脂肪酶催化下进行分子内转酯反应，对映选择性地（ee>80%）转酯成（*S*）-γ-内酯；链长可为C_5～C_{11}。可以用米黑毛霉脂肪酶以这种方式生产γ-丁内酯。

制备旋光性的δ-内酯会更困难些，因为大部分的脂肪酶缺少选择性。

（二）糖苷酶（EC 3.2.1.X）

在植物组织中，一定数量的香料化合物结合在一起，成为非挥发性的糖缀合物。这类糖苷大部分是β-葡萄糖苷，也有其他糖苷元，如戊糖、己糖、双糖和三糖。酰化糖苷和磷酸酯也有过报道。

在酿酒过程中，葡萄中的β-葡萄糖苷酶迅速失活，不利于葡萄发酵。可以利用酿酒酵母（*Saccharomyces cerevisiae*）和莫氏假丝酵母（*Candida molischiana*）的葡萄糖苷酶来解决这个问题。然而，很多真菌类葡萄糖苷酶却不能在葡萄酒酿制过程中正常地发挥作用，因为它们会被酒中的葡萄糖、果糖、乙醇和相对较低的pH所抑制。一些来自曲霉的葡萄糖苷酶（如一些β-洋芹糖苷酶、α-阿拉伯糖苷酶、α-鼠李糖苷酶）则不存在这些缺点。糖苷的存在可以诱导形成这些酶，经酶处理过的酒在感官分析中更令人喜爱。

单聚糖酶、寡聚糖酶和多聚糖酶的协同作用可以改良食物的感官品质。在桃的加工过程中，具有部分葡萄糖苷酶活性的纤维素酶，可以将苯甲醛从其结合形式释放出来。覆盆子酮［4-(4′-羟基苯基)-丁-2-酮］是覆盆子中的特征化合物。可以通过酶促反应得到覆盆子酮。反应第一步是在β-葡萄糖苷酶的催化作用下，天然存在的桦木糖苷水解为桦木精醇，桦木精醇经由微生物醇脱氢酶转化生成覆盆子酮（图6-3）。

在乳中也发现了香料化合物的缀合物：β-葡萄糖醛酸酶、芳基硫酸酯酶、酸性磷酸酶可以将酚类从前体中释放出来。

除了释放结合的香料化合物，香料工业也越来越需要这些缀合物，特别是对于方便食品而言。结合的、非挥发性的香味化合物能在加热时缓慢释放香料。在葡萄糖苷酶作用下，通过反向水解反应可以生成缓释化合物。例如，丹·鲁德（de Roode）和弗朗森

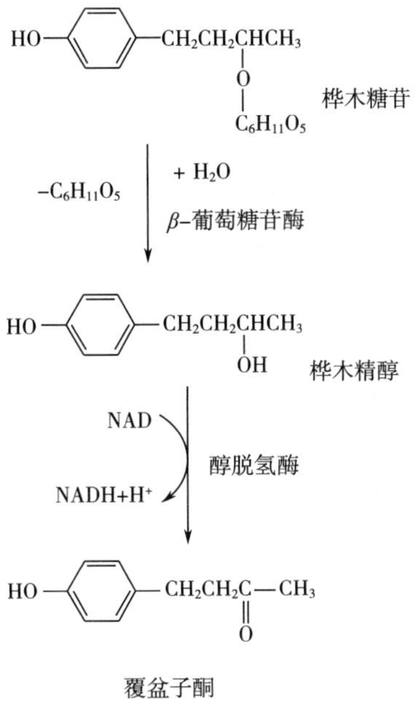

$HO-C_6H_4-CH_2CH_2CH(O-C_6H_{11}O_5)CH_3$ 桦木糖苷

$-C_6H_{11}O_5$ $+H_2O$ β-葡萄糖苷酶

$HO-C_6H_4-CH_2CH_2CH(OH)CH_3$ 桦木精醇

NAD → NADH+H^+ 醇脱氢酶

$HO-C_6H_4-CH_2CH_2C(=O)-CH_3$

覆盆子酮

图 6-3 桦木糖苷在酶的催化作用下生成覆盆子酮

(Franssen) 等描述了香叶醇葡萄糖苷的产生。糖基转移酶也能够产生糖苷，但它们比葡萄糖苷酶更难操纵。

由于化学法合成糖苷比较麻烦，利用糖苷酶进行转糖苷作用的技术吸引着越来越多的关注。

(三) Flavorzyme®

Flavorzyme®是诺和诺德生物技术公司 (Novo Nordisk Bioindustrials) 的市售蛋白水解酶制剂。它可用于从脱脂大豆粉获得肉味加工香料 (Process flavouring)。对香味提取物稀释分析证实，Flavorzyme 是酶促水解的和热水解的蛋白质中存在烤肉香味的关键香味化合物，如麦芽酚、呋喃酮 (Furaneol)、甲硫醇和呋喃硫醇衍生物。

二、氧化还原酶

很多酶催化的还原-氧化过程包括通过一个双电子步骤或两个单电子步骤来传递两个电子当量。通常认为后者是利用辅因子如黄素、醌辅酶或过渡金属的自由基过程。

双电子过程是经氢负离子转移或去质子作用后进行双电子转移的过程。

(一) 马肝醇脱氢酶 (EC 1.1.1.1)

马肝醇脱氢酶能够氧化除了甲醇以外的伯醇，并能够还原多种醛类。可使用水溶液或有机溶剂。

（二）脂氧合酶（EC 1. 13. 11. 12）

脂氧合酶（LOX）是一种非血红素的含铁双加氧酶，可以催化含有至少一个（*Z*, *Z*）-1,4-戊二烯酸体系的不饱和脂肪酸的双加氧反应，该催化反应具有区域选择性和对映选择性。例如，来自大豆的 LOX 可以将亚油酸转化为（*S*）-13-氢过氧化物。

据推测，催化是通过可直接与氧反应的自由基中间体或通过有机铁中间体来进行的。

在大规模利用植物酶进行天然“青香韵”香味化合物（一组同分异构的六碳醛和醇）的生产中，LOX 是个重要因素。

自然界中，青香韵是在破坏植物组织（叶、果实或蔬菜）后产生的。细胞壁的破坏会引起一连串的酶催化反应：脂氧合酶将上述具有双烯体系的多不饱和脂肪酸催化为氢过氧化物；氢过氧化物裂解酶裂解氢过氧化物；在整个级联反应中，还涉及氧化还原酶。用生物技术大规模生产天然青香韵遵循的是自然途径。

通过在大肠杆菌中表达的重组番石榴 13-氢过氧化物裂解酶和通过甜瓜氢过氧化物裂解酶可以产生青香韵，后一种酶产生六碳化合物和九碳化合物的混合物。

真菌 LOX 与高等植物 LOX 的区域选择性不同，它们通过双加氧作用催化亚油酸和亚麻酸形成 10-氢过氧化物。在受到破坏的真菌细胞中，氢过氧化物裂解酶和后续酶能够形成特有的挥发性蘑菇香味物质，包括特征化合物（*R*）-1-辛烯-3-醇。后者在工业上可以通过用亚油酸培养菌丝体进行生产。

大豆 LOX 能够在有亚油酸存在的情况下共同氧化植物色素，如类胡萝卜素和叶绿素。在 LOX 催化的共同氧化过程中，非选择性形成环氧化物的立体化学研究支持了关于自由基作用机制的假设。

（三）过氧化物酶（EC 1. 11. 1. X）

1. 大豆过氧化物酶

通过 *N*-甲基-邻氨基苯甲酸甲酯的酶促 *N*-脱甲基作用可以生产具有水果味的邻氨基苯甲酸甲酯（图 6-4）。如果所使用的 *N*-甲基-邻氨基苯甲酸甲酯具有天然来源，比如，提取自柑橘叶子的 *N*-甲基-邻氨基苯甲酸甲酯，则这个反应产物也可以贴上“天然”标签。

CH_3 N—H OCH_3 O —过氧化物酶, H_2O_2→ H N—H OCH_3 O

N-甲基-邻氨基苯甲酸甲酯　　邻氨基苯甲酸甲酯

图 6-4　通过 *N*-甲基-邻氨基苯甲酸甲酯的酶促 *N*-脱甲基作用生产邻氨基苯甲酸甲酯

2. 辣根过氧化物酶（EC 1. 11. 1. 7）

血红素过氧化物酶是酶类的超级家族，它们以氢过氧化物作为氧化剂，氧化不同结构的底物。例如，氯过氧化物酶通过外消旋的芳基乙基氢过氧化物，催化烯糖（Glycal）的区域选择性和立体选择性卤化作用，催化分布式烯烃（Distributed alkenes）的对映选择性环氧化作用和前手性硫醚的立体选择性磺化氧化作用。后一反应的结果是（*R*）-硫氧化物、（*S*）-氢过氧化物以及相应的 *R* 醇，这些化合物都是旋光形式的。

辣根过氧化物酶催化外消旋仲氢过氧化物，生成最高 ee>99%的（*R*）-氢过氧化物和最高 ee>97%的 *S* 醇。用此方法可以获得潜在的立体选择性氧化剂的旋光性氢过氧化物。由于辣根过氧化物酶相对昂贵，且热稳定性极低，因此辣根过氧化物酶的工业化应用并不多。

3. 肉色香蘑（*Lepista irina*）过氧化物酶

肉色香蘑是一种名贵的食用菌。2003 年，佐恩（Zorn）等发现了来源于肉色香蘑的真菌过氧化物酶，其将 β,β-胡萝卜素裂解为具有香料活性的化合物。真菌的胞外液能将 β,β-胡萝卜素降解为 β-环化柠檬醛、二氢猕猴桃内酯、2-羟基-2,6,6-三甲基环己酮、β-阿朴-10-胡萝卜素醛和 β-紫罗兰酮，其中后两种物质为主要产物（图 6-5）。

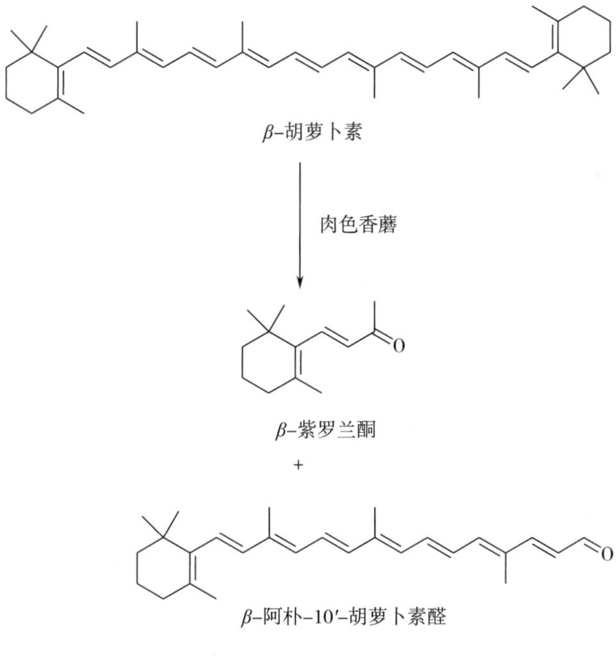

β-胡萝卜素

肉色香蘑

β-紫罗兰酮

+

β-阿朴-10′-胡萝卜素醛

图 6-5 肉色香蘑过氧化物酶裂解 β-胡萝卜素

通过分解类胡萝卜素所形成的强效香味化合物在洗涤剂、食品和香料工业中有很大的应用市场。而且，如果使用天然类胡萝卜素，则获得的 β-紫罗兰酮就是“天然香料”。因此，这个裂解反应具有很大的应用潜力。

4. 漆酶（EC 1.10.3.2）/大根香叶烯 A 羟化酶

漆酶是一组低特异性多铜蛋白质，作用于邻醌醇和对醌醇，通常作用于氨基苯酚和苯二胺，可用于努特卡酮的生物技术生产（努特卡酮是葡萄柚的特征化合物）。

弗朗斯（Franssen）等指出了由（+）-大根香叶烯 A 羟化酶催化瓦伦烯生成努特卡酮的另一种方法。(+)-大根香叶烯 A 羟化酶是一种分离自菊苣根部的细胞色素 P450 单氧化酶。一般地，这个酶似乎可以接受广泛的倍半萜，并且仅在侧链的异丙烯基上羟化。瓦伦烯是个例外，它不在侧链被羟基化，但在第一步中形成了 β-努特卡醇（图 6-6）；第二步是否由酶催化目前还不清楚。

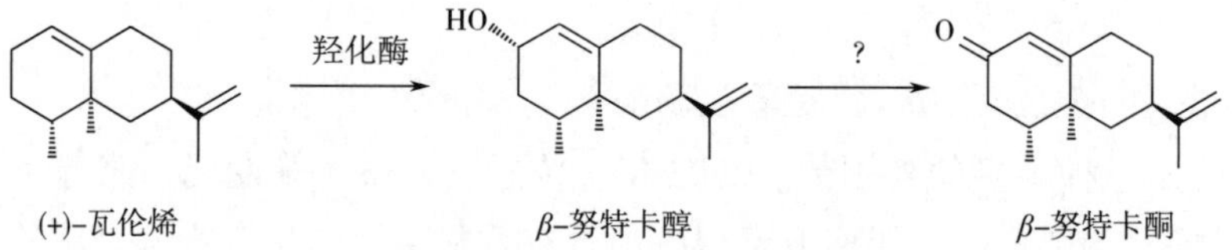

羟化酶 ? HO O

(+)-瓦伦烯 β-努特卡醇 β-努特卡酮

图 6-6　由（+）-大根香叶烯 A 羟化酶催化瓦伦烯形成努特卡酮

5. 微生物胺氧化酶（EC 1.4.3.X）

可将来自黑曲霉的胺氧化酶和来自大肠杆菌（*Escherichia coli*）的单胺氧化酶用于胺的氧化脱氨，形成对应的醛类、过氧化氢和氨。义田（Yoshida）等描述了产生香兰素（4-羟基-3-甲氧基-苯甲醛）的途径。

香草胺（4-羟基-3-甲氧基-苯甲胺）是在胺氧化酶的作用下形成香兰素的首选底物。通过分解辣椒素｛*N*-［（4-羟基-3-甲氧基-苯基）甲基］-8-甲基-6-壬烯酰胺｝可以获得香草胺。提取自香草兰（*Vanilla planifolia*）的天然香兰素稀少，所以极其昂贵，因此这一生产天然香兰素的途径具有巨大的价值。如果辣椒素的分解是通过酶法进行的，则用这种方法得到的香兰素就是“天然香料”。

6. 香草醇氧化酶（EC 1.1.3.38）

香草醇氧化酶（VAO）是一种来自子囊菌简青霉（*Penicillium simplicissimum*）的黄素酶，可以将 4-羟基苄醇和 4-羟基苄胺转化为对应的醛。

由于 VAO 能够对由辣椒素衍生的香草胺进行氧化脱氨基作用，因此用来生产香兰素（图 6-7）。利用青霉素 G 酰基转移酶从天然辣椒素获得香草醇，所得香兰素可以贴上“天然”标签，所使用的酶并不需要价格昂贵的辅因子且可以进行大规模生产，因此这个双酶工艺很有发展前景。

在 VAO 的催化下，可以将香草醇氧化为香兰素。香草醇在自然界中并不十分丰富，但可以通过香草醇氧化酶催化转化甲氧对甲酚（2-甲氧基-对甲酚）而生成。加热木材或煤焦油获得的木馏油中存在甲氧对甲酚，而这个反应的原料非常充足。

这个反应过程包括两个步骤：甲氧对甲酚转化为香草醇，香草醇氧化生成香兰素（图 6-8）。这两个步骤都是由同一个酶，即 VAO 催化的。

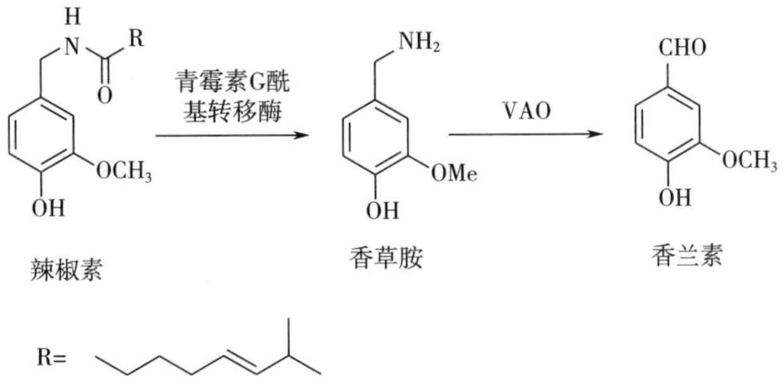

图 6-7 由辣椒素衍生的香草胺的氧化脱氨基作用和香兰素的形成

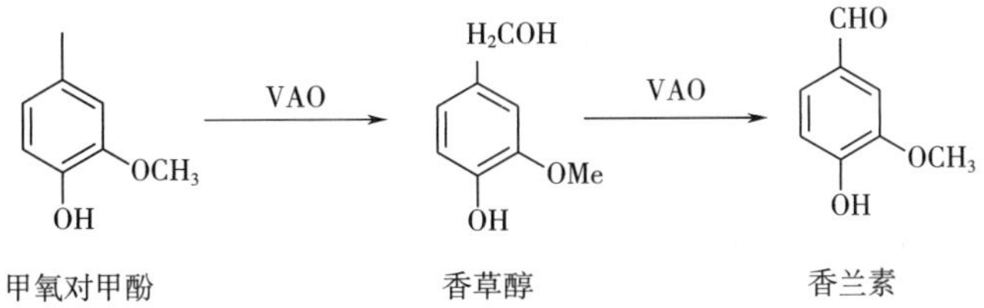

图 6-8 通过两个酶促反应由甲氧对甲酚生成香兰素

三、转移酶

2002 年，Do 等提出了一条酶促合成途径，利用来源于浸麻芽孢杆菌（*Bacillus macerans*）的环糊精葡聚糖转移酶（EC 2.4.1.19）的作用，将（-）-薄荷基 α-葡萄糖苷合成为（-）-薄荷基 α-麦芽糖苷和 α-麦芽低聚糖苷。该反应可在装有（-）-薄荷基 α-葡萄糖苷、环糊精葡聚糖转移酶和可溶性淀粉的反应器中进行，反应收率约 80%，分别是 15%的（-）-薄荷基 α-麦芽糖苷和 65%的（-）-薄荷基 α-麦芽低聚糖苷。用 α-淀粉酶处理淀粉能够提高（-）-薄荷基 α-麦芽糖苷的比例。

一开始，（-）-薄荷基 α-麦芽糖苷是既苦又甜的味道，但几分钟后，会出现清爽的风味。由于（-）-薄荷基 α-麦芽糖苷具有较高的水溶性和较低的升华倾向，它有可能成为应用于食品或香烟中的缓释香味化合物。

四、裂解酶

（一）D-果糖-1,6-二磷酸醛缩酶（EC 4.1.2.13）

通过醛醇缩合形成碳-碳键是合成中的一种非常有用的方法。除了化学合成，还可使用醛缩酶进行这个反应。这个反应产生醛与酮供体的立体选择性缩合。

自然界中，碳水化合物代谢中存在 4 种互补的醛缩酶。它们具有不同的立体选择性，可以完成各种各样的合成任务。在生物技术中，Furaneol®（2,5-二甲基-4-羟基-

2H-呋喃-3-酮）可通过涉及果糖-1,6-二磷酸醛缩酶（兔肌肉醛缩酶）的三步酶促过程由果糖-1,6-二磷酸生成。反应的第一步是，在醛缩酶的催化下，果糖二磷酸分解生成二羟丙酮磷酸和磷酸甘油醛。后者通过共固定化的丙糖磷酸异构酶异构化而获得二羟基丙酮磷酸，其为醛缩酶催化的与D-乳醛发生的醛醇缩合的底物。缩合产物6-脱氧果糖磷酸容易转化为Furaneol®。

尽管人们已经对生物合成Furaneol®做了大量的研究（包括检测到一些重要的酶），但仍未完全清楚其在植物中的生物合成机制。

（二）倍半萜合酶（EC 4.2.3.9）

在过去几年里，来自不同植物的倍半萜合酶引起了关注。2004年，沙尔克（Schalk）和克拉克（Clark）描述了一种方法［由瑞士芬美意集团（Firmenich）申请了专利］，通过该方法可能获得倍半萜合酶，并且有可能用法尼酰二磷酸酯产生多种脂肪族倍半萜和氧化倍半萜，例如可以通过该方式获得瓦伦烯。

一年后，Schalk描述了从广藿香植物［如广藿香（*Pogostemon cablin*）］克隆倍半萜合酶以及该酶催化生产萜类化合物的方法。通过这种方法能够获得各种倍半萜，如广藿香醇和其他大根香叶烯类的倍半萜。

思考题

1. 什么是生物香料？生物香料有什么优缺点？
2. 在生物香料的生产中，常用的生物技术有哪些？
3. 目前较为成熟的生物香料有哪些？

第七章
香料及其原材料的质量控制

【学习目标】

1. 学习食物的感官、风味、香气等术语。
2. 了解和掌握香料工业质量控制的具体内容和方法。

第一节　概述

表 7-1 所示为风味、气味、香气、香味和韵味的定义。当然，我们通常认为的“味道”并不一定符合表 7-1 的定义。例如，当我们感冒时，食物的味道可能改变。事实上，我们一直能尝到甜味、酸味、咸味、苦味和鲜味，当鼻黏膜充血，我们的嗅觉变差时，没有人说“我不能闻到味道”，而是说“我不能尝到食物的味道”，这是因为一般人很难分辨食物的滋味到底是来自口腔还是鼻腔。

表 7-1　风味、气味、香味和韵味定义总结

术语			定义
中文	英语	德语	
风味	Taste	Geschmack	味觉感受器感知的感官印象。在日常用语中，风味的意义更广泛
气味	Odor	Geruch	嗅觉感受器感知的感官印象（直接通过鼻部或鼻后部）
香气	Aroma	Aroma	令人愉快的气味
香味	Flavoring	Aroma	芳香物质或者与其他物质混合在一起，所得的复杂混合物
韵味	Flavor	Flavor	口腔中味觉、气味和体感感觉的综合作用（触觉和疼痛、寒冷和温暖的感觉）

一、食物的感官

像其他生物一样，人类通过感觉认知物质环境，也就是说，通过感官认知周围环境，记录或与以前的感官认知结果相比较。根据马克斯（Marks）（1987 年）的观点，人类有 8 种感觉，即味觉、嗅觉、视觉、听觉、疼觉、触觉、清凉感和温暖感。然而，如果将触觉，清凉感和温暖感归为一类感觉（体觉），人类就有 5 种感觉。

人类与食物的接触首先是通过视觉、嗅觉（用鼻子闻）和听觉（例如平底锅里的牛排发出的吱吱声）中的一种，或者是通过触觉（例如手拿苹果）进行的，或者是通过这些感觉中的两种或三种同时进行的；其次是通过触觉（用嘴唇含着，冷、热和疼的时候也能感觉到）和听觉感受（咀嚼的声音）进行的；接着是味觉和嗅觉。所有这些感觉都会影响我们对食物的判断。事实上，感官是非常复杂的。

（一）味觉

味觉主要是在舌头上感知，也可以说是在口腔（柔软的上颚、咽腔后部和喉头盖）中感知，如图 7-1 所示。舌头的神经末梢记录了 4 种典型的味觉——甜、酸、咸和苦，舌头上的味觉神经主要分布区域如图 7-2 所示。酸和苦在一定程度上通过口腔上颚感知。

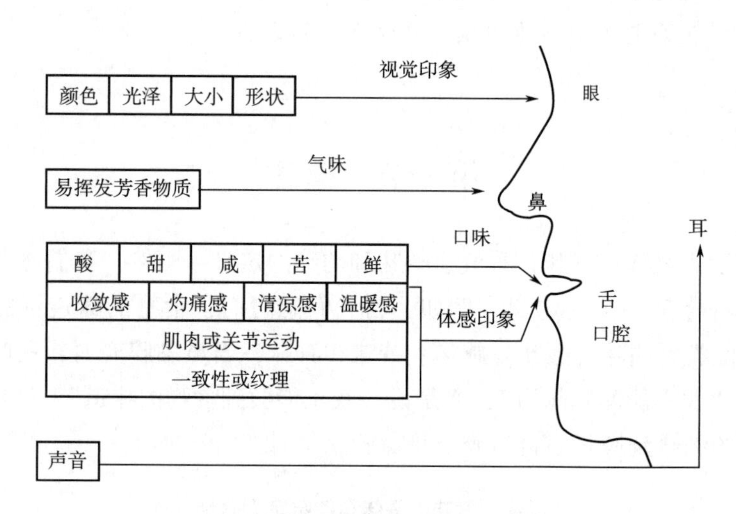

图 7-1　食物感官图

体感印象指触觉和痛觉、清凉感、温暖感。

一个成年人有 4000~6000 个味觉接受体，老年人只有 2000~3000 个，然而新生儿却有 8000~12000 个味觉受体。味觉受体不断通过蜕变的过程进行更新，通常只能存活 10d。

1. 酸味

酸味由 H^+产生，或者更准确地说是由化学酸的水合氢离子产生。然而，单独具有这

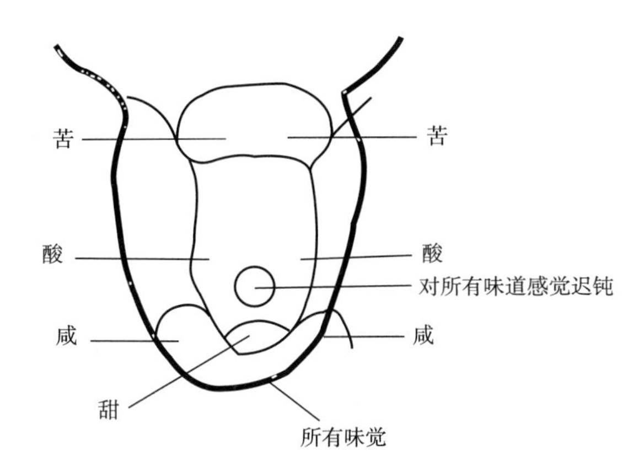

图 7-2 味觉分区示意图

显示对 4 种基本口味最敏感的区域。

个特性是不能构成酸味的。感知的酸味并不总是与化学测量的酸度（pH）成正比，而酸的分子结构对酸味感知也有影响。

在很多食物中（例如水果、加工食品和不含酒精的饮料），酸味是由有机酸产生的（比如柠檬酸、乳酸、酒石酸或醋酸）。磷酸是唯一的无机酸，它作为食物中酸的代表也是非常重要的（例如，在软饮料工业中）。

2. 咸味

咸味是由小分子质量的无机盐产生的，例如 NaCl、KCl、NaBr 或 NaI。NaCl 是唯一产生纯粹咸味的盐。通常使用的盐替代品则会产生不同的感官感受，例如 KCl 和 NaBr 的味道以咸为主，但不是纯粹的咸味；KBr 是同时带有咸味和苦味的。而相对高分子质量的盐则是纯粹的苦味（例如，KI 和 CsCl 等）或甜味〔例如醋酸铅［$(CH_3COO)_2Pb$］和氯化铍（$BeCl_2$）〕。

目前还不能完全解释咸味的机制。一般认为盐的离子特征是产生咸味的先决条件，而其阴离子则是能够决定咸味的增减，甚至咸味的消失。

3. 甜味

甜味显然与碳水化合物有关，如蔗糖等。然而，也有很多的其他化合物尝起来有甜味，如多元醇（山梨醇、甘露醇、木糖醇等），以及一些常见的合成甜味剂（如糖精、甜蜜素、阿斯巴甜、安赛蜜）、氨基酸和其他化合物。

在 18 世纪 60 年代末期，人们用一种 AH/B 结构模型解释甜味类化合物的结构特征。后来的研究表明，这些化合物分子还含有第三个结构来决定化合物的甜味特性，这些结构特点被定为 X，所以产生了 AH/B/X 结构。A 和 B 是电负性原子（如 O、N 和 Cl 等），H 是氢原子，X 是分子中其他的非极性原子。舌头上的甜味受体与食物上的分子结构互补排列，所以氢键能够在甜味分子的 AH/B 结构和受体之间形成，而非极性的 X 原子与受体上的一个空位相对应（图 7-3）。

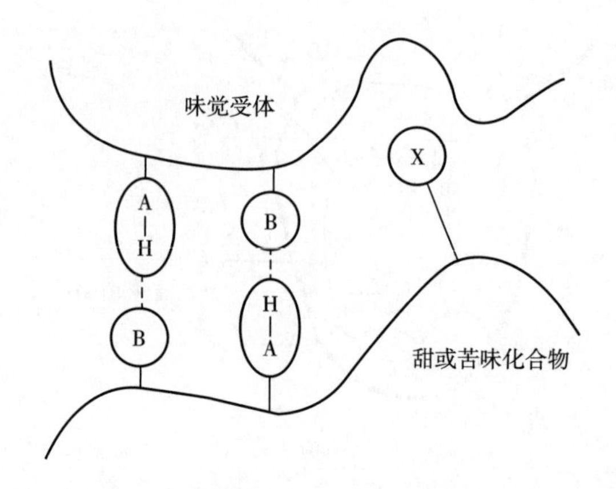

图 7-3 甜味和苦味化合物和味觉受体的 AH/B/X 结构示意图

---代表氢键。甜味化合物：A 与 B 之间的距离为 0. 25~0. 4nm。

苦味化合物：A 与 B 之间的距离为 0. 1~0. 15nm。

对于具有甜味的化合物，A 原子和 B 原子的空间距离必须在 0. 25~0. 4nm。图 7-4 所示为果糖和糖精的 AH/B/X 的结构。

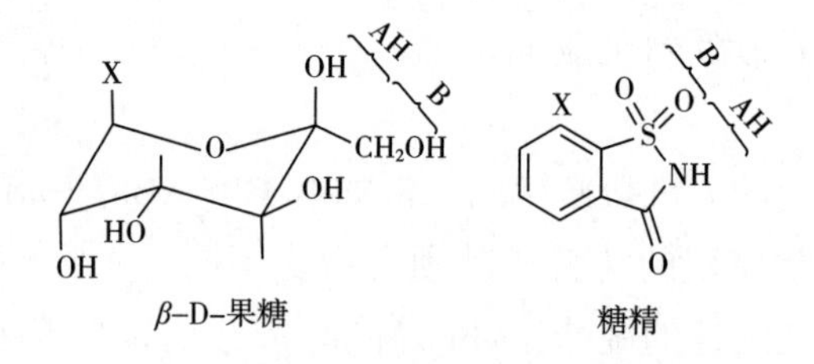

图 7-4 果糖和糖精的 AH/B/X 结构

4. 苦味

AH/B 结构理论还能解释化合物具有苦味的特性。A 原子和 B 原子之间的距离为 0. 1~0. 15nm，比甜味物质中的类似的空间距离小。图 7-5 显示了二萜化合物香茶菜苦醛（苦味地黄）的 AH/B 的结构。

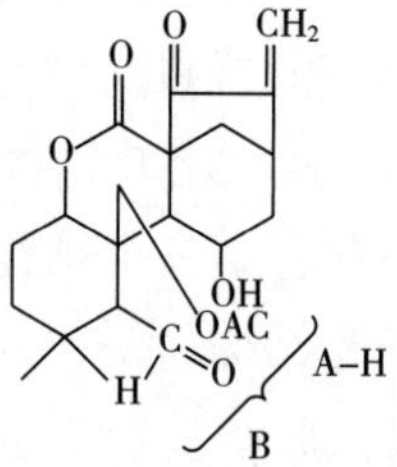

图 7-5 苦味地黄的 AH/B 结构

5. 鲜味

最近，“鲜味”这个词越来越多地用来描述味觉感受。这个单词来自日本，最准确的意思是“适口性、美味”。鲜味通常被称为第五个基础味觉，但是目前仍未发现口腔中感受鲜味的神经末梢的位置。

一些能产生鲜味感的重要化合物有谷氨酸盐（主要是谷氨酸钠）、嘌呤-5′-单磷酸二钠盐，特别是肌苷-5′-单磷酸盐（IMP）、鸟苷-5′-单磷酸盐（GMP）和腺苷-5′-单磷酸盐（AMP）。有鲜味的化合物通常有两个带负电荷的原子，它们分别在分子结构中的 3 号和 9 号碳原子之间（最好的排列顺序是在 4 号到 6 号碳原子之间）或者其他相隔的原子之间。谷氨酸钠、IMP、GMP 和其他化合物（例如琥珀酸）等化合物的结构特点就是如此（图 7-6）。对 AMP 这个化合物而言，其结构式只在分子的一个末端有负电荷，另一末端的电荷被氨基取代了，因此，这样的结构决定了 AMP 的鲜味比 IMP 、GMP 和谷氨酸钠等这些化合物的鲜味弱很多。

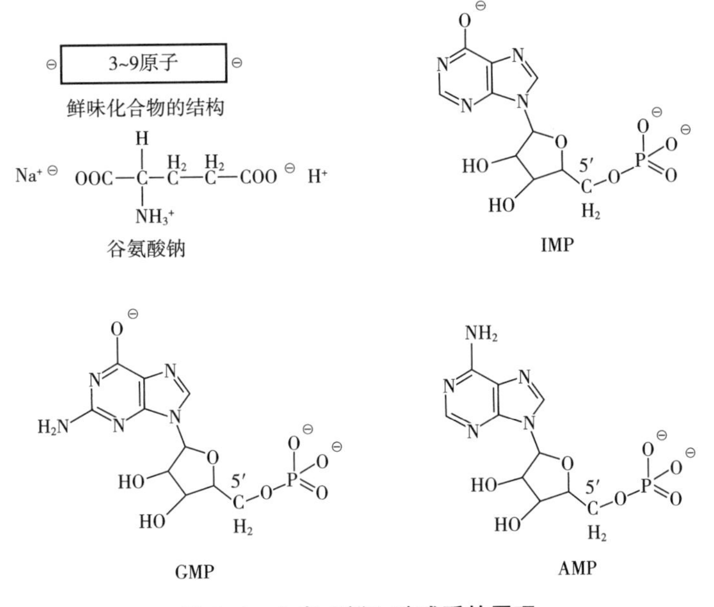

图 7-6 人类“鲜”味感受的原理

事实上，鲜味和风味增强之间没有明确的界限，因此以上提到的这些化合物和风味增强剂很相似。

（二）三叉神经感知

三叉神经（第五脑神经）属于身体感觉系统，因此在一些文章中将三叉神经感知和身体感觉作为同义词。近年来，人们常常提到“共同化学感觉”一词，一起使用的还有新创造的术语“物质感觉”（来源于躯体感觉，它是触摸皮肤的感觉）。

三叉神经刺激整个面部区域，特别是眼睛、鼻子和嘴巴。它有三个主要的分支（三叉即三方的），即眼神经、上颚分支神经和下颚分支神经，还有一些感觉和运动机能。

经确认，三叉神经末梢在鼻腔黏膜、口腔黏膜和舌头表面。

三叉神经在鼻腔和口腔的感知范围从轻微的刺激直到疼痛（表 7–2）。触发这些感觉的物质在许多食物和饮料中都是很重要的。在嘴里能引起发热感觉（注意这和疼痛是非常密切的）的化合物被分为四组：愈创木酚、酰胺、芥子油（异硫氰酸盐）和二硫化物（图 7–7）。它们都包含两个双键中心（图 7–7 中箭头标记）。携带双键的化学基团如图 7–7 所示。

表 7–2　三叉神经刺激实例

鼻部三叉神经刺激	刺激源举例	口腔三叉神经刺激	刺激源举例
辛辣的*	乙醇	辛辣的*	乙醇、辣椒素、胡椒碱
痛苦的*	氨、乙酸	痛苦的*	辣椒素、胡椒碱
辛辣的*	氨、乙酸	燃烧的*	辣椒素、胡椒碱
刺痛	碳酸	凉的、凉爽的	薄荷醇
燃烧的气味	烟草烟雾	温暖的	乙醇
		辛辣的	单宁

注：* 表示在个体刺激之间短暂的转变，取决于触发物质的浓度。

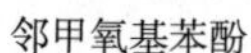
邻甲氧基苯酚

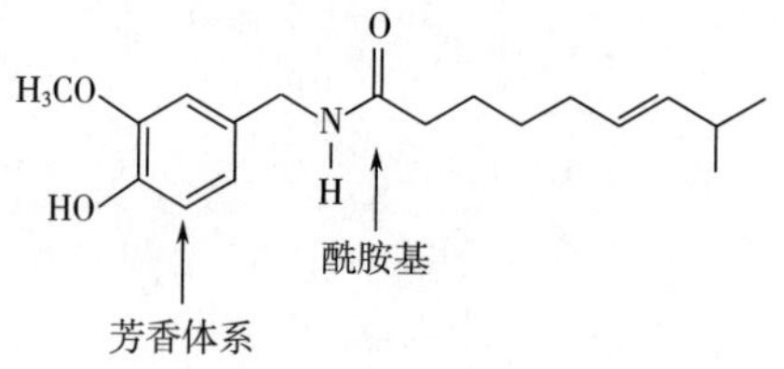

辣椒素（辣椒粉）

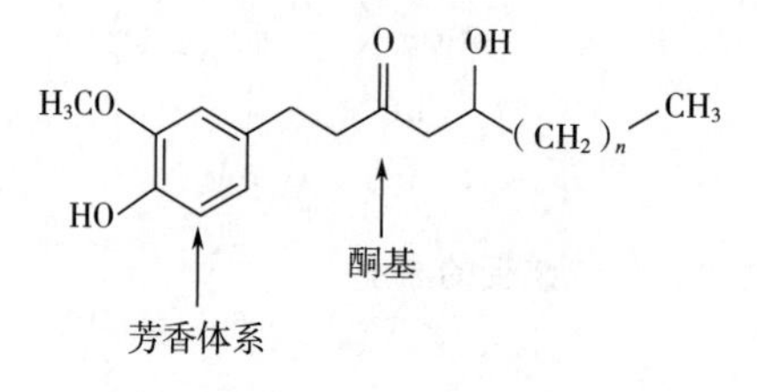

姜油（姜），n=4，6，8

芥子油

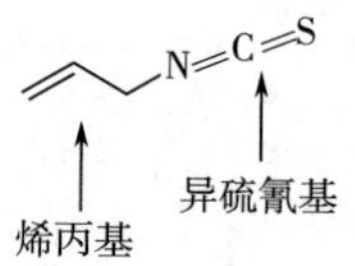

烯丙基芥子油（黑芥子）

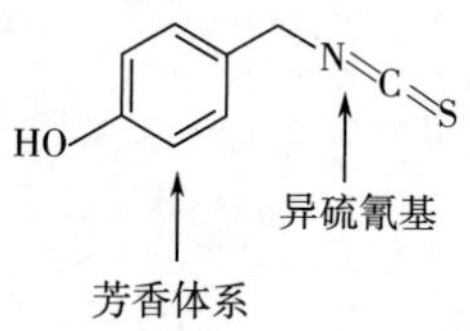

对羟苯基芥子油（白芥子）

酰胺类

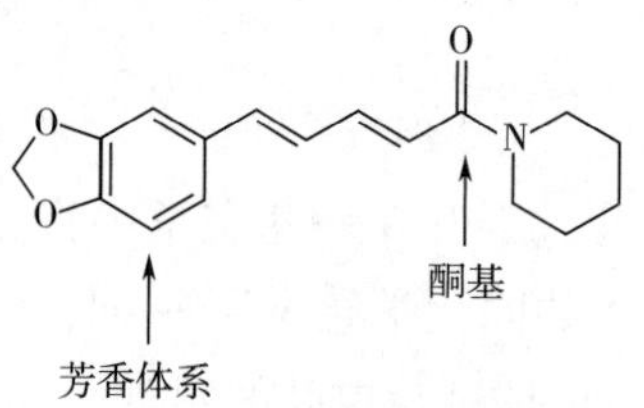

胡椒碱（胡椒）

二硫化物

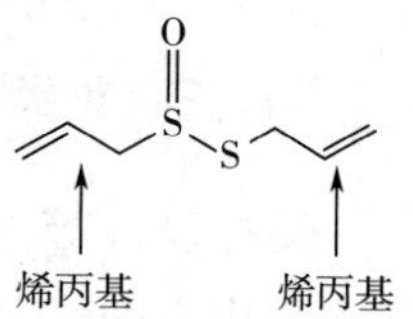

大蒜素（大蒜）

图 7–7　一些能引起口腔烧灼感的化合物

涩味主要由两类化合物产生：可水解的单宁（可水解的鞣酸）和不可水解的单宁（缩合类单宁）。这两类化合物都是多酚类（图 7–8）。涩味的产生主要是由于单宁使唾液中的蛋白质和糖蛋白发生了沉淀（图 7–9），因而唾液蛋白失去了润滑作用。

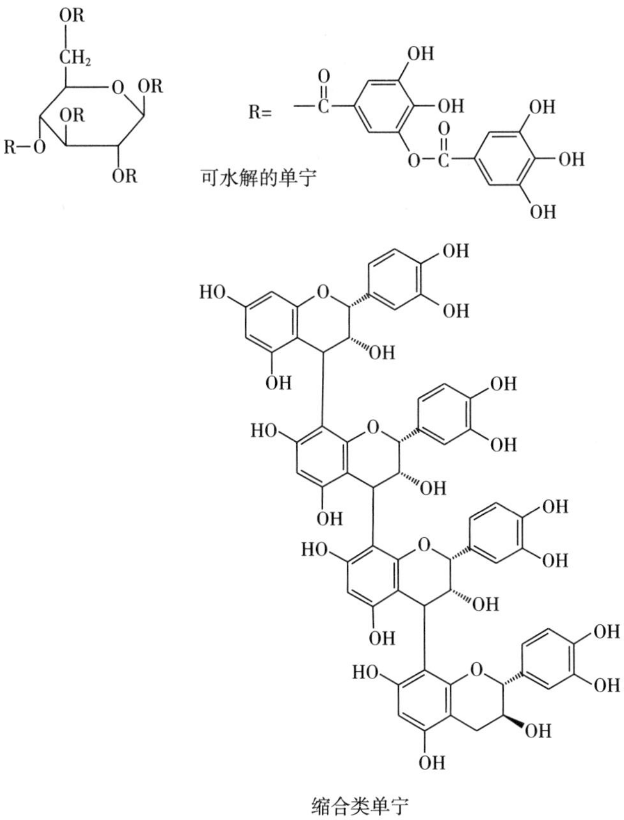

可水解的单宁

缩合类单宁

图 7–8 可水解的单宁和缩合类单宁举例

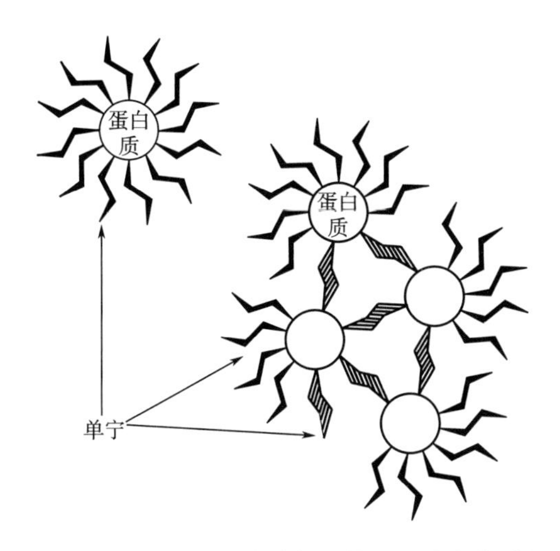

图 7–9 单宁和唾液蛋白的相互作用导致蛋白质沉淀

除了鞣酸，有些没有蛋白质沉淀作用的化合物也有涩味，例如芥子酸胆碱和绿原酸，但由于涩味和苦味经常被混淆，有些情况很难确定。一些涩的化合物实际上也有苦味，但是很少有几种苦的化合物也有涩味。

清凉感主要由薄荷醇（薄荷油的关键化合物）通过融熔和溶解过程给人降温的感觉而产生。薄荷醇让人产生清凉感觉的生理过程现不能完全被阐述清楚。融熔过程产生清凉感的典型例子是椰子和棕榈仁脂肪：它们在室温下是固态，当这些化合物进入嘴里后，从口腔中得到热量而熔化，使人感到清凉（类似于出汗的清凉感）。这与水合葡萄糖（在每个分子中含有一个水分子的葡萄糖束缚着结晶水）的那种令人愉悦的清凉感是不同的。水合葡萄糖给人的清凉感来自溶解时迅速从口腔中提取出来强负热（在25℃，-106J/g）。

（三）气味

气味被鼻腔上部的上皮细胞（嗅觉神经区域）感知。这是鼻黏膜上 5～10cm 的区域，它包括 300 万~5000 万个嗅觉受体。挥发性的芳香化合物可以直接通过鼻腔，到达上皮细胞受体，也可以经咀嚼、碾碎、唾液浸透和加热进入鼻后腔，再到达上皮细胞（图 7-10）。

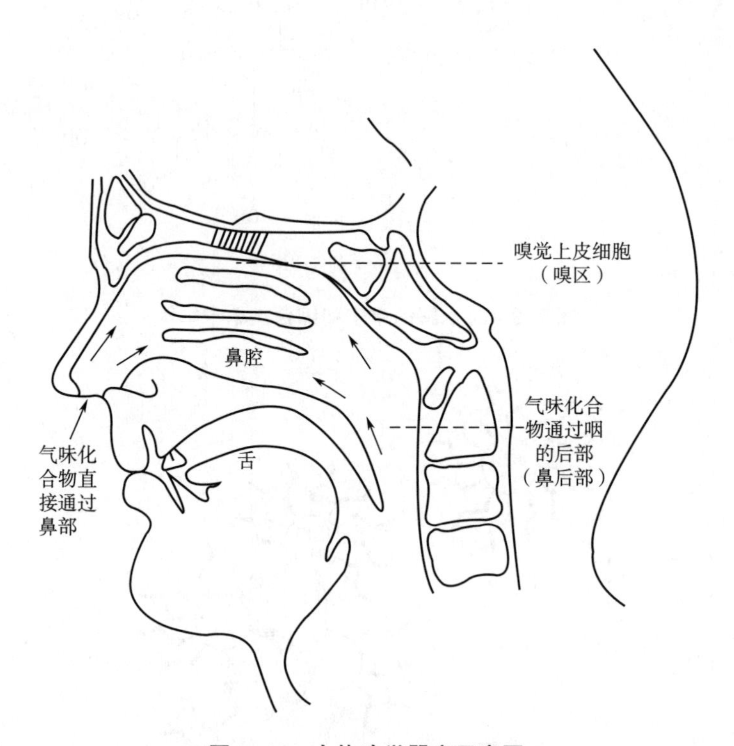

图 7-10　人体嗅觉器官示意图

自然界有多达 17000 个气味化合物，人体至少有 1000 种气味受体蛋白，但每一个受体细胞中仅有很少几种受体蛋白。人类能够分辨 2000~4000 种不同的气味，但随着年龄的增长人体识别气味的能力会下降。

二、食物的风味

食物的风味给人们的是一种感官印象，即味道、气味和三叉神经感觉在口腔和鼻腔的综合效应（图 7-11 和图 7-12）。

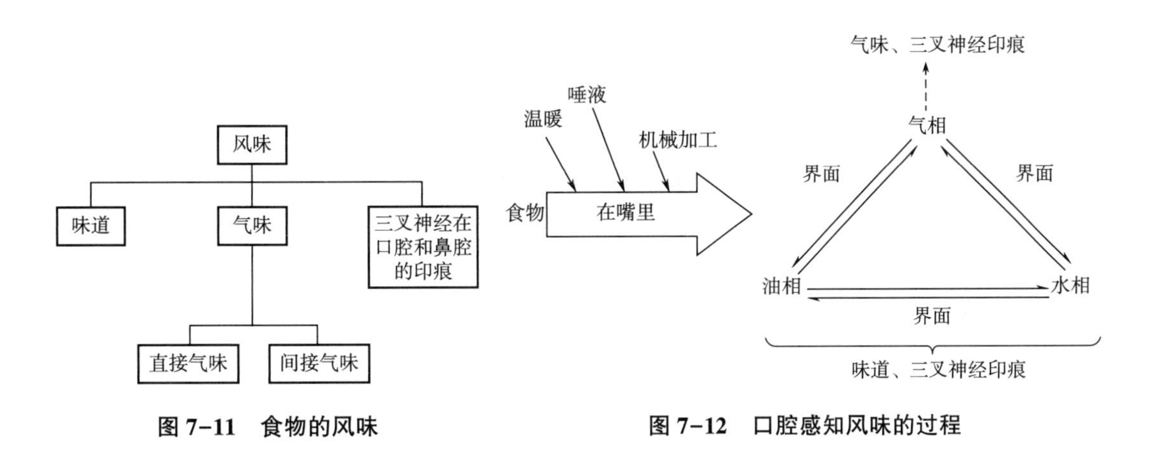

图 7-11 食物的风味

图 7-12 口腔感知风味的过程

三、食物的香气

香气“Aroma”这个词来自希腊语，起初的意思是“香料”，后来所有能产生令人愉悦气味的草本植物都被称为香料。目前，“Aroma”有两种意思。

第一，“Aroma”是食物中一种令人愉悦的气味，而不考虑里面是否含有香精油。这时的“Aroma”不仅指橙子和胡椒的香气，还包括肉和面包的香气（这两种食物中没有香精油）。“Aroma”指一种感觉，尤其是一种令人愉悦的气味感觉；没有人说坏鸡蛋的气味叫“Aroma”。“Aroma”是指一种令人愉悦的香气，在英语中也是这样定义“Aroma”的。

第二，“Aroma”也可以是芳香物质的复杂混合物，是可用于食品工业的芳香化合物。此时，英语中对应的术语应该是“Flavoring”。

第二节 香料及其原材料质量控制方法

质量控制对香料工业非常重要。香料企业希望能提供一贯的、高质量的产品给客户。在符合客户要求的前提下，香料及其辅料的质量都要符合法规的要求。目前市场上至少 2000 种常用原料，用来生产大约 10000 种不同的香料。

在香料工业中，质量控制涉及四个领域：理化分析、基础生物技术分析、微生物分析和感官分析。

在香料工业中质量控制的主要目标有：①身份，可能从供应商那里收到错误的原料，可能生产出错误的产品；②纯度，在原材料或产品中可能存在必须除去的杂质；③污染物，例如重金属、农药霉菌毒素和微生物；④掺假，原料可能掺假；⑤受限制的化合物，有些化合物被法规所限制；⑥腐败，超过保质期或储存不当，可能改变了原料或产品的质量；⑦真实性，一种标有“天然”原料可能是合成的，或原料的出处可能与标签所示不同。

一、理化分析

对香原料、中间产品和准备销售的最终产品的质量控制首先是要对它们进行理化分析，通常，理化分析分为物理分析和化学分析（图 7-13）。

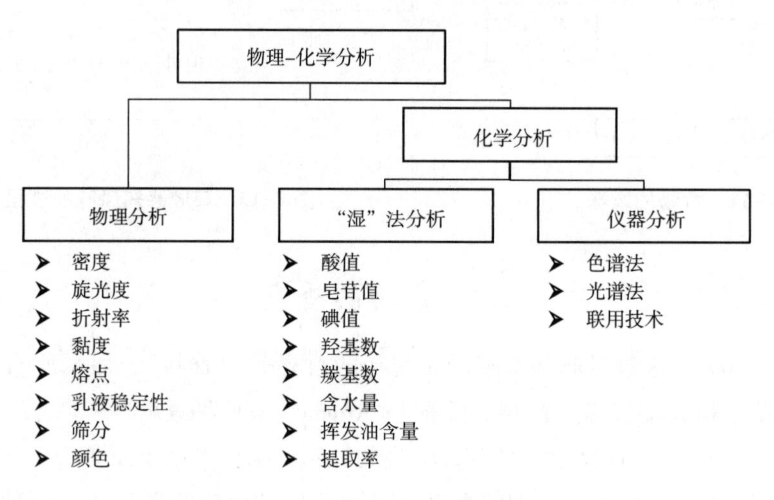

图 7-13 物理-化学分析举例

（一）物理分析

典型的物理分析包括相对密度、旋光度、折射率、密度、黏度、熔点、颜色和乳液稳定性，以及原料和产品的筛分等（图 7-7）。这些测试的主要目的是确认原料或者产品是否符合要求（身份测试）。

密度可以用比重瓶或比重计测定，但这些方法比较费时。澳大利亚公司 Paar KG 设计了一个间接测量密度的仪器，其测量快速准确。当样品被注入 U 型玻璃管，被电子激发后，会以它的特定频率振荡。改变样品密度，振荡频率随之改变。通过对特定频率的精确测定和数学换算，可以测量出样品的密度（利用 Paar DMA45 数字式密度计）。折射率（RI）通常是使用阿贝折射仪或者自动数字折射仪（例如，德国公司 Dr Kernchen 生产的 Abbemat）测定的。后者能够对不透明的样品进行折射率的测定。香料的折射率是由所有组分以及这些组分的比例共同决定的。折射率和密度测定能检测出配方的大部分问题。

旋光度（OR）常用作精油和松脂的质量控制指标。这些原材料中的重要成分往往具有光学活性。可以用旋光度来量化这些原料中的特定组分。旋光度可以使用圆形旋光仪或自动旋光仪测定，例如，用德国公司 Dr Kernchen 生产的 Propol。虽然市面上常见的旋光仪无法测定深色原料的旋光度，但可以用磁光补偿装置进行辅助测量。

随着自动控制技术的发展，现在可以在运用自动化技术的同时测量密度、折射率和旋光度（图 7-14）。样品通过运输组件被放在指定的位置，然后通过蠕动泵被运送到与之相连的三个测量仪器的容器中。达到设定的温度后，进行样品测试。测量结果通过电脑处理，可以直接打印，也可以上传到电子数据处理中心系统。测量结束后，相应的容器用两种不同极性的溶剂洗涤并烘干，以保持清洁。

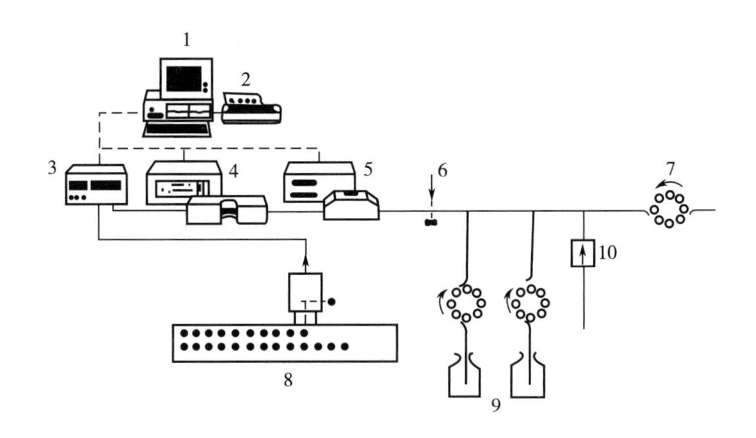

图 7-14 用于测量密度、折射率和旋光度的自动化系统的原理图

1—个人电脑 2—打印机 3—密度计 4—旋光仪 5—折射仪
6—光电池 7—取样泵 8—进样器 9—冲洗泵 10—双向压缩空气阀

香精工业中有些调味剂、着色剂和/或浑浊液体是乳状液。油水乳状液不稳定，就会发生分离，产生“油圈”。油圈测试（ringing-test）是软饮料行业中评价饮料中香精乳化剂稳定性最常用的方法。将添加了香精乳化剂的饮料放置一段时间或者加热一段时间，如果饮料中出现“油圈”表明乳化剂效果不好。评价乳化剂稳定性的可替代方法包括浊度测量和粒径测量。通过测量稀释乳状液在 400nm 波长下的吸光度，或乳状液在 400nm 和 800nm 双波长下的吸光度，然后确定其在 800nm 和 400nm 下的吸光比例从而可以计算浑浊度。吸光度和平均颗粒大小之间有较好的关联关系，可以用来确定乳状液的稳定性。

颗粒的大小也可以使用显微镜、电阻压力计或光散射技术测定。利用显微镜的方法测量粒径的准确度不高，但是使用广泛。粒径分析仪（Coulter Corporatoin，Hialeah，Florida，U. S. A）是利用电阻的性质测定粒径大小的。向乳状液中添加少量盐就可以将乳状液转换成电解液，方法是让电解乳状液通过一个非常小的玻璃孔板，孔板的内侧和外侧都有电极。当颗粒物通过孔板时，电解液的电阻就会变化：如果是大颗粒物通过孔板，电解液很少，电阻会很高；如果是小颗粒物通过孔板，只有很小的电阻。粒径分析仪在很短的时间内能够计算和测量许多颗粒，并且能给出乳状液的平均粒径。光散射技术，比如美国激光粒度分析仪（Leeds and Northrup，North Wales，Pennsylvania，U. S. A.）也可以用作测定乳状液粒径大小。粉状香料的粒度分级可以通过筛选分离进行。将粉末放在很大的分层筛子上，振摇一段时间，粉末在不同的筛子分开。对经过喷雾干燥的香料进行粒径测量主要利用显微镜、电阻和光散射技术。

用 L^*a^*b 或者 L^*C^*h 系统可以测量原料和香精产品的色度。使用色度仪或者分光光度计，可以测定样品的光度值（L^*）、红绿值（a^*）、黄蓝值（b^*）。

（二）化学分析

传统的化学分析方法又可以分为经典化学分析（“湿”法分析）和仪器分析（图7-13）。

1. 经典化学分析

经典化学分析是指对待测样品的不同化学参数、含水量、精油含量和萃取率等的分析检测。其中，对“化学参数”的测量包括原材料和产品特征、纯度、腐坏程度的测定。

在干燥的原料和产品中，含水量是非常重要的参数。因为大多数原料和产品中同时包含挥发性成分和水，不能采用蒸发的方法测定含水量。卡尔费休水分滴定仪［Association of Official Analytical Chemists（AOAC）method 13. 003］是很好的选择，它是利用水和嘧啶/碘酒的混合物发生化学反应，快速分析待测样品中含水量的仪器，测定结果准确。

植物中精油含量是衡量其质量和香气强度的重要指标。香料行业中会用到各种各样的香料植物，或者使用精油和油树脂。可以用蒸馏方法测定挥发油含量（AOAC methods 30. 020~30. 027）。在样品瓶中放入充足的原料，以获得 10~15mL 的香精油。加入水和止泡剂加热回流 2~4h。从含刻度的 Clevenger 冷阱的侧壁上可直接读出精油的体积。

也可以测定喷雾干燥的香原料中的精油含量。分析经过喷雾干燥的柑橘油、薄荷油或香料油中的挥发油含量，可以知道制造生产过程的效率和香料粉末的产量。

草本植物的萃取率对于萃取过程也是非常重要的。草本植物经萃取后，真空去除溶剂，称重残渣，计算得出萃取率。

2. 仪器分析

仪器分析主要涉及色谱法、光谱法以及联用技术（图 7-15）。色谱法包括气相色谱（GC）和高效液相色谱（HPLC）。

联用技术包括气质联用（GC-MS）、同位素比值质谱（IRMS）、气相色谱-同位素比值质谱（GC-IRMS）、高效液相色谱-紫外光谱（HPLC-UVS）和高效液相色谱-气相色谱（HPLC-GC）等。

原子吸收光谱用于测定原料中的重金属（如镉、铅、汞、砷）含量。

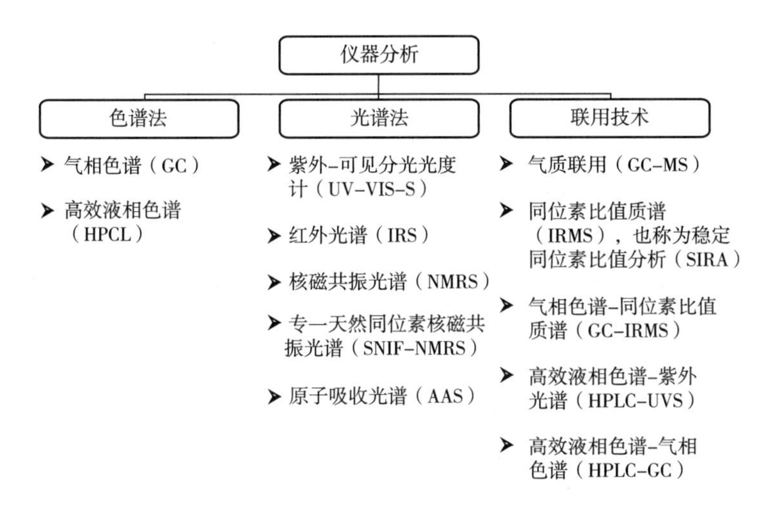

图 7-15 仪器分析方法举例

（1）色谱法 气相色谱的发展很快速，主要在灵敏性和分离能力方面有很大的发展。用气相色谱法检测香料性质时，两种不同的香料的气相色谱测试结果可能非常相似也可能截然不同；相应地，两种香料有同样的气相色谱测试数据，它们的气味和味道也可能截然不同。必须意识到香料的感官质量评价应该比气相色谱数据更重要。

成品香料的酒精含量可以用气相色谱法测定（AOAC，method 19.00）。酒精含量少于 20%（体积分数）的成品可以直接用气相色谱法检测，其他则用四氢呋喃稀释后再进样检测。乙醇能与其他组分分离，并用氢火焰离子化法检测器检测。这种方法很简单，只需花费 10~15min 的时间。

气相色谱法的另一个用途是对精油（或中间产品）的蒸馏或分馏过程进行质量控制。

气相色谱法对原料分析是非常重要的。其目的是测定原材料的组成、纯度、污染物和掺假成分。例如，精油的组分变化对它们的风味有很大的影响。组分变化的原因有很多种，包括地理位置、降雨量、植物品种以及提取方法改变等。

很多香料成分在存储过程中容易变质。例如，柑橘油很容易被氧化降解。即使是纯度很高的单离香料在存储过程中也会发生不可预知的反应。例如，苯甲醛很容易被氧化成苯甲酸，柠檬烯容易被氧化或聚合。所以，检测原料纯度，气相色谱法仅仅是相关检测方法中的一种。

气相色谱法也是检测香原料中的溶剂和农药残留等污染物的好办法｛AOAC method 20.215、20.216，EOA method 1-1D-3-1［EOA，1975］或 IOFI method 20［IOFI，1982］｝。对任何通过溶剂萃取得到的香原料都要检测溶剂残留，例如，油树脂和净油。通常，通过蒸馏将油树脂与挥发油（包括残留溶剂）分开，然后分析馏分中的溶剂残留。

气相色谱（GC）是一个功能强大的工具，能够分析原料中隐藏的掺假物质。不良商人将一种便宜的油或其他材料掺杂到价值更高的精油中，可以获得更大的利益。例如，用柠檬油与橙萜烯来稀释薄荷油。橙萜烯不包含羰基组分（例如橙花醛和香叶醛）、酯类（例如橙花醇和香叶基乙酸酯）、倍半萜烯、α-松油烯和莰烯等。另一方面，橙萜烯中含有δ-3-蒈烯，而这种物质在柠檬油中并不存在。通过计算蒈烯/α-松油烯的比例和蒈烯/莰烯的比例能检测出薄荷油中掺杂的松油烯。

许多香料物质具有手性，即它们含有一个或多个不对称碳原子（图7-16），从而具备光学活性。天然来源的手性香料物质，通常具有对映异构体的特性分布。在天然产物的形成过程中，细胞立体选择性地控制生物基因形成机制，形成手性物质（图7-17）。在实验室合成的过程中，相同的风味物质将产生含有光学异构体的外消旋混合物（图7-18）。出于成本上的考虑，用合成香味充作天然物质出售，或将合成香料去掺杂到天然香料中出售的现象很常见。气相色谱可以用来分辨这些掺假产品。气相色谱是分析香气物质手性的重要方法。特别是，不对称的多维气相色谱法（对映MDGC）是一种对手性挥发物直接进行立体分析，且方便有效的分析方法。

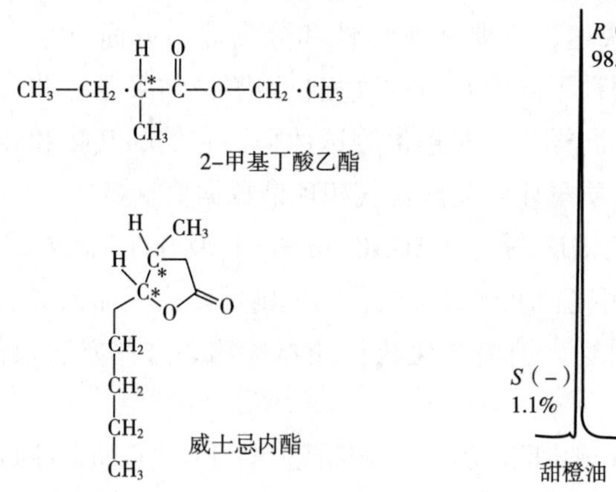

图7-16 手性香料物质

具有一个或两个不对称碳原子的风味物质的例子，不对称碳原子被标记为星号。

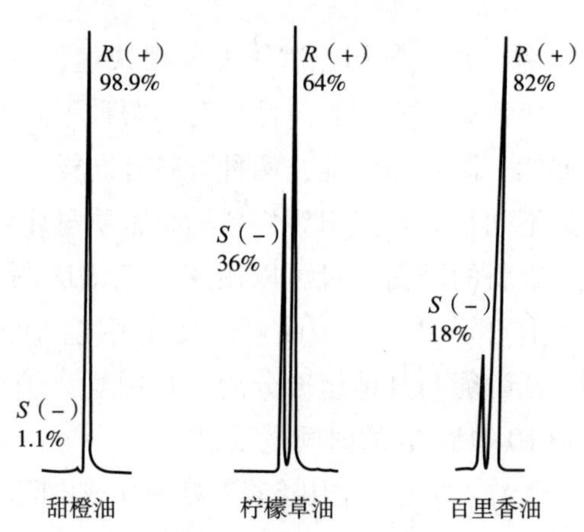

图7-17 柠檬烯在各种精油中的天然对映体分布

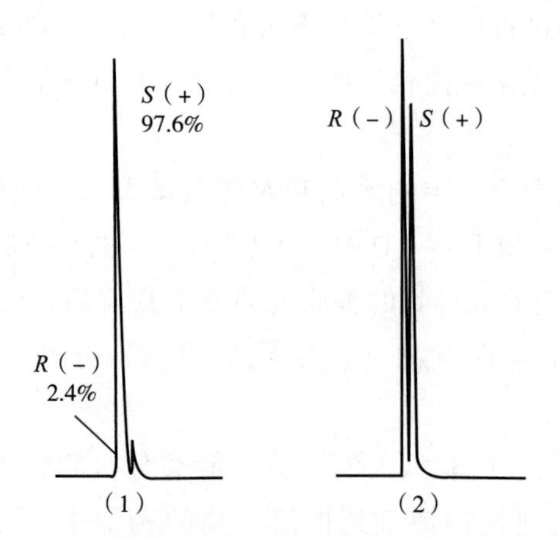

图7-18 2-甲基丁酸乙酯在苹果（1）和合成材料（2）中对映体的分布

高效液相色谱主要用于分析用气相色谱无法或者难以分析的物质，这些化合物主要是一些难挥发的物质。高效液相色谱应用的先决条件是样品必须完全溶解在流动相中。高效液相色谱应用的检测例子有：①原料和成品调味料中的增味剂（谷氨酸钠、5′-核糖核苷酸）；②原料中的氨基酸（图7-19）；③成品调味料中的乙醇残留；④香气物质的手性分析；⑤柑橘类精油的品质控制；⑥原料中霉菌毒素。

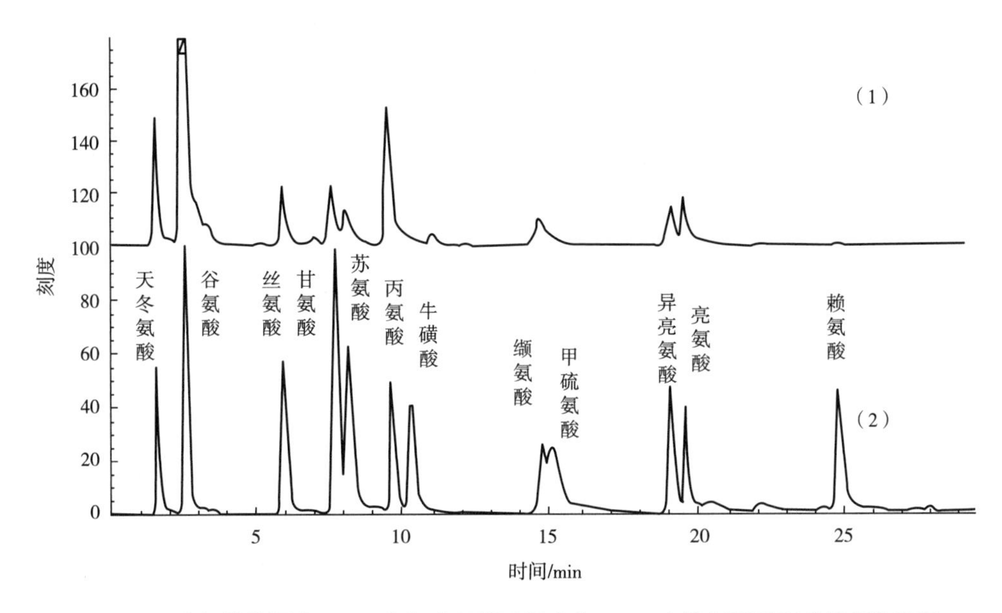

图7-19 水解植物蛋白（1）和标准氨基酸混合物（2）中的氨基酸高效液相色谱图

（2）光谱法 光谱法包括紫外-可见分光光度计（UV-VIS-S）、红外光谱（IRS）、核磁共振光谱（NMRS）、专一天然同位素分馏核磁共振光谱（SNIF-NMRS）和原子吸收光谱（AAS）（图7-15）。

紫外-可见分光光度计通常被用于测试澄清有色溶液的色度（吸光波长为190～1000nm）。另外，精油还可以通过“*CD*值”进行表征。测定*CD*值，首先在275nm和370nm处的吸收最小值作切线（*A*点和*B*点），建立一个基线；然后从最大吸收值（*D*点）到切线做一条垂线，两条线的交点是*C*点；在*C*点和*D*点之间的距离，即为吸收单位，*CD*值（图7-20）。

红外光谱是一种鉴定香气物质和精油的常规方法。相比其他方法，近红外光谱（NIRS）和中红外光谱（MIRS）都有以下优点：时间短、不使用试剂和非破坏性分析。近红外光谱的另外一个特点是检测时使用的样品量少。利用中红外光谱进行样品检测的经典例子包括冷压酸橙油与蒸馏酸橙油的对比分析、突尼斯迷迭香精油与西班牙迷迭香油的对比分析、掺假洋葱油的成分分析。蒸馏酸橙油与冷压酸橙油相比，缺少一些饱和与不饱和的羰基类化合物。西班牙迷迭香油中含有马鞭草烯酮，而在突尼斯迷迭香油中是不存在这种化合物的。真正洋葱油的红外光谱中具有明显的2-己基-2,3-二氢-5-甲基-呋喃-3-酮的吸收峰。

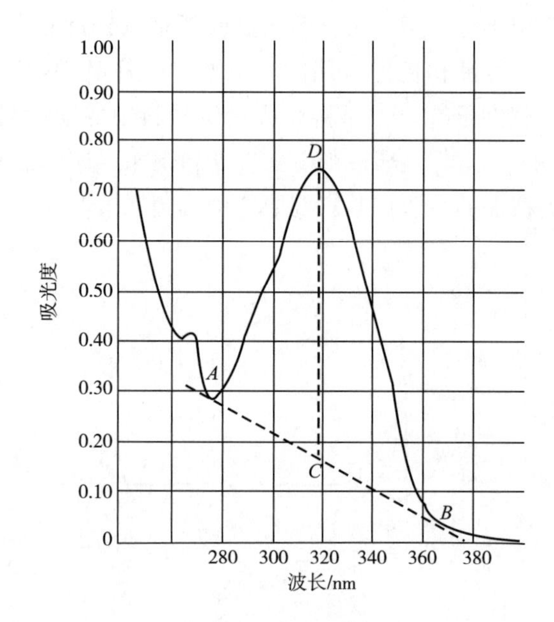

图 7-20　*CD* 值的构建

专一天然同位素分馏核磁共振光谱（Single Natural Isotope Fractionation，SNIF-NMRS）是一种基于测量香味物质中稳定同位素丰度的分析方法之一。在化学合成与天然提取得到的香料物质中同位素丰度不同。可以用同位素比值质谱（IRMS）测定技术进行同位素分析，得到分子中全部同位素含量。然而，据报道，对待测样品进行适当的浓缩可能混淆检测结果。SNIF-NMRS 能够直接测量已知分子在不同位置的同位素比值，因此可以通过比较待测样品与天然香料的检测结果，证明风味物质是否来自天然香料。

^{13}C 和^{2}H-NMRS 是鉴定天然香料物质的常用方法。如今，SNIF-NMRS 可以提供各种香料物质的同位素指纹图谱，例如，香草醛、茴香脑、苯甲醛、柠檬烯、薄荷醇、柠檬醛。用 SNIF-NMRS 分析香料物质时必须使用纯物质。由于掺假现象普遍存在，SNIF-NMRS 在香料工业中的重要应用实例是检测香兰素。香兰素包含 6 个单氘代的同位素氢，由于两个芳环上两个氢的位置偶然等价，所以在氘谱中只能观察到五个信号（1,5 位的两个氢，图 7-21）。测量这五个特殊的同位素比值（^{2}H/^{1}H）和物质的量分数为判别香兰素的各种来源提供了一个非常好方法。

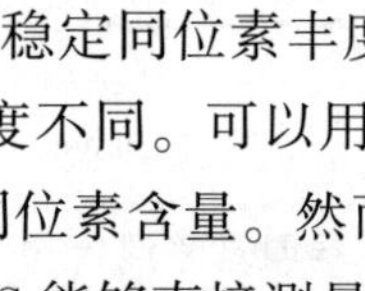

图 7-21　氘谱中香兰素的五种不同的 H 位置

GC-MS、IRMS 和 GC-IRMS 可以用来检测原材料的纯度。通过在待测样品中寻找化学合成过程中已知存在的中间体，可以判断天然原料中是否掺杂了合成香料。例如橙花油中含有约400g/kg的芳樟醇，因此生产商通常添加合成芳樟醇来获得更大的利润。合成芳樟醇包含0.5%~2%（质量分数）的二氢芳樟醇（图7-22），可以作为判断是否添加的标记。通过GC-MS可以检测到低于2%（质量分数）的合成芳樟醇。这种方法的另一个例子是在肉桂油中添加合成肉桂醛。在这种情况下，可以利用合成肉桂醛的副产品苯基戊二烯醛，作为判断是否添加了合成肉桂醛的标记。

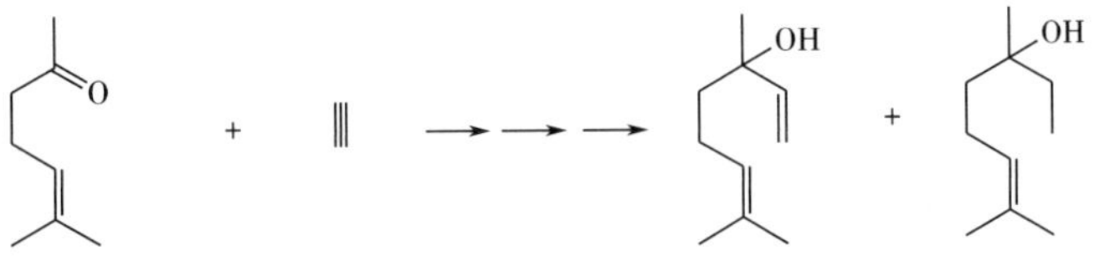

6-甲基-5-庚烯-2-酮（甲基庚烯酮） + 乙炔 → → → 芳樟醇 + 二氢芳樟醇

图7-22 芳樟醇的合成路线

另一种是用IRMS对分子的稳定同位素含量测定的方法（也称为稳定同位素比率分析或SIRA）。IRMS是测量香料中稳定同位素丰度的另一种同位素分析方法。目前，研究稳定同位素比值常用的是$^{13}C/^{12}C$、$^{2}H/^{1}H$和$^{15}N/^{14}N$。使用IRMS，特别是^{13}C谱，可以检测香料的掺假情况，例如应用于香兰素的检测。成本因素促使人们将香兰素添加到香草精油中。表7-3展示了天然来源和合成来源的香兰素的$^{13}C/^{12}C$同位素比值。很明显，用这种方法可以很容易地区分天然香兰素和合成香兰素。IRMS应用的另一个例子是检测苯甲醛和肉桂醛中的掺假现象。

表7-3 不同来源的香兰素的$\delta^{13}C$❶值

香兰素来源	$\delta^{13}C$值
波旁威士忌酒	-20.2
马达加斯加岛	-20.5
科摩罗	-20.0
爪哇	-18.7
墨西哥	-20.3
塔西提	-16.8
木质素	-27.0

❶ $\delta^{13}C$值反映^{13}C与^{12}C的相对比例，$\delta^{13}C$值为负数表示样品中^{13}C比例相对于标准品少，$\delta^{13}C$值为正数表示样品中^{13}C比例相对于标准品多。

续表

香兰素来源	$\delta^{13}C$ 值
邻甲氧基苯酚	−29.5
丁香酚（丁香）	−30.8

从香草豆、木质素和愈创木酚中分离的香兰素的分析图如图 7-23 所示。

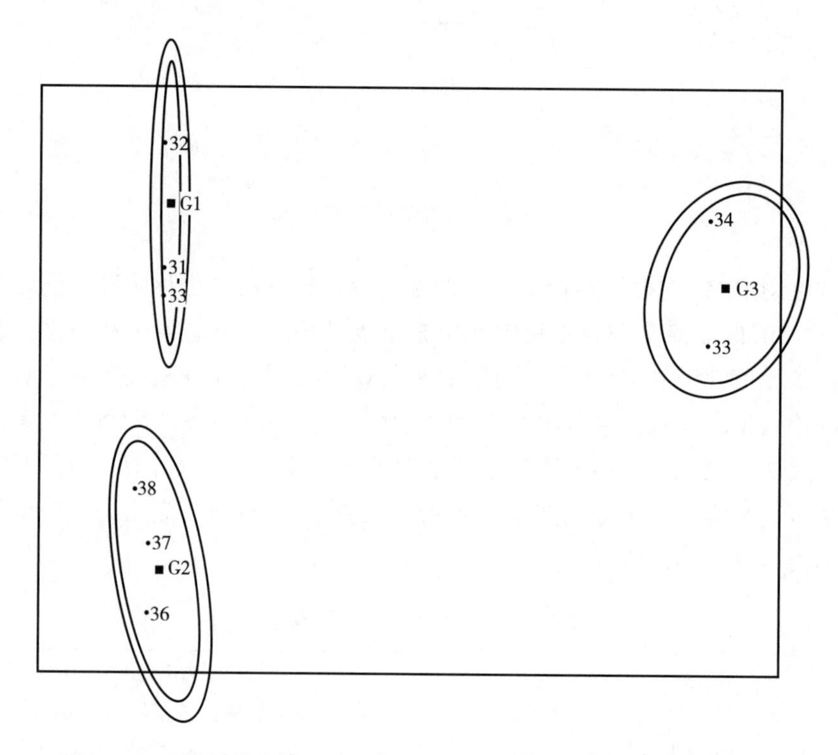

图 7-23　三种香兰素的 SNIF-NMRS 同位素比值分析结果中 5 个位点特异性三种香兰素分别来自香草豆（Gl）、木质素（G2）和愈创木酚（G3）

IRMS 和气相色谱联用（GC-IRMS），或者 MDGC 与 IRMS 联用能成功地检测出香料和精油的掺假现象。

HPLC-UVS 用于对不分解就不能蒸发的物质进行定量测定。例如：①胡椒（胡椒碱和相关成分）、辣椒（辣椒素和相关成分）、姜（姜辣素和相关成分）的香辣分析（图 7-24）；②肉桂油（肉桂醛）和其他酚类物质（图 7-25）；③植物提取物中的黄酮类化合物和其他酚类物质（图 7-26）。

在线高效液相色谱-气相色谱法是对香料和精油的纯度进行在线控制的分析方法，是最近引入的各种联用技术中的一种。

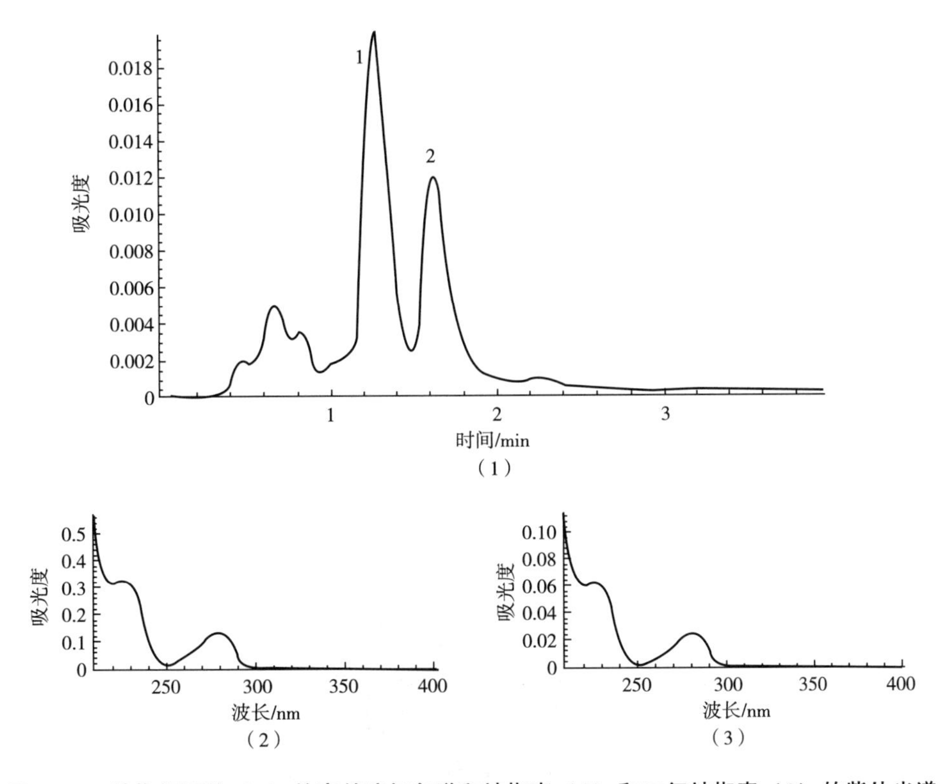

图 7-24 辣椒提取物（1）的高效液相色谱和辣椒素（2）和二氢辣椒素（3）的紫外光谱

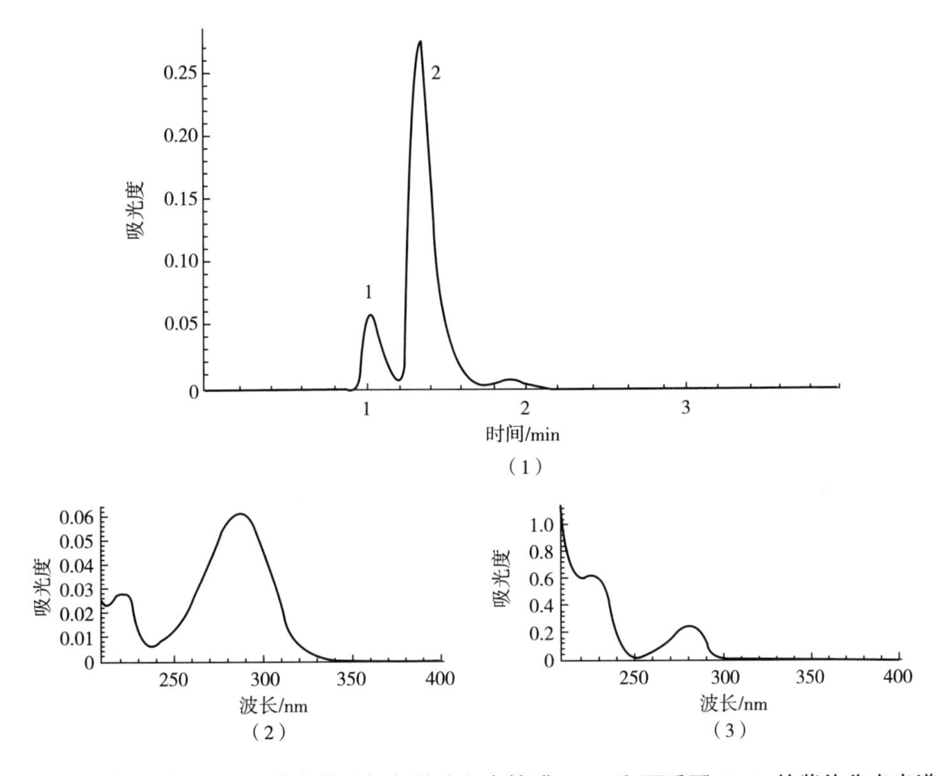

图 7-25 桂皮叶油（1）的高效液相色谱法和肉桂醛（2）和丁香酚（3）的紫外分光光谱

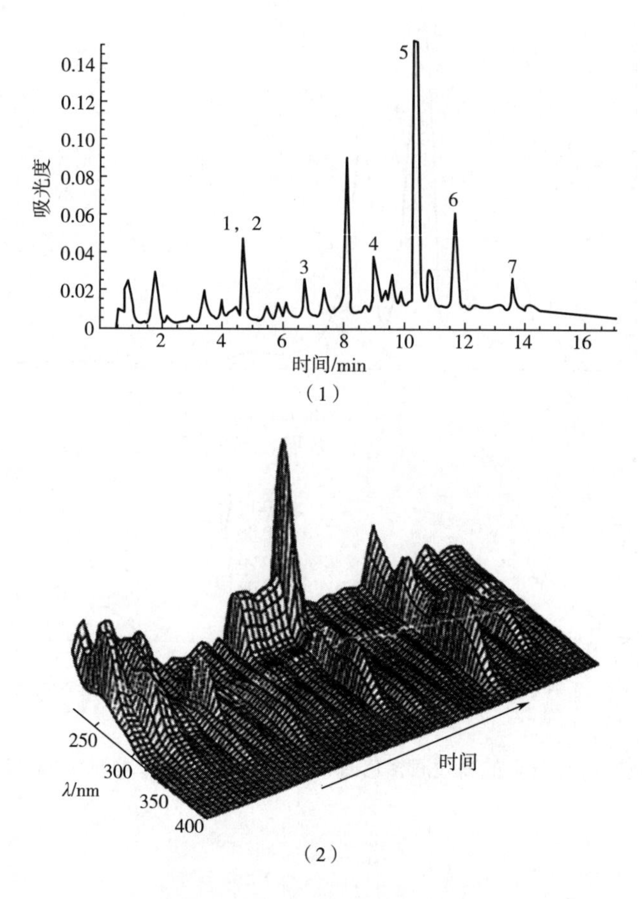

图 7-26 洋甘菊提取物的高效液相色谱二维（1）和三维（2）图

1—绿原酸 2—咖啡酸 3—伞形酮 4—木犀草素-7-葡萄糖苷 5—芹菜素-7-葡萄糖苷 6—7-甲氧基香豆素 7—芹菜素

二、基础生物技术分析

基础生物技术分析是利用生物体或这些生物体的产物（例如酶和抗体）来分析原料和产品的方法。酶法测定的例子有乙醛（在粉末调味剂）、氨基酸（包括味精）、亚硫酸钠、乙醇、鸟苷-5′-单磷酸盐（GMP）和肌酸酐。

生物传感器是基础生物技术中使用的一种生物活性材料。检测味精的生物传感器是其中一个应用。

基础生物技术分析的应用是用酶联免疫吸附测定法检测霉菌毒素（例如，黄曲霉毒素）、病原微生物和农药。特异性抗体与一些特定物质形成抗体/抗原复合物。有两种关于酶联免疫吸附法的技术，“三明治”技术和“双层三明治”技术。两种技术均可通过酶促反应定量测定需要检测的物质。这些酶与抗体是以共价键的形式结合的。

三、微生物分析

在过去的几年中，食物中毒的情况越来越多，这就要求人们对食品和食品配料，甚至香精和香原料做出仔细的微生物评估。然而只有有限数量的原料和香精需要用微生物法检测。大多数液体香精包含溶解香气的溶剂（例如，乙醇、丙二醇、植物油）。这些液体香精中的溶剂含量通常为70%～90%（质量分数），具有杀菌或者抑菌作用。另外，一些香料中使用的香味物质也有杀菌或抑菌作用。正因如此，许多原材料和香精的常规微生物检测已经停止。

是否要进行微生物的分析，决定于原料的来源、生产过程和中间体与最终产品的组成。以下情况必须进行微生物分析：①源于蔬菜和动物的农产品（例如，香料、浓缩果汁、肉类、鱼类和其他海鲜）；②含有这些农产品的乳状液，膏状和粉末香料。

原料和产品的微生物分析典型的特征包括：①菌落总数（TVC）；②酵母和霉菌；③大肠菌群或肠道菌；④大肠杆菌。

根据原料或产品的类型和产品的应用，需要针对病原和腐败微生物做的附加试验包括：①好氧和厌氧的孢子形成的菌落（例如，蜡样芽孢杆菌和梭状芽孢杆菌）；②金黄色葡萄球菌；③沙门氏菌；④李斯特菌。

由于传统的微生物学方法非常费时，发展快速和自动化的微生物检测方法成为目前的热点之一。已有的快速检验方法并不能适用于所有材料。然而，研究人员为特殊的问题提供了切实可行的解决方案，如病原体的分析。

微生物分析还包括生产基地车间的清洁卫生控制，这是危害分析临界控制点（HACCP）概念的一部分。相关人员可以方便快捷地使用三磷酸腺苷（ATP）的生物发光技术进行卫生检测（包括其他方法），在很短的时间内得到检测结果。而传统微生物学方法至少需要2d才能得到可靠的数据。三磷酸腺苷（ATP）生物发光技术的原理是，所有活细胞中都含有三磷酸腺苷，它为新陈代谢提供能量。存在于萤火虫的尾巴上的荧光素酶/荧光素化合物，能通过化学计量反应与三磷酸腺苷结合，将化学能转化为光能，使萤火虫得以发光。因此，发射光的光量与存在的三磷酸腺苷（ATP）的浓度成正比，可以通过光度计进行定量分析。

HACCP是20世纪70年代早期开发的食品过程控制系统。从那时起，它已是一个世界公认的，保证食品和食品添加剂安全性的控制系统。质量管理体系（例如，DIN EN ISO 9001）很重要的职责是防止消费者受到生物、化学和物理危害。根据1993年颁布的食品卫生指令（93/43 EWG）和HACCP的原则，食品（和食品添加剂）生产商有义务落实HACCP系统。

四、感官分析

在食品香料工业质量控制中，感官分析无疑是一个非常重要的方面。

（一）测试小组

感官分析是由专业测试小组进行的，涉及气味、风味、三叉神经感觉和视觉外观（图 7-27）。术语“风味”通常包括味道和气味。

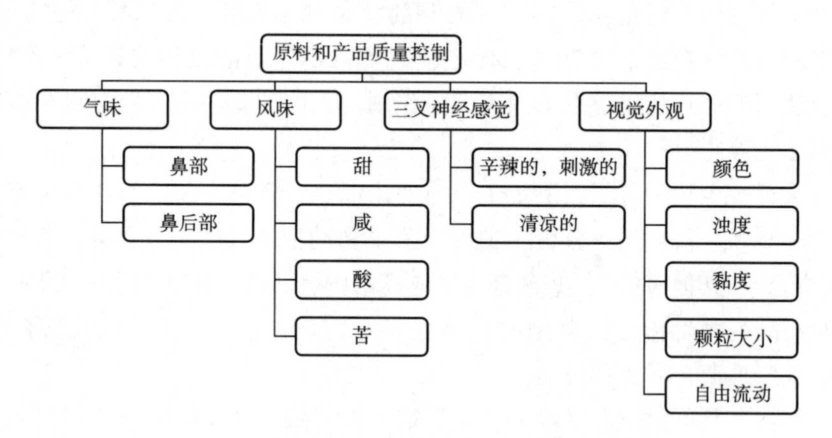

图 7-27 原料和产品质量控制中的感官分析领域

感官分析主要是依靠专业小组成员的感觉进行的。质量控制的感官分析由经过培训的小组成员进行。有几个因素可以影响分析小组成员的感官评价结果，例如，天赋、积极性、交流能力、健康状况、适用能力和对定期培训的意愿。培训和适当的实验设计将减少或排除这些影响因素。积极性也是非常重要的。小组成员必须认识到感官测试是一件严肃的工作而不只是日常工作中的一个小插曲。

（二）测试能力

有几个因素可能会影响小组成员的感官，比如气味、噪声、色彩、光、大小、环境温度、湿度和舒适度。测试要避开精神和感官干扰的影响。在测试的过程中，专门小组成员必须感到舒适。如图 7-28 所示为闻香室典型特征，闻香室需要配备计算机辅助感官分析设备（CASA）。

（三）测试介质

原料或在测试介质中稀释的原料交给小组成员。根据被测化合物的香气强度，将食用香精成品用测试介质稀释至 0.001%~0.5%（质量分数），提供给测试小组。常用的香料和原料测试介质如下。

（1）常用的香料　①香草豆或香草与沸腾的试验溶液（80g/L 的蔗糖水溶液）混合，1h 后，过滤悬浮液；②香草或香料与沸腾的试验溶液（5g/L 氯化钠水溶液）混合，1h 后，过滤悬浮液。

（2）原料测试介质　①80g/L 蔗糖水溶液；②80g/L 蔗糖水溶液和 0.8g/L 柠檬酸水溶液；③5g/L 氯化钠水溶液；④20%（体积分数）的乙醇水溶液；⑤20%（体积分数）

图 7-28 闻香室的典型特征

的乙醇和 140g/L 蔗糖水溶液；⑥脂肪填充物；⑦牛乳；⑧植物油；⑨软糖。

食物不同，调味料的适用介质也不同，因此，在感官测试中使用不同的测试介质来模拟食物的环境。例如，用糖/柠檬酸溶液模拟水果的特征，因为在缺少甜味和酸味的食物中，无论多好的调味剂，味道都是平淡和不自然的；在牛乳中可以检测日常使用的香草味香料，软糖料可用于糖果调味品的评价中，在盐溶液中能更好地检测出肉、干酪和蔬菜香料，植物油用于油溶性黄油香料的评价中。

（四）感官评价测试方法

感官评价，可分为感知、分析测试和情感测试（图 7-29）。感知包括阈值检测，有四种类型阈值（表 7-4）。在专家组成员的培训和选择中也要进行阈值检测。

表 7-4 四种阈值的定义

种类	定义
检测阈值	在不需要主体识别刺激物的情况下，可检测到的最小物理强度
差异（鉴别）阈值	所需物质能够引起可察觉的变化的最小浓度变化
识别阈值	物质被正确识别的最低浓度
最大阈值	物质的浓度超过阈值，其浓度变化就可以被检测者明显察觉

分析测试必须由受过培训的小组成员执行，而且测试结果必须客观。情感评价处理的是主观意识（例如，接受与否或喜欢的程度）。它是由消费者小组执行的。

分析测试包括差异（或歧视）测试、描述性分析、缩放比例测试和时间/强度过程分析（图7-29和图7-30）。典型的差异测试有成对比较、三角测试和二-三点检验。成对比较是指在两个样品的测试中，专家组成员比较两个样品是否相同或不同。三角测试针对三个样品，两个相同，一个不同。专家组成员必须找出不同于其他两个样品的那个样品。二-三点检验是多样品试验。检测对象是标有“标准”的样品和一对或多对样品。这些成对样品也包括标准品。专家组成员必须判断哪些样品和标准品是相同的，哪些样品和标准品是不同的。

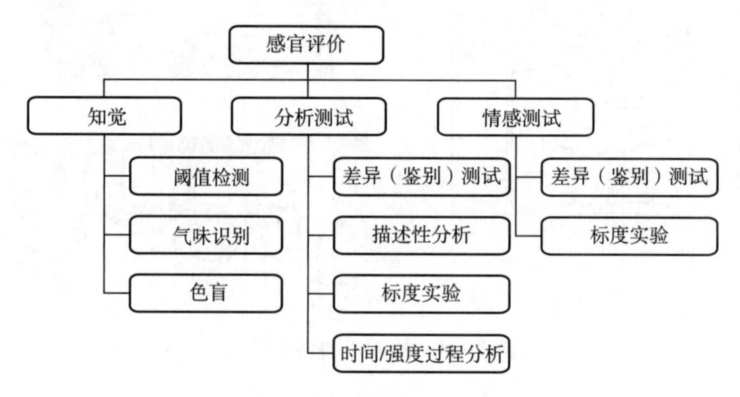

图7-29 感官评价分类

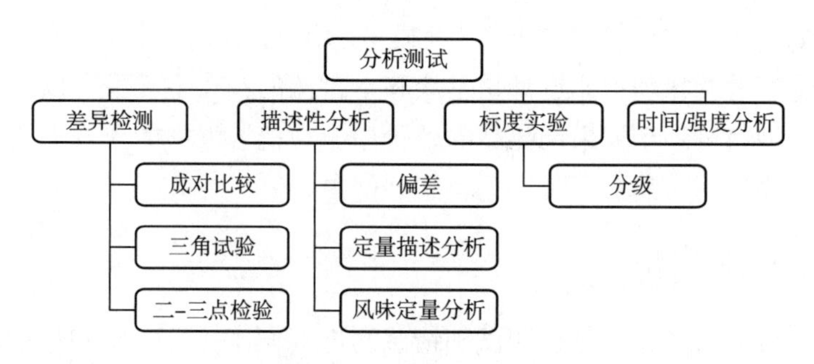

图7-30 分析测试举例

典型的缩比试验是等级分类：将三个或更多的样品呈现给专家组成员，要求成员按照密度（气味、味道或颜色）从低到高的顺序，对样品进行排序。缩放比例试验应用于专家组成员的选择和培训。

（五）质量控制中的测试方法

成对比较和/或三角测试均为差异测试，通常在偏离测定（描述性分析）中使用。相同的测试也可用于选择和培训专门小组成员。此外等级分类、阈值检测和气味识别试验也可用于选择和培训专门小组成员（表7-5）。在气味识别过程中，让小组成员尝试一系列气味，以判断他们的鉴别能力（表7-6）。将待测液体气味剂滴加棉球上，拧紧盖子，贴好标签，防止串味。

表 7-5 在质量控制、选材和培训中应用的典型测试方法实例

质量控制	小组成员的选拔和培训	测试方法
成对比较	成对比较	差异测试
三角测试	三角测试	差异测试
偏离测定	偏离测定	描述性分析
	分级（颜色、风味、气味）	分级
	阈值检测（风味、异味）	感官
	气味鉴别实验	感官
	色盲检测	感官

表 7-6 气味鉴别试验中常用的加臭剂实例

气味物质	预期反馈
乙酸异戊酯黄油	果味
丁香酚	丁香、牙医的味道
苯甲醛	樱桃味、杏仁味
柠檬油	柠檬味、柑橘味
1-辛烯-3-醇	霉味
二乙酰	黄油
顺-3-己烯醇	新鲜收割的草香
肉桂醛	肉桂

在香料行业中，对于原料和产品质量控制的感官分析有很多不同方式。在一些公司，大多数产品是由专门小组成员进行连续的差异化和描述性联合测试评估（也可被称为扩展的差异测试）。首先，按照标准，将新的生产批次的产品与标准品进行成对比较。两个样品都被编码，对三个或更多的测试对象进行测试（扩展成对比较测试），回答这些问题：①两个样本相同吗？②如果不同，请说明左右两边的样品有什么不同。

如果专门小组中至少有一位成员认为两个样品是不同的，就要进行第二步，在至少10个测试对象中执行三角测试。在三角测试中，要有三个测试对象，分别编号，并完成以下问题（扩展三角测试）：①在你面前有三个样品，两个是相同的，一个是不同的。鉴定出不同于其他两个样品的那个样品。②描述它们的差异。

评估在配备感官分析软件包的测试设备中进行。

思考题

1. 食物的感官分为哪几方面？举例说明。
2. 食品的风味是怎么产生的？
3. 香料工业中原料和产品的质量控制包括哪几个方面？
4. 经典物理分析包括哪些内容？
5. 经典化学分析包括哪些内容？
6. 光谱分析法包括哪些分析方法？
7. 什么情况下必须对原料和产品进行微生物分析？
8. 微生物分析包括哪些内容？
9. 如何进行感官评价？进行感官评价时有哪些注意事项？

附录　国际香料工业组织（IOFI）关于食品用热加工香料的生产和商标的指导方针

简介

食品用热加工香料的生产是通过加热作为食品或者食品组分的原材料来完成的，这与烹饪食物类似。

最可行的表征热加工香料的方法是通过它们的起始原料和加工条件来进行，因为所得到的成分极其复杂，类似于熟食的成分。它们每天由家庭主妇在厨房里、食品工业在食品加工过程中和调味工业中生产。

IOFI 的成员已经采用以下指导方针向食品行业和食品的最终消费者确保品质、安全和符合食品用热加工香料的法规。

1　使用范围

1.1　这些指南只涉及食品用热加工香料，它们不适用于食品、香味提取物、定义为香味的物质或者香味物质混合物和香味增强剂。

1.2　这些指南定义了那些原料和加工条件，这些内容与食品加工是相似的，同时，也给出了香精的加工过程，这就不再需要进一步评价这些香精，是可以接受的。

2　定义

食品用热加工香料是一种通过加热食品成分和/或可用于食品或者食品用热加工香料的成分产生其香味特征的产品。

3　良好作业规范（GMP）的基本准则

香精行业的操作准则的第 3 章也适用于食品用热加工香料。

4　食品用热加工香料的生产

食品用热加工香料须符合国家法律，并且还要符合以下要求：

4.1　食品用热加工香料的原材料。食品用热加工香料的原材料应由以下材料中的一种或多种组成：

4.1.1　蛋白氮源

●蛋白氮源包括食物（肉类、家禽、蛋类、乳制品、鱼类、海鲜、谷类、蔬菜制品、水果、酵母）和它们的提取物。

●上面各类的水解产物、自溶酵母、多肽、氨基酸和/或它们的盐类。

4.1.2　糖类来源

●含有糖类的食物（谷类、蔬菜制品和水果）和它们的提取物。

●单糖、双糖和多糖（食糖、糊精、淀粉和食用胶）。

4.1.3　脂肪或脂肪酸来源

●含有脂肪和油类的食物。

●由动物、海产品或者蔬菜得到的可食用脂肪和油类。

●氢化的、反式酯化的和/或分离的脂肪和油类。

●以上物质的水解产物。

4.1.4 列在表1中的材料

表1 加工时用到的材料

加工时用到的材料
药草和香料及它们的提取物
水
硫胺素和它的盐酸盐
抗坏血酸
柠檬酸
乳酸
延胡索酸
苹果酸
琥珀酸
酒石酸
以上酸类的钠盐、钾盐、钙盐、铵盐
鸟苷酸和肌苷酸，及其钠盐、钾盐和钙盐
肌醇
钠、钾和铵的硫酸盐，氢硫化物和多硫化合物
卵磷脂
用作pH调节剂的酸、碱和盐：乙酸、盐酸、磷酸、硫酸，氢氧化钠、氢氧化钾、氢氧化钙和氢氧化铵，上述酸碱的盐类
作为消泡剂的聚甲基硅氧烷（并不参与加工过程）

4.2 食品用热加工香料的成分

4.2.1 天然香精、天然和天然等同香精物质和香味增强剂，在香精行业的生产规范IOFI准则中均有定义。

4.2.2 食品用热加工香料附属物。适合的载体、抗氧化剂、保护剂、乳化剂、稳定剂和抗结剂列在IOFI关于香精行业操作准则附件Ⅱ中的香精附属物列表中。

4.3 食品用热加工香料的制备。食品用热加工香料的制备就是将4.1.1和4.1.2中的原材料与4.1.3和4.1.4中一种或多种适合的添加物一起处理。

4.3.1 在加工时产品温度不得超过180℃。

4.3.2 在180℃时加工时间不得超过15min，而相对的在较低的温度时间可以较长。

4.3.3 加工过程中pH不得超过8。

4.3.4 香精、香味物质和香味增强剂（4.2.1）与香精附属物（4.2.2）只有在加工完成后才能加入。

4.4 对食品用热加工香料的一般要求。

4.4.1 食品用热加工香料应该根据由国际食品法典推荐的食品卫生通则［CAC/Vol A-Ed.2（1985）］来生产。

4.4.2 IOFI关于香精行业操作准则所列出的限制使用的天然和天然等同香精物质也适用于食品用热加工香料。

5 标签

食品用热加工香料的标签需要符合国家法律。

5.1 需要提供充足的信息使得食品生产商的产品符合法律要求。

5.2 生产商或者食品用热加工香料的经销商的名称和地址需要显示在标签上。

5.3 只要这些附属物在终产品中具有一定的技术功用，食品用热加工香料的配方中就必须声明这些添加的物质。

参考文献

［1］吴振武．试释西周獄簋铭文中的“馨”字［J］．文物，2006，11：61-62.

［2］王贵生．周初燎祭仪式考辨［J］．中国典籍与文化，2008，64：99-106.

［3］张晶，刘莉，徐慧荣，等．香附化学成分及药理作用研究新进展［J］．化学工程师，2021，306（3）：55-57，7.

［4］陈东杰，李芽．从马王堆一号汉墓出土香料与香具探析汉代用香习俗［J］．南都学坛（人文社会科学学报），2009，29（1）：6-12.

［5］黄子韩，吴孟华，罗思敏，等．乳香的本草考证［J］．中国中药杂志，2020，45（21）：5296-5303.

［6］徐长化．苏合香丸出处初探［J］．江西中医药，1987：38.

［7］边晶，张洪义．苏合香丸古今应用初探［J］．中医药临床杂志，2016，28（6）：875-878.

［8］国家药典委员会．中华人民共和国药典（2020 年版）［M］．北京：中国医药科技出版社，2020.

［9］毛海舫，李琼．天然香料加工工艺学［M］．北京：中国轻工业出版社，2006.

［10］中国香料香精化妆品工业协会．中国香料香精发展史［M］．北京：中国标准出版社，2001.

［11］李福琳．中国主要香料资源植物分布的研究［D］．新乡：河南师范大学，2019.

［12］郑红富，廖圣良，范国荣，等．芳樟精油的开发与利用研究进展［J］．广州化工，2019，47（5）：17-19，108.

［13］章瑜，陈跃进．黄樟油的毒性研究［J］．苏州医学院学报，1995，15（2）：241-242.

［14］方洪钜，吕瑞绵，刘国声，等．挥发油成分的研究Ⅱ-中国当归与欧当归主要成分的比较［J］．药学学报，1979，14（10）：617-623.

［15］胡长鹰，丁霄霖．当归中藁本内酯的提取、分离与结构鉴定［J］．无锡轻工大学学报，2003，22（5）：69-71.

［16］李菁，葛发欢，黄晓芬，等．超临界 CO_2 萃取当归挥发油的研究［J］．中药材，1996，19（4）：187-189.

［17］胡长鹰，丁霄霖．当归挥发油中内酯类成分的提取分离与结构鉴定［J］．中草药，2004，35（4）：383-384.

［18］王冬梅，贾正平，马制刚．气相色谱-质谱联用分析甘肃岷当归挥发油成分

[J]. 兰州医学院学报，2002，28（3）：44-45.

[19] 董岩，魏兴国，崔庆新，等. 当归挥发油化学成分分析 [J]. 山东中医杂志，2004，23（1）：43-45.

[20] 刘琳娜，梅其炳，程建峰. 当归挥发油的化学成分分析 [J]. 中成药，2005，27（2）：204-206.

[21] 陈洪. 香物质的生物法制备 [M]. 北京：中国轻工业出版社，2008.

[22] 周德庆. 微生物学教程 [M]. 3 版. 北京：高等教育出版社，2011.

[23] 高福成，郑建仙. 食品工程高新技术 [M]. 北京：中国轻工业出版社，2008.

[24] 刘仲敏，林兴兵，杨生玉. 现代应用生物技术 [M]. 北京：化学工业出版社，2004.

[25] 周瑾，李雪梅，吕春花，等. 地霉属真菌和棒状杆菌属菌株协同发酵生产 γ-癸内酯 [J]. 生物技术通讯，2003，14（1）：39-41.

[26] Analytical Methods Committee. Application of gas-liquid chromatography to the analysis of essential oils. Part XIV. Monographs for five essential oils [J]. Analyst, 1988, 113: 1125-1136.

[27] Analytical Methods Committee. Application of gas-liquid chromatography to the analysis of essential oils. Part XI. Monographs for seven essential oils [J]. Analyst, 1984, 109: 1343-1360.

[28] R Barton, R Hughes, M Hussein. Supercritical carbon dioxide extraction of peppermint and spearmint [J]. The Journal of Supercritical Fluids, 1992, 5（3）: 157-162.

[29] B E M A. Guidelines on Allowable Solvent Residues in Foods and Natural Flavouring Definition [M]. London: British Essence Manufacture Assoc.

[30] C Chen, C T Ho. Gas chromatographic analysis of volatile components of ginger oil (*Zingiber officinale* Roscoe) extracted with liquid carbon dioxide [J]. Journal of Agricultural and Food Chemistry, 1988, 36: 322-328.

[31] C C Chen, M C Kuo, C M Wu, et al. Pungent compounds of ginger (*Zingiber officinale* Roscoe) extracted by liquid carbon dioxide [J]. Journal of Agricultural and Food Chemistry, 1986, 34: 477-480.

[32] Mohammad H Eikani, Iraj Goodarznia, Mehdi Mirza. Supercritical carbon dioxide extraction of cumin seeds (*Cuminum cyminum* L.) [J]. Flavor and Fragrance Journal, 1999, 14（1）: 29-31.

[33] H B Heath. Source Book of Flavors: (AVI Sourcebook and Handbook Series) [M]. Berlin: Springer, 1982.

[34] M Kandiah, M Spiro. Extraction of ginger rhizome: kinetic studies with supercritical carbon dioxide [J]. International Journal of Food Science and Technology, 1990, 25（3）: 328-338.

[35] D McHale, W A Laurie, J B Sheridan. Transformations of the pungent principles in extracts of ginger [J]. Flavour and Fragrance Journal, 1989, 4 (1): 9-15.

[36] S N Naik, H Lentz, R C Maheshwari. Extraction of perfumes and flavours from plant materials with liquid carbon dioxide under liquid-vapor equilibrium conditions [J]. Fluid Phase Equilibria, 1989, 49: 115-126.

[37] M Oszagyán, B Simándi, J Sawinsky, et al. Supercritical Fluid Extraction of Volatile Compounds from Lavandin and Thyme [J]. Flavour and Fragrance Journal, 1996, 11: 157-165.

[38] Ernesto Reverchon, Giorgio Donsi, Libero Sesti Osseo. Modeling of supercritical fluid extraction from herbaceous matrices [J]. Industrial & Engineering Chemistry Research, 1993, 32 (11): 2721-2726.

[39] Ernesto Reverchon, Libero Sesti Osseo, Domenico Gorgoglione. Supercritical CO_2 extraction of basil oil: Characterization of products and process modeling [J]. The Journal of Supercritical Fluids, 1994, 7 (3): 185-190.

[40] E Reverchon. Mathematical modeling of supercritical extraction of sage oil [J]. A I Ch E Journal, 1996, 42 (6): 1765-1771.

[41] B C Roy, M Goto, T Hirose. Extraction of Ginger Oil with Supercritical Carbon Dioxide: Experiments and Modeling [J]. Industrial & Engineering Chemistry Research, 1996, 35 (2): 607-612.

[42] Research Institute for Fragrance Materials. Fragrance raw materials monographs-'Safrole' [J]. Food and Cosmetics Toxicology, 1982, 20: 825-826.

[43] H Sovová, R Komers, J Kučera, et al. Supercritical carbon dioxide extraction of caraway essential oil [J]. Chemical Engineering Science, 1994, 49 (15): 2499-2505.

[44] Helena Sovová, Jaromír Jez, Milena Bártlová, et al. Supercritical carbon dioxide extraction of black pepper [J]. The Journal of Supercritical Fluids, 1995, 8 (4): 295-301.

[45] Khanh Nguyen, Paul Barton, Jeffrey S Spencer. Supercritical carbon dioxide extraction of vanilla [J]. The Journal of Supercritical Fluids, 1991, 4 (1): 40-46.

[46] J Štastová, J Jeẑ, M Bártlová, et al. Rate of the vegetable oil extraction with supercritical CO_2—Ⅲ Extraction from sea buckthorn [J]. Chemical Engineering Science, 1996, 51 (18): 4347-4352.

[47] S Tahara, K Fujiwara, H Ishizaka, et al. γ-Decalactone-One of Constituents of Volatiles in Cultured Broth of *Sporobolomyces odorus* [J]. Agricultural and Biological Chemistry, 1972, 36 (13): 2585-2587.

[48] Y Waché, C Laroche, K Bergmark, et al. Involvement of acylcoenzyme Aoxidase isozymes in biotransformation of methylricinoleate into γ-decalactone by *Yarrowia lipolytical* [J]. Applied and Environmental Microbiology, 2000, 66 (3): 1233-1236.

[49] Y Pagot, A Endrizzi, J M Nicaud, et al. Utilization of an auxotrophic strain of the yeast *Yarrowia lipolytica* to improve γ-decalactone production yields [J]. Letters in Applied Microbiology, 1997, 25 (2): 113-116.

[50] H E Spinnler, Christian Ginies, Jeffrey A Khan, et al. Analysis of metabolic pathways by the growth of cells in the presence of organic solvents [J]. Proceedings of the National Academy of Sciences of The United States Of America, 1996, 93 (8): 3373-3376.

[51] A Dukler, A Freeman. Affinity-based in situ product removal coupled with co-immobilization of oily substrate and filamentous fungus [J]. Journal of Molesular Recognition. 1998, 11: 231-235.

[52] Matheis G. Quality Control of Flavourings and Their Raw Materials [M]//Ashurst R. Food Flavouring. 3rd ed. Gaithersburg: Aspen publishers Inc, 1999: 153.

[53] S Anandaraman, G A Reineccius. Analysis of Encapsulated Orange Peel Oil [J]. Perfumer and Flavorist, 1987, 12 (2): 33-39.

[54] C Bicchi, V Manzin, A D Amato, et al. Cyclodextrin Derivatives in GC Separation of Enantimers of Essential Oil, Aroma and Flavour Compounds [J]. Flavour and Fragrance Journal, 1995, 10: 127-137.

[55] T Chen, C Dwyre-Gygax, S T Hadfield, et al. Development of an Enzyme-Linked Immunosorbent Assay for a Broad Spectrum Triazole Fungicide: Hexaconazole [J]. Journal of Agricultural and Food Chemistry, 1996, 44: 1352-1356.

[56] Council of the European Communities. Council Directive of 22 June 1988 on the Approximation of the Laws of the Member States Relating to Flavorings for Use in Foodstuffs and to Source Materials for Their Production (88/388/EEC) [Z]. Official Journal of the European Communities, 1988, 184: 61-67.

[57] R A Gulp, J E Noakes. Identification of Isotopically Manipulated Cinnamic Aldehyde and Benzaldehyde [J]. Journal of Agricultural and Food Chemistry. 1990, 38 (5): 1249-1255.

[58] P Dugo, L Mondello, E Cogliandro, et al. On the Genuineness of Citrus Essential Oils 51 Oxygen Heterocyclic Compounds of Bitter Orange Oil (*Citrus aurantium* L.) [J]. Journal of Agricultural and Food Chemistry. 1996, 44: 544-549.

[59] E Engvall, P Perlmann. Enzyme-Linked Immunosorbent Assay (ELISA) Quantitative Assay of Immunoglobulin G [J]. Immunochemistry, 1971, 8 (9): 871-874.

[60] C Frey. Detection of Synthetic Flavorant Addition to Some Essential Oils by Selected Ion Monitoring GC/MS [J]. Developments in Food Service, 1988, 18: 517-524.

[61] M Gilette. Sensory Evaluation: Analytical and Affective Testing [J]. Perfumer & Flavorist, 1990, 15 (3), 33-40.

[62] B G Green. Chemesthesis: Pungency as a Component of Flavour [J]. Trends in

Food Science & Technology, 1996, 7: 415-420.

[63] M W Griffiths. The Role of ATP Bioluminescence in the Food Industry: New Light on Old Problems [J]. Food Technology, 1996, 62 (6): 62-72.

[64] H B Heath. Source Book of Flavors [M]. Westport, C T: Avi Publishing, 1981.

[65] H D Holtje, L B Kier. Sweet Taste Receptor Studies Using Model Interaction Energy Calculations [J]. Journal of Pharmaceutical Sciences. 1974, 63 (11): 1722-1725.

[66] International Organization of the Flavor Industry. Solvent Residues in Extracts, Including Concretes, Oleoresins, Resionoids, etc. -Determination by Headspace Chromatographic Analysis. Recommended Method 20 (1981) [J]. Z Lebensm Unters Forsch, 1982, 174: 402.

[67] International Organization of the Flavour Industry. Code of Practice for the Flavour Industry [S]. Geneva: International Organization of the Flavor Industry. 1990.

[68] L B Kier. A Molecular Theory of Sweet Taste [J]. Journal of Pharmaceutical Sciences, 1972, 61 (9): 1394-1397.

[69] T Kubota, I Kubo. Bitterness and Chemical Structure [J]. Nature, 1969, 223: 97-99.

[70] D G Laing, A Jinks. Flavour Perception Mechanisms [J]. Trends in Food Science & Technology, 1996, 7 (12): 387-389.

[71] E Acree, R Teranishi. Flavor Science: Sensible Principles and Techniques [M]. Washington: American Chemical Society, 1993.

[72] H T Lawless, M R Claassen. Application of the Central Dogma in Sensory Evaluation [J]. Food Technology, 1993, 47 (6): 139-146.

[73] W Lee, M Pangborn. Time-Intensity: The Temporal Aspects of Sensory Perception [J]. Food Technology, 1986, 40 (11): 71-78, 82.

[74] L E Marks. The Unity of the Senses [M]. New York: Academic Press, 1978.

[75] G Martin, G Remaud, G J Martin. Isotopic Methods for Control of Natural Flavours Authenticity [J]. Flavour and Fragrance Journal, 1993, 8 (2): 97-107.

[76] L Mondello, G Dugo, P Dugo, et al. On-Line HPLC-HRGC in the Analytical Chemistry of Citrus Essential Oils [J]. Perfumer and Flavorist, 1996, 21 (4): 25-49.

[77] A Mosandl. Enantioselective Capillary Gas Chromatography and Stable Isotope Ratio Mass Spectrometry in the Autheticity Control of Flavors and Essential Oils [J]. Food Reviews International, 1995, 11: 597-664.

[78] T Nagodawithana. Flavor Enhancers: Their Probable Mode of Action [J]. Food Technology, 1994, 48 (4): 79-85.

[79] A C Noble. Taste-Aroma Interactions [J]. Trends in Food Science & Technology, 1996, 7 (12): 439-444.

[80] S Notermans, A M Hagenaars, S Kozaki. The Enzyme-Linked Immunosorbent As-

say (ELISA) for the Detection and Determination of Clostridium botulinum Toxins A, B, and E [J]. Methods in Enzymology, 1982, 84: 223-238.

[81] K Ogden. Practical Experiences of Hygiene Control Using ATP-Bioluminescence [J]. Journal of the Institute of Brewing, 1993, 99: 389-393.

[82] M O'Mahony. Sensory Measurement in Food Science: Fitting Methods to Goals [J]. Food Technology. 1995, 49 (4): 72-82.

[83] J Prescott. The Hot Topic in Food Flavours [J]. Food Australia - Official Journal of CAFTA and AIFST, 1994, 46 (2): 74-77.

[84] G Reineccius. Source Book of Flavors [M]. 2nd ed. Boston: Springer, 1994: 731-742.

[85] R A Savage. Hazard Analysis Critical Control Point: A Review [J]. Food Reviews international, 1995, 11 (4): 575-595.

[86] J S Schultz. Biosensors [J]. Scientific American, 1991, 264 (8): 64-69.

[87] R S Shallenberger, T E Acree. Molecular Theory of Sweet Taste [J]. Nature, 1967, 216: 480-482.

[88] T V Getchell, L M Bartoshuk, R L Doty, et al. Smell and Taste in Health and Disease [M]. New York : Raven Press, 1991.

[89] W Simpkins, M Harrison. The State of the Art in Authenticity Testing [J]. Trends in Food Science & Technology, 1995, 6: 321-328.

[90] C J Stannard, P A Gibbs. Rapid Microbiology: Applications of Bioluminescence in the Food Industry—A Review [J]. Journal of Bioluminescence and Chemiluminescence, 1986, 1: 3-10.

[91] H Stone, J Sidel, S Oliver, et al. Sensory Evaluation by Quantitative Descriptive Analysis [J]. Food Technology, 1974, 28 (11): 24-34.

[92] H Stone, J L Sidel. Sensory Evaluation Practices [M]. New York: Academic Press, 1985.

[93] C T Tan, J W Holmes. Stability of Beverage Flavor Emulsions [J]. Perfumer and Flavorist, 1988, 13 (1): 23-41.

[94] G G Birch, M G Lindley. Developments in Food Flavours [M]. London : Elsevier, 1986.

[95] A Verzera, A Cotroneo, G Dugo, et al. On the Genuineness of Citrus Essential Oils. Part XV Detection of Added Orange Oil Terpenes in Lemon Essential Oils [J]. Flavour and Fragrance Journal. 1987, 2 (1): 13-16.

[96] J R Whitaker. Biological and Biochemical Assays in Food Analysis [M] // K K Stewart, J R Whitaker. Modern Methods of Food Analysis. Westport, CT: Avi Publishing, 1984: 187-225.

[97] T F Stewart. Scientific and Technical Survey [M]. London: Leatherhead Food RA, 1969.

[98] D A Moyler. Oleoresins, tinctures and extracts [M]// Ashurst R. Food Flavorings. 3rd ed. Aspen, Gaithersburg: Aspen Publishers Inc, 1999: 39.

[99] I Goodarznia et al. CO_2 Cumin oil [J]. Flavor and Fragrance Journal, 1998, 7: 733.

[100] G Matheis. Taste, Odor, Aroma, and Flavor [J]. Dragoco Report, 1994, 39: 50-65.

[101] G Losing. Quality Control of Flavorings and Their Raw Materials [J]. Dragoco Report, 1997, 42: 93-135.